Harald Fritzsch

Vom Urknall zum Zerfall

Die Welt zwischen Anfang und Ende

Mit 55 Schwarzweißabbildungen

Deutscher
Taschenbuch
Verlag

Ungekürzte Ausgabe
Mit einem Vorwort zu dieser Taschenbuchausgabe
1. Auflage Februar 1994
2. Auflage Oktober 1996: 11. bis 16. Tausend
Deutscher Taschenbuch Verlag GmbH & Co. KG, München
© 1983 R. Piper & Co. Verlag, München
ISBN 3-492-02790-3 (gebundene Ausgabe)
ISBN 3-492-10518-1 (Paperbackausgabe)
Umschlaggestaltung: Klaus Meyer, Antonia Berger
Umschlagfoto Vorderseite: Dr. Jean Lorre (© FOCUS)
Gesamtherstellung: Clausen & Bosse, Leck
Printed in Germany · ISBN 3-423-30395-6

Warum fällt ein Stein zu Boden? Warum leuchten die Sterne? Wie groß sind Atome? Was ist der Ursprung des Universums? Woher kommt die Materie? Wie groß ist das Weltall? Der international renommierte Physiker Harald Fritzsch gibt faszinierend verständliche Antworten auf Fragen, die sich denkende Menschen zu allen Zeiten gestellt haben. Auf geradezu unterhaltsame Weise bringt er dem Leser die komplizierte Welt der Kosmologie nahe. Nicht nur wir selbst, auch das Weltall, die Galaxien und Sterne, die Atome und Elementarteilchen sind das Produkt einer Entwicklung, die vor rund 20 Milliarden Jahren mit dem Urknall begann. Mit spielerischer Leichtigkeit macht der Autor die wichtigsten Ereignisse dieses Ablaufs deutlich. Dabei verbindet er auf geschickte Weise die beiden Forschungsgebiete der Atomphysik und der Astrophysik, die Welt also der ganz kleinen und die Welt der ganz großen Dimensionen.

Harald Fritzsch, geboren am 10. Februar 1943, studierte Physik in Leipzig und München. Seit 1980 ist er Inhaber des Lehrstuhls für Theoretische Physik und Astrophysik an der Universität München, daneben Gastprofessor am CERN in Genf sowie am California Institute of Technology. Zahlreiche wissenschaftliche und populärwissenschaftliche Veröffentlichungen, zuletzt ›Die verbogene Raumzeit‹ (1996).

Inhalt

Allen, die es ermöglichen
durch ihre Steuern und Spenden,
daß wir, Forscher und Wissenschaftler,
uns der Sache widmen können,
die uns die höchste erscheint:
dem Verstehen dieses Universums,
das uns geboren hat.

Prolog

Am Anfang war das Nichts, weder Zeit noch Raum, weder Sterne noch Planeten, weder Gestein noch Pflanzen, Tiere und Menschen. Alles entstand aus dem Nichts, zuerst ein sehr heißes Plasma aus Quarks, Elektronen und anderen Teilchen, zusammen mit Raum und Zeit. Schnell kühlte dieses Plasma ab; es bildeten sich Protonen, Neutronen, Atomkerne, Atome, Sterne, Galaxien und Planeten. Schließlich entstand das Leben in vielen Sonnensystemen des Alls, darunter auch auf einem Planeten eines ganz gewöhnlichen Sterns in einem der Spiralarme einer Galaxie, die sich zufällig am Rande einer großen Ansammlung von Galaxien befand. Aus einfachsten Organismen entwickelten sich dort im Laufe von vier Milliarden Jahren Pflanzen und Tiere und schließlich der Mensch.

Ursprünglich glaubte der Mensch, er befinde sich im Mittelpunkt des Alls, und die gesamte Welt sei nur für ihn gemacht. Er erfand Götter, die nach seinen Vorstellungen die Welt beherrschten und dem menschlichen Dasein seinen Sinn gaben. Die Welt des Menschen war klein; wie ein Schutzschild spannte sich das Firmament um die Welt.

In der Mitte des zweiten Jahrtausends menschlicher Zeitrechnung, etwa 20 Milliarden Jahre nach der Geburt des Weltalls, begann der Mensch seine Umwelt und sich selbst systematisch zu erforschen. Kurz vor dem Ende des zweiten Jahrtausends erkennt der Mensch, daß die Vielfalt der Welt sich auf einfache Weise erklären läßt. Die Materie im Weltall, eingeschlossen er selbst, besteht aus zwei Arten von kleinsten Bausteinen: den Quarks und den Teilchen der Atomhülle, den Elektronen. Er erkennt, daß er sich nicht im Mittelpunkt des Alls befindet, sondern am Rande einer recht unauffälligen Galaxie. Noch hat er keinen Kontakt zu anderen Bewohnern des Alls in anderen Sternsystemen, aber er ahnt, daß er nicht allein ist. Auch hat der Mensch erkannt, daß er das Produkt eines zwar komplizierten, aber rational erfaßbaren Entwicklungsprozesses ist, geprägt durch den Lauf der Geschichte und durch das Wechselspiel zwischen Zufall und Notwendigkeit. Er versteht, daß er in Zukunft ohne Götter leben muß und daß er für sein Schicksal selbst verantwortlich ist. Er beginnt zu ahnen, daß das Weltall für sein Fragen nach dem Sinn des Lebens keine Antwort bereithält, sondern daß er sich diese Antwort selbst geben muß.

Er begreift, daß der Sinn seines Daseins in seiner eigenen Existenz zu finden ist und in seiner ständigen Suche nach der Antwort auf eine Frage, auf die es keine allgemein gültige Antwort geben kann.

Vorwort

Unsere menschliche Zivilisation ist zwar schon einige zehntausend Jahre alt, aber erst seit einigen Jahrhunderten sind Forscher, Wissenschaftler und Techniker dabei, die Natur und die in der Welt sich abspielenden Prozesse systematisch zu studieren. Die Anwendung der Ergebnisse dieser Forschung hat unser aller Leben von Grund auf verändert.

Die moderne Physik, Astrophysik, Chemie und Biologie gewähren uns heute einen außerordentlich tiefen Einblick in die Struktur des Universums. Im Verlauf der letzten Jahre und Jahrzehnte ist es insbesondere den Physikern und Astrophysikern mit Hilfe großer Beschleuniger und Teleskope gelungen, diejenigen Prozesse zu verstehen, die sich vor etwa 20 Milliarden Jahren bei der Geburt unseres Kosmos, von dem wir alle ein Teil sind, abgespielt haben. Jedoch nur wenige haben sich bislang klargemacht, daß sich heute etwas Bemerkenswertes vollzieht: Wir sind dabei, ein einheitliches Bild des gesamten Universums zu entwerfen. Wir wissen mittlerweile ungleich mehr über die Entwicklung des Universums bis hin zur Entstehung des Lebens, als noch vor wenigen Jahrzehnten für möglich gehalten wurde.

Ursprung des Kosmos

Es ist nicht abzustreiten: der massive Einsatz von Naturwissenschaft und Technik hat einen materiellen Wohlstand für alle Gruppen der Gesellschaft mit sich gebracht, wie er noch vor hundert Jahren unvorstellbar gewesen wäre. Die Kehrseite dieser Entwicklung ist ebenso wohlbekannt. Alte Traditionen und Bindungen werden in Frage gestellt, ebenso die überlieferten Werte und Normen. Ein Gefühl der Sättigung, der **Angst und** Sinnlosigkeit und Unsicherheit, ja der Angst breitet **Sinnlosigkeit** sich aus. Viele, insbesondere junge Menschen, mit naturwissenschaftlichen Dingen nicht oder nur wenig vertraut, haben das Vertrauen in die Zukunft verloren und fühlen sich in die Irre geführt. Die allgemeinbildenden Schulen tragen durch eine mangelhafte Vermittlung naturwissenschaftlichen Gedankenguts an die Schüler ihr Teil zu dieser Entwicklung bei.

Einer der Gründe für diese Entwicklung ist zweifellos im gegenwärtigen Zustand der naturwissenschaftlichen und technischen Wissensgebiete zu finden. Sie sind in viele Teilgebiete zersplittert, und niemand kann heute von sich behaupten, daß er noch einen mehr oder weniger vollständigen Überblick besitzt. So ist heute kein Physiker mehr in der Lage, das Gesamtgebiet der Physik zu überschauen. Statt dessen gibt es Atomphysiker, Molekülphysiker, Festkörperphysiker, Teilchenphysiker, Astrophysiker und so weiter. Aus dieser Zersplitterung wird vielfach der falsche Schluß gezogen, daß es unmöglich ist, heutzutage noch ein kohärentes Bild von der gesamten Physik als Wissenschaft zu gewinnen. Die Welt der modernen Naturwissenschaften, so wird häufig behauptet, ist derart kompliziert, daß es aussichtslos erscheint, ein überschaubares Weltbild zu entwerfen. Für immer müssen wir uns mit Stückwerk zufrieden geben. Ich glaube jedoch, daß das Gegenteil dieser Ansicht richtig ist. Insbeson-**Einfache** dere die neuen Einsichten in die Struktur der Materie **Struktur des** und des Universums, die im Verlauf der letzten Jahr-**Kosmos** zehnte von der Elementarteilchenphysik und der

Astrophysik geliefert wurden, zeigen auf, daß der Kosmos letztlich recht einfach strukturiert ist. Eine »Gesamtschau« des Universums liegt zumindest im Bereich des Möglichen.

Vor fünfhundert Jahren war es ein Ereignis, plötzlich eine Weltkarte, eine Karte aller Ozeane und Kontinente, entwerfen zu können. Die moderne Naturwissenschaft gibt uns heute die Möglichkeit, eine »Karte« des ganzen Universums zu zeichnen. Wie die ersten Weltkarten zur Zeit von Christoph Kolumbus ist diese Karte natürlich noch sehr grob und auch nicht ohne Mängel. Manche Kontinente mögen noch fehlen. Aber die Tatsache, daß wir überhaupt eine solche Karte erstellen können, ist bemerkenswert und wird schwerwiegende Konsequenzen für die Zukunft haben. Heute liegt der gesamte Kosmos vor uns – die Nebel lichten sich. Wie Wanderer, die am frühen Morgen auf einen Berg steigen, haben wir zum erstenmal die Möglichkeit, unsere eigene Position zu erkennen. Wo sind wir, und warum sind wir? Sind wir auf einer Reise von Nirgendwo nach Nirgendwo, oder hält das Universum in den Tiefen des Weltraums einen Sinn bereit? **Karte des Universums**

Eines ist bereits offenkundig: Selbst wenn es gelingt, alle Rätsel der Natur zu lösen, so werden damit die menschlichen Probleme überhaupt nicht berührt. Wer setzt die Werte, ohne die menschliches Leben sinnlos ist? Hat Religion noch einen Sinn angesichts einer Wissenschaft, welche die Genesis ohne die Mitwirkung einer göttlichen Instanz zu erklären vermag?

Eine der wohl wichtigsten Erkenntnisse der modernen Naturwissenschaft ist, daß jeder von uns eine Rolle spielt, eingebettet in das Netz der Naturvorgänge. Wir sind ein Teil des Ganzen und nicht losgelöst vom Rest des Universums. Zugleich sind wir das Produkt einer langen Geschichte – und die Gestalter von Ge- **Ein Teil des Ganzen** schichte. Ich glaube, daß diese Einsicht uns nicht nur Bescheidenheit vermitteln kann, sondern auch Stolz und Selbstbewußtsein, und daß es möglich sein wird, die für unsere Gesellschaft so wichtigen Werte und Normen aus dieser Einsicht zu beziehen.

Dieses Buch über Ursprung und Entwicklung des Universums soll nicht nur Wissen vermitteln, sondern **Probleme** auch der Orientierung dienen in einer Zeit, in der je- **der** der mit einer Fülle von Informationen überschwemmt **Orientierung** wird und in der es schwer geworden ist, sich zurechtzufinden. Aus diesem Grunde habe ich mich auf die mir wichtigsten Aspekte der Physik und Kosmologie beschränkt. Das Hauptproblem beim Schreiben eines Buches wie dem vorliegenden besteht in der Auswahl dessen, was man schreibt, und vor allem dessen, was man *nicht* schreibt. So habe ich es zum Beispiel vermieden, auf die Relativitätstheorie näher einzugehen, nicht weil ich sie für weniger wichtig halte, sondern weil man sehr viele Sachverhalte in der Kosmologie, zum Beispiel die »Materieerzeugung« kurz nach dem Urknall, auch verstehen kann, ohne über die Details der Relativitätstheorie Bescheid zu wissen. Hingegen habe ich die Konsequenzen der Quantenphysik für die Struktur der Materie ausführlicher geschildert, weil ich glaube, daß ein Verständnis des modernen Weltbilds ohne einen Einblick in die Quantenphänomene nicht möglich ist.

Um zu verstehen, was sich bei der Urexplosion vor etwa 20 Milliarden Jahren ereignet hat und warum die **Die Welt im** Welt so ist, wie wir sie heute beobachten, muß man **Großen und** einiges über die Struktur des Kosmos im Großen und **Kleinen** über den Aufbau der Materie wissen. Ein wesentlicher Teil des Buches befaßt sich mit der Vermittlung dieses Wissens. Dem eigentlichen Thema des Buches, dem Urknall, sind vier Kapitel gewidmet. Den Abschluß bildet eine Diskussion der fernen Zukunft. Probleme der Philosophie und Religion werden in den letzten drei Kapiteln erörtert.

Viele der im Buch behandelten Fragen habe ich mit Kollegen an den Münchner Universitäten, am Max-Planck-Institut für Physik und Astrophysik in München, am Deutschen Forschungszentrum DESY in Hamburg und am Europäischen Forschungszentrum CERN bei Genf besprochen; mein Dank geht an sie. Weiterhin danke ich Murray Gell-Mann und Direktor Peter Seligman von der Nature Conservancy Agency in San Francisco für die Möglichkeit eines Besuchs der Insel Santa Cruz im Pazifik und für stimulierende Diskussionen zum Thema dieses Buches inmitten einer unberührten Landschaft. Ferner danke ich Herrn Klaus Piper als auch Frau Renate Böhme, Herrn Dr. Klaus Stadler und Herrn Uwe Steffen vom Piper-Verlag für nützliche Hinweise bei der Fertigstellung des Buches.

München, im Januar 1983   Harald Fritzsch

Vorwort zu dieser Taschenbuch-ausgabe

Seit dem Erscheinen des Buches im Jahre 1983 haben sich weder in der Astrophysik und Kosmologie noch in der Teilchenphysik dramatische neue Entwicklungen vollzogen, die eine neue Fassung von Teilen des Buches erforderlich machen würden. Es sei aber hier auf einige neue und interessante Einsichten verwiesen:

Mit Hilfe des NASA-Satelliten COBE (»Cosmic Background Explorer«) ist es gelungen, die kosmische

Hintergrundstrahlung genau zu vermessen. Sie erwies sich, wie von den Kosmologen vorausgesagt, als eine thermische Strahlung von der Temperatur 2.7 K – eine beeindruckende Bestätigung der Urknall-Idee. Mit Hilfe von COBE gelang es den Astrophysikern, winzige thermische Fluktuationen der Hintergrundstrahlung zu messen. Auch diese wurden von den Kosmologen erwartet. Man deutet sie als die »Fingerabdrücke« der ersten großen Strukturbildungen im Kosmos kurz nach dem Urknall, die letztlich zur Herausbildung der galaktischen Haufen und der Galaxien führten.

Diese Strukturbildungen stehen, wie im Buch diskutiert, möglicherweise im Zusammenhang mit den Massen von Neutrinos. Trotz intensiver Foschung ist es jedoch bis heute nicht gelungen, eine Neutrinomasse nachzuweisen. Die Experimente hierzu sind sehr aufwendig und schwierig.

Auf der Seite der Teilchenphysik fand man seit dem Jahre 1990 mit Hilfe des Beschleunigers LEP am CERN, daß das im Buch beschriebene sogenannte Standardmodell der Elementarteilchen besser funktioniert als selbst von Optimisten erwartet. Ferner konnten die Physiker zeigen, daß es im Universum genau drei Sorten von Neutrinos, die Elektron-Neutrinos, die Myon-Neutrinos und die Tau-Neutrinos, gibt. Dies bedeutet, daß es insgesamt drei Familien von Leptonen und Quarks gibt.

Trotz intensiver Suche ist es bisher nicht gelungen, den im Rahmen der großen Vereinheitlichung der Wechselwirkungen erwarteten Protonenzerfall zu beobachten. Neue, aufwendige Experimente hierzu sind in Vorbereitung.

München, im Juli 1993   Harald Fritzsch

1. Der Tanz mit dem Ozean

»Junge Menschen, ermüdet von der Tyrannei schlecht programmierter Computer und von Menschen, die wie schlecht programmierte Computer handeln, fallen in die Hände von Kartenlesern und Scharlatanen...«

Murray Gell-Mann[1]

Die Idee zu diesem Buch kam mir am Strand von Santa Barbara in Kalifornien im Mai 1981. Zu dieser Zeit besuchte ich eine Konferenz, die auf dem Campus der kalifornischen Staatsuniversität bei Santa Barbara stattfand. Physiker aus aller Welt, vornehmlich in der Elementarteilchenphysik und der Astrophysik tätig, **Die Einheit** hatten sich zusammengefunden, um über die Prozesse **der Natur** des frühen Universums zu diskutieren. Gemeint sind jene Prozesse, die kurz nach der Geburt unseres Kosmos stattfanden und die für die heutige Struktur des Weltalls und der im All vorhandenen Materie – eingeschlossen die Erde und wir selbst – von größter Bedeutung waren. Im Grunde ging es bei diesem Treffen um die Einheit der Physik im Kleinen und im Großen, um die Idee der Vereinheitlichung aller Kräfte und um die daraus folgenden Konsequenzen für den Kosmos.

Der Campus von Santa Barbara gehört sicherlich zu den schönsten der Welt. Er liegt am sonnenüberfluteten Strand des Pazifiks; in den Hörsälen hört man das **Am Strand** Brausen des nahen Ozeans. Vom Campus aus sieht **von Santa** man auf die wilde Berglandschaft hinter der Stadt, in **Barbara** der es noch einige Exemplare des kalifornischen Kondors gibt. Bei klarem Wetter erkennt man am Horizont die Insel Santa Cruz. Im nahen Meer tummeln sich Seelöwen, Delphine, den Strand bevölkern Möwen, Uferschnepfen und Pelikane.

Ich nutzte einige der Konferenzpausen, um Spaziergänge am Strand zu machen – und traf dort jene kalifornische Studentin, die mich eigentlich zum Schreiben des Buches veranlaßte. Als ich sie zum erstenmal sah, tanzte sie im Takt der Wellen des Ozeans. Ihre Augen waren geschlossen, ihr Gesicht der Sonne zugewandt. Überrascht blieb ich stehen. Die Tänzerin schien mich nicht zu bemerken, und so setzte ich mich **Tanz mit dem** in den Sand und beobachtete die nicht alltägliche Sze-**Ozean** ne. Der Tanz des Mädchens fesselte mich – ein Tanz im Auf und Ab der Brandung, in den Strahlen der Sonne, die, tausendfach gebrochen an den in der Luft schwebenden Wassertropfen, ihren Weg suchten. Ich spürte, daß die Tänzerin ganz in sich selbst versunken war. Nach einiger Zeit schien es mir, als ob Tänzerin, Meer und die in der Luft schwebenden Vögel zusammengehörten, als verschiedene Seiten derselben Sache. Es war offensichtlich: dieses Mädchen lebte in diesem Augenblick in vollster Harmonie mit sich selbst und mit der Natur.

Dennoch blieb ich nicht unbemerkt, und nach einiger Zeit blickte ich in ein lächelndes, von Wind und Wasser gerötetes Gesicht.

»Ihr Tanz hat mich sehr beeindruckt«, sagte ich, meine Verlegenheit mit Mühe verbergend.

»Oh, vielen Dank – mit Zuschauern habe ich eigentlich nicht gerechnet«, kam die Antwort. »Ich bin öfter hier, meistens nach den Vorlesungen. Ich glaube, ohne dieses Meer und den Strand könnte ich kaum auskommen.«

Wir kamen ins Gespräch. Wie vermutet, war die Tänzerin Studentin – sie studierte im zweiten Jahr Philosophie.

»Wissen Sie, immer nach den Vorlesungen fühle ich, daß mir etwas fehlt. In den Vorlesungen bekommen wir die Welt in kleinen Stücken vorgesetzt. Jedes Phänomen wird förmlich zerhackt. Der große Zusammenhang geht verloren. Hier am Strand ist es dann ganz anders. Jedesmal, wenn ich hier im Wind tanze, weiß ich, daß ich dazugehöre, zu den Wellen, zum Meer, zu den Seelöwen, zu den Möwen, die mich begleiten. Nur hier fühle ich mich als ein Bestandteil der Welt – die Welt, das bin ich, die Seelöwen und alles andere.«

Wir saßen noch lange am Strand, und schließlich kam ich auf den Grund meines Aufenthalts zu sprechen. Wir sprachen über die Ziele der modernen Naturwissenschaft, letztlich alle Phänomene in der Welt auf rationale Weise zu erklären. Leicht war es nicht, ihr die Probleme zu erläutern, die man heute in der Forschung zu lösen versucht. Sie weigerte sich anzuerkennen, daß man durch die Forschung, durch Experimente, durch das »Sezieren« der Dinge, wie sie es ausdrückte, der Wahrheit auf die Spur kommen könne.

Sezierende Naturwissenschaftler

»Sehen Sie«, sagte die Studentin am Ende, »wenn ich hier am Strand bin, fühle ich mich zugehörig zur Natur, eins mit dem Meer, den Vögeln über mir. Das ist meine Wahrheit, mehr brauche ich nicht. Ihr Physiker, Chemiker, Biologen zerlegt immer alles. Ihr untersucht das Meerwasser, seziert die Fische, die Seelöwen und Vögel; ihr zerstört ja alles, was mir Freude macht. Ich brauche eure Wahrheiten nicht. Mir genügt diese meine eigene Erfahrung. Nun, ich hoffe, ich habe Sie dadurch nicht beleidigt. Jetzt muß ich aber gehen. See you later.« Das waren die letzten Worte der Tänzerin, und sie lief davon, zurück zum Campus.

Am nächsten Tag traf ich die Studentin wieder, diesmal nicht am Strand, sondern in der Cafeteria der

Universität. Wieder sprachen wir lange miteinander, zum Teil auch über Physik.

»Also die kleinen Wahrheiten der Physik interessieren Sie doch?« fragte ich in leicht ironischem Ton.

»Am Strand war ich wohl sehr überheblich«, lachte sie.

»Zumindest erschienen Sie mir sehr überzeugt von Ihrer Philosophie der großen, ganzen Wahrheit«, erwiderte ich.

»Ich bin es auch«, sagte sie, »aber nur, wenn ich unten am Strand bin. Hier oben ist es anders. Manchmal glaube ich aus zwei verschiedenen Menschen zu bestehen. Das macht mich konfus, verunsichert mich. Vielleicht täusche ich mich auch, und meine ›Strandphilosophie‹ ist nur eine Illusion.«

»Ich glaube«, antwortete ich, »im Grunde haben Sie und ich recht – wir haben beide recht. Jeder kann ohne das, was der andere sieht, nicht auskommen. Jeder Mensch ist dauernd einem Strom von Eindrücken ausgesetzt, die er verarbeiten muß und die oft sein Handeln herausfordern. Die Gesamtheit dieser Eindrücke – nun, man kann sagen, dies ist die Welt als Ganzes, von der Sie sprechen. Ich bestreite nicht, daß es diese Ganzheit gibt, dieses ständige Zusammenwirken aller Dinge. Es ist aber eine Tatsache, daß wir nicht nur mit dieser Ganzheit leben können. Unsere zivilisierte Welt ist entstanden, weil wir gelernt haben, die Welt in Bereiche einzuteilen, sie zu klassifizieren, sie auch zu sezieren. Ich gebe zu, daß es Naturwissenschaftler gibt, für die die gesamte Welt nur aus den bei der Sezierung gefundenen Einzelheiten besteht. So könnte ein Physiker in einem Vogel nichts weiter sehen als eine Ansammlung von Atomkernen und Elektronen, die die Fähigkeit hat, in der Luft zu schweben. Bei einer solchen Betrachtungsweise geht natürlich vieles verloren.

Die Welt – ein Ganzes?

Ich sehe in der Methode der Naturwissenschaft, die Welt in viele Einzelaspekte einzuteilen, lediglich ein Hilfsmittel, um die Ganzheit, die Zusammenhänge im Kosmos, besser zu verstehen. Naturwissenschaft ist insbesondere auch eine ständige Auseinandersetzung mit den Einzelaspekten *und* mit dem Gesamtzusammenhang in der Natur, an dem wir aktiv und passiv beteiligt sind. Niels Bohr, einer der Begründer der Atomtheorie, pflegte dies auszudrücken mit der Bemerkung: ›Wir sind zugleich Zuschauer und Mitspieler im großen Drama der Natur.‹ Ganzheit und Einzelheit – das sind die beiden Endpunkte im großen Spektrum der Möglichkeiten, die wir in der Naturwissenschaft untersuchen. Wenn Sie sagen, daß Sie auf die Einzelheiten verzichten wollen und nur die Ganzheit akzeptieren, verzichten Sie auf einen wichtigen Teil aller Möglichkeiten, die Natur zu betrachten. Im übrigen läßt sich ein solcher Standpunkt gar nicht streng einhalten.«

Ganzheit und Naturwissenschaft

Zweifelnd blickte mich die Studentin an: »Aber wer sagt denn, daß ich *nicht* auf all diese Möglichkeiten verzichten kann? Sie interessieren mich nicht.«

»Die Erfahrung«, sagte ich, »zeigt: allein mit Ihrer Ganzheit können Sie gar nicht hier existieren. Wenn wir die Welt nicht in Einzelaspekte zerlegen würden, gäbe es für uns keine Möglichkeit, langfristig zu überleben. Nicht nur die Naturwissenschaft, sondern auch die gesamte Technik müßten wir aufgeben. Unsere moderne Zivilisation, mit ihren Fehlern, aber auch ihren Möglichkeiten, würde zusammenbrechen, und wir müßten in die Wälder unserer Vorfahren zurückkehren. Ich glaube nicht, daß Sie zu den Extremisten gehören, die dies in der Tat wünschen. Naturwissenschaft ist eine systematische Methode, die Zusammenhänge in der Welt zu erforschen. Das heißt aber in kei-

Welt ohne Technik?

ner Weise, daß ein Naturwissenschaftler die Welt bei jeder Gelegenheit in Stücke zerteilt. Als ich Sie gestern am Strand tanzen sah, war ich fasziniert, und nichts lag mir ferner, als die Szene in ihre Bestandteile aufzulösen. Nur in ihrer Gesamtheit wird sie mir in der Erinnerung bleiben – die schäumenden Wogen des Ozeans, Ihr Tanzen im Wind. Das rationale Analysieren der Welt durch die Naturwissenschaft und das gefühlsmäßige Erfassen der Welt als Ganzes – diese Gegensätze gehören zusammen wie heiß und kalt. Unsere **Komplizierte** Welt ist zu kompliziert, als daß es möglich wäre, sie **Welt** durch das Verfolgen eines einzigen Aspekts, etwa des physikalischen, chemischen oder biologischen, zu verstehen. Viele verschiedene Blickwinkel sind notwendig, um irgend etwas einigermaßen vollständig zu erfassen. Lassen Sie mich dies mit einer Anekdote beschreiben. Werner Heisenberg, einer der Begründer der Quantentheorie, und sein Schüler Felix Bloch unternahmen einen längeren Spaziergang. Bloch benutzte die Gelegenheit, um Heisenberg mit einigen neuen Ideen der Mathematiker bezüglich der Struktur des Raumes vertraut zu machen. Heisenberg war wohl von der Wichtigkeit der Blochschen Ausführungen nicht so ganz überzeugt. Jedenfalls sagte er plötzlich: ›Der **Raum ist** Raum ist blau, und Vögel fliegen drin herum.‹ Damit **blau** warf er einen ganz anderen, für ihn im Moment wichtigeren Aspekt von ›Raum‹ in die Diskussion.«

Die Gespräche mit der Studentin am Strand von Santa Barbara beschäftigten mich noch einige Zeit. Da waren wir, Physiker und Astrophysiker, die sich mit dem Universum als Ganzem beschäftigten und seine Geschichte erforschten, und am selben Ort gab es Studenten, die sich von der wissenschaftlichen Methode der Welterkenntnis abwandten, ja diese Abwendung zum Symbol erhoben. Wäre es nicht reizvoll, diesem

22

Widerspruch einmal nachzugehen? Ist es wirklich eine unversöhnliche Kluft, die sich zwischen dem rationalen Erfassen der Welt und dem irrationalen Einfühlen in die Ganzheit des Kosmos aufgetan hat?

Die wissenschaftliche, die rationale Methode, die Welt zu erfassen, besteht darin, Beziehungen zwischen verschiedenen Dingen und Vorgängen herzustellen, Kausalzusammenhänge zu erforschen. Hierin liegt die Stärke der wissenschaftlichen Erkenntnis, aber auch ihre Begrenzung. Sie vermag nicht, uns Werte und Ziele zu vermitteln, nicht einmal die Ziele der Wissenschaft. Selbst wenn es uns gelingt, alle Rätsel der Natur aufzuklären und alle Probleme zu lösen, sind damit die eigentlichen menschlichen Probleme nach Inhalt und Ziel des Daseins nicht einmal berührt. Albert Einstein sagte einmal: »Von der Erkenntnis von dem, was ist, führt kein Weg zu dem, was sein soll.«[2] Ein rationales Verstehen der Welt ist sehr wohl möglich, reicht aber nicht aus. **Begrenztheit des rationalen Erkennens**

Obwohl die rationale Erkenntnis also keine Werte und Ziele vermitteln kann, vermag sie doch etwas anderes. Sie ist in der Lage, uns mitzuteilen, wo wir stehen, uns den eigenen Standort zu beschreiben. Ich glaube, daß hierdurch die Werte und Ziele des einzelnen, aber auch die der gesamten Gesellschaft entscheidend beeinflußt werden. Dieses Buch soll insbesondere einen Beitrag zu dieser Standortbestimmung liefern.

Viele Menschen haben ein falsches Bild von der Arbeit und den Vorstellungen der Naturforscher. Das Erleben der Natur als Ganzes und die Erforschung der Natur, das Aufspüren der Naturgesetze durch Forschung, sind nicht zwei diametral entgegengesetzte Tätigkeiten, sondern zwei verschiedene Aspekte derselben Angelegenheit. Die wahren Naturforscher arbeiten nicht, um neue Techniken zu entwickeln, die irgendwann einmal der Menschheit dienen könnten (oder auch nicht), sondern sie arbeiten aus Neugier. (Allerdings gehört zu dieser Kategorie nur eine Minderheit der heute tätigen Naturwissenschaftler.) Sie wollen verstehen, warum die Prozesse in der Natur gerade so ablaufen, wie man sie beobachtet, und nicht etwa anders. Aufgrund der gefundenen Erkenntnisse kann man insbesondere voraussagen, wie ein bestimmter Vorgang in der Natur ablaufen wird. Zu sehen, daß die Voraussagen, die man gemacht hat, erfüllt sind, vermittelt jene Faszination, die jeden Naturforscher in ihren Bann schlägt.

Neugier als Prinzip

Wir bemerken heute in allen hochentwickelten Ländern ein skeptisches Verhalten gegenüber Naturwissenschaft und Technik. Viele junge Menschen interessieren sich eher für Astrologie und Okkultismus, für alles, was nichts mit einem rationalen Erfassen der Wirklichkeit zu tun hat.

Zum Teil läßt sich diese Entwicklung, von der auch die kommunistisch regierten Länder, etwa die Sowjetunion, nicht verschont bleiben, verstehen. Was sieht ein oberflächlicher Betrachter von Naturwissenschaft und Technik? Er sieht, daß unsere moderne Gesellschaft allzu sorglos mit den technischen Möglichkeiten umgeht. Er sieht, daß man oft Rohstoffe und Energie vergeudet, daß sich organisch gewachsene Städte binnen kurzer Zeit in Betonlandschaften verwandeln, daß Naturlandschaften von Autobahnen zerschnitten werden.

Was läßt sich messen?

Man hatte in der Vergangenheit die Illusion, daß sich alles quantifizieren lasse und daß man alles, was sich einer solchen Quantifizierung widersetzt, vernachlässigen könne. Aber es gibt wichtige Phänomene in unserem Leben, die sich nicht ohne weiteres in Zah-

24

len ausdrücken lassen – etwa die Freiheit oder das Selbstbewußtsein des Individuums, die Schönheit einer Berglandschaft.

Jeder von uns besitzt etwas, das man gesunden Menschenverstand nennt. Um so erstaunlicher ist es, wie oft heute die Entscheidungen von Regierungen und von großen Organisationen, Parteien oder Konzernen dem gesunden Menschenverstand widersprechen. Man trifft Entscheidungen auf der Grundlage einer Unmenge von Fakten und quantitativen Angaben, beeinflußt von den verschiedenen Lobbies in der Gesellschaft, vom Anspruchsdenken der Gewerkschaften, von parteipolitischen Rücksichten und so weiter.

Ein guter Geschäftsmann, der eine kleine Firma leitet, verhält sich hier anders. Wenn eine wichtige Entscheidung ansteht, etwa eine größere Investition, studiert er zunächst alle vorliegenden Fakten, erarbeitet verschiedene Strategien und alternative Möglichkeiten. Die Entscheidung fällt er dann aber nicht aufgrund eines bestimmten quantifizierbaren Merkmals, sondern gefühlsmäßig, seiner Intuition vertrauend, die auch Unwägbares mit in Rechnung stellt. Er fühlt gewissermaßen, welches Verhalten das richtige für ihn ist. **Auch Unwägbares zählt**

Mir scheint, daß dieses Gespür für das richtige Verhalten bei den großen Organisationen unserer modernen Gesellschaft verlorengegangen ist. Ein führender Manager eines großen Unternehmens, der täglich wichtige Entscheidungen treffen muß, sagte mir einmal: »Solange man nur Entscheidungen treffen muß, deren Bedeutung man überschaut, hat man keine wichtige Position. Erst dann wird man wichtig, wenn man merkt, daß man von den Dingen, die man entscheidet, nichts mehr versteht.« Ich glaube, Politiker, Minister oder Spitzenmanager von Konzernen werden mir nicht widersprechen, wenn ich ihre Positionen als in diesem Sinne wichtig charakterisiere.

Wissenschaftlern geht es oft so wie dem eben erwähnten Geschäftsmann. Wenn ich zum Beispiel eine **Die Rolle der** neue wissenschaftliche Theorie beurteilen will, so stu- **Intuition** diere ich zuerst die Fakten, die zu dieser Theorie geführt haben. Danach erst studiere ich die neue Theorie im Detail. Nach und nach erarbeite ich mir ein eigenes Bild der neuen Theorie. Schließlich stelle ich mir die Frage: Ist man mit der neuen Theorie auf dem richtigen Weg? Lohnt es sich, diese Theorie weiterzuverfolgen? Diese Frage beantworte ich stets intuitiv, ohne irgendwelchen quantifizierbaren Aspekten zu folgen. Dieses Verfahren hat mir oft viel Zeit erspart, da ich relativ schnell entscheiden konnte, ob man eine neue Hypothese weiterverfolgen sollte oder nicht. Wie im täglichen Leben kommt es auch in der Wissenschaft mehr auf das an, was man nicht tut, als auf die Dinge, an denen man arbeitet. Intuition ist hier ein wichtiges Hilfsmittel, um die Spreu vom Weizen zu trennen.

Als Einstein seine Theorie der allgemeinen Relativität schließlich fertiggestellt hatte, war er vollkommen davon überzeugt, daß diese Theorie das Phänomen der Gravitation exakt beschreibt. Einige Jahre später stellte man fest, daß seine Voraussagen in bezug auf die Ablenkung eines Lichtstrahls durch das Gravitationsfeld der Sonne richtig waren. »Was würden Sie tun, wenn sich Ihre Voraussagen nicht erfüllt hätten?« wurde Einstein von einem Reporter gefragt. Seine Antwort war nicht gerade bescheiden: »Gott würde mir **Einstein** leid tun, wenn er diese Gelegenheit verpaßt hätte.« **hatte recht** Einstein wußte intuitiv: Er hatte recht.

Ein weiterer Grund, warum sich viele, insbesondere junge Menschen nicht mehr für Naturwissenschaft und Technik interessieren, hängt meiner Meinung nach mit der gegenwärtigen Organisation dieser Wissensgebiete zusammen. An unseren Universitäten und Hochschulen, insbesondere aber an den allgemeinbildenden Schulen, herrscht seit Jahrzehnten eine unheilvolle Tendenz, die Welt streng in verschiedene Fächer einzuteilen – eine Einteilung, die es ja in Wirklichkeit gar nicht gibt. Die Folge ist, daß es vor allem auf dem Gebiet der exakten Naturwissenschaften und der Technik viele hochqualifizierte Experten gibt, die zwar alles über ihr Spezialgebiet, sonst aber nicht sehr viel wissen. Mein Kollege Victor Weisskopf vom Massachusetts Institute of Technology hat dies sinngemäß einmal mit den Worten ausgedrückt: »Ein Experte ist jemand, der mehr und mehr über immer weniger weiß, bis er schließlich alles über nichts weiß.«

Die Aufteilung der Welt

Ein Experte weiß alles über nichts

Hinzu kommt, daß sich gerade unter Wissenschaftlern die Unsitte eingebürgert hat, das Expertentum geradezu zu glorifizieren, indem man jedem mit Mißtrauen begegnet, der es wagt, seinen Kopf über sein eigenes Fachgebiet hinauszurecken und zu einem Problem in einem anderen Gebiet einen Kommentar zu liefern. Bereits Goethe war sich des Problems der Spezialisierung in den Wissenschaften bewußt. In der »Marienbader Elegie« schreibt er, seiner Zeit vorausschauend: »Betrachtet, forscht, die Einzelnheiten sammelt, / Naturgeheimnis werde nachgestammelt.«

Einer meiner amerikanischen Freunde, der Physiknobelpreisträger Murray Gell-Mann, schreibt hierzu:

»Wir begegnen heute einem weitverbreiteten Unvermögen, die Wichtigkeit des Wissens, des Verstehens, des Analysierens der Welt und ihrer Probleme zu vermitteln, und der absoluten Notwendigkeit, Wissenschaft und Technik einzusetzen, unabhängig davon, was wir in Zukunft mit unserer komplexen Welt anfangen, selbst wenn wir sie weniger komplex machen wollen. ›Lerne dies und das, weil ich es Dir rate‹, sagen wir oft, anstatt zu erklären und das Gefühl zu vermitteln, auf welche Weise das Verstehen der Naturprozesse helfen kann, uns als effektiv handelnde Menschen zu vervollkommnen.

Wieviel Rationalität? Ich glaube, daß eine zu eng definierte Rationalität, wie sie heute unsere Regierungen, Universitäten, Industrien und andere Teile unseres nationalen und internationalen Lebens durchsetzt, eine Welle ungenügender Rationalität hervorruft. Junge Menschen, ermüdet von der Tyrannei schlecht programmierter Computer und von Menschen, die wie schlecht programmierte Computer handeln, fallen in die Hände von Kartenlesern und Scharlatanen ...

In einem Zeitalter großer technischer Komplexität und beeindruckender wissenschaftlicher Fortschritte haben wir es nicht verstanden, die Bedeutung und die Schönheit unserer Wissenschaft der Allgemeinheit mitzuteilen: den Studenten, die sich nicht für die Naturwissenschaften spezialisieren, und selbst den Studenten der technischen Fächer, die außerhalb unserer eigenen liegen. Gelingt es uns, der Allgemeinheit das neue Weltbild mitzuteilen, das aus den jüngsten Erkenntnissen der Molekularbiologie, der Teilchenphysik oder der Astrophysik erwächst? **Wer vermittelt das neue Weltbild?** Gelingt es uns zu erklären, was Forschung heißt? Vermitteln wir den Studenten den dialektischen Prozeß, mit dem wissenschaftliche Entdeckungen gemacht und erkannt werden? Erklären wir die Wichtigkeit wissenschaftlicher und technischer Entwicklungen für künftige politische Entscheidungen und für das Leben eines jeden einzelnen auf unserem Planeten? Oder veranlassen wir die Schüler und Studenten, ein paar Naturgesetze aus einem Lehrbuch auswendig zu lernen und sie anläßlich einer Prüfung wiederzukäuen?«[1]

Wenn von »Naturwissenschaft« und »Technik« die Rede ist, erinnern sich die meisten Menschen an mehr oder weniger langweilige Unterrichtsstunden in der Schule. Unter »Physik« versteht man immer noch häufig die Wissenschaft, die sich mit fallenden oder rollenden Kugeln, mit elektrischen Strömen und mit Dampfmaschinen beschäftigt. Fast niemand erfährt im Laufe seiner Ausbildung, daß gerade die moderne Physik – sei es die Quantentheorie, die Elementarteilchenphysik, die Astrophysik oder die Biophysik – dabei ist, uns ein neues Bild der Welt – zum erstenmal ein realistisches Weltbild – zu vermitteln, und daß es wahrscheinlich von der Anerkennung dieses Weltbildes abhängt, ob der Mensch langfristig auf seinem Planeten überleben wird.

Seit einem halben Jahrtausend durchläuft die Menschheit eine bemerkenswerte Entwicklung. Die kühne Idee der Neuzeit bestand in der Vorstellung, daß man die Natur, den Kosmos, in dem wir leben, verstehen könne durch Nachdenken über die Naturprozesse, durch das aktive Erforschen unserer Umwelt. Diese Annahme hat sich als richtig erwiesen. Heute stellt sich heraus, daß viele Fragen, die man einst in den Bereich der Religion oder Philosophie verwies, gerade von der modernen Wissenschaft beantwortet oder zumindest behandelt werden.

Religion und Naturwissenschaft

In der modernen Physik untersuchen wir die Struktur der Materie bei kleinsten Distanzen, mehr als eine Milliarde mal kleiner als die Ausdehnung eines Atoms. Astronomen und Astrophysiker dringen immer tiefer in das Weltall ein und haben vielleicht bereits die Grenze unseres Universums erreicht, gewissermaßen die Grenzen von Raum und Zeit. Die Fragen nach dem Aufbau des Weltalls, nach der Herkunft der Materie, nach dem Anfang und dem möglichen Ende der Welt sind heute keine Fragen der Religion mehr, sondern Fragen, auf die Forscher eine Antwort zu finden hoffen, und zwar mit Hilfe von Teilchenbeschleunigern und Teleskopen.

Die moderne Biologie, Biochemie und Biophysik beschäftigen sich mit Fragen der Entstehung des Lebens und damit letztlich mit der Frage nach unserer eigenen Herkunft.

Frühe Legenden Denkende Menschen haben sich die Fragen nach unserer Herkunft, nach Sinn und Zweck des Daseins seit Urzeiten gestellt. Man versuchte, die Antworten in Legenden zu finden, in den Mythen der Schöpfung. Jeder Kulturkreis hat sich seine eigenen Mythen gebildet. So heißt es in der Schöpfungsgeschichte der Bewohner von Maiana (Gilbertinseln, Pazifik): »Na Arean saß allein im Raum auf einer Wolke, die im Nichts schwebte. Er schlief nicht, denn es gab keinen Schlaf; er hungerte nicht, denn es gab keinen Hunger. Auf diese Weise verbrachte er eine lange Zeit, bis er eine Idee hatte. Er sagte sich: ›Jetzt will ich etwas schaffen.‹«[3]

In der Schöpfungsgeschichte von Huai-nan Tzu (China, etwa 1. Jahrhundert vor Christi Geburt) liest sich die Schöpfung der Welt wie folgt: »Vor der Schaffung des Himmels und der Erde war alles unklar und gestaltlos ... Alles, was durchsichtig und leicht war, stieg auf und wurde Himmel, und alles, was schwer und trübe war, verdichtete sich und wurde zu Erde ... Als Himmel und Erde zusammenkamen ... traten die Dinge in Erscheinung, ohne daß sie erzeugt wurden. Dies war das große Einssein. Alle Dinge stammen vom großen Einssein, aber alle wurden verschieden ...«[3]

Alle Schöpfungsgeschichten, eingeschlossen die in der Bibel beschriebene, beziehen sich nur auf die Erde, den Himmel und die Menschen. Wenn man bedenkt, daß alle Schöpfungsmythen von Menschen erdacht worden sind, deren Einsichten in die Abläufe der Naturprozesse sehr begrenzt waren, so ist dies verständlich. Vom heutigen Standpunkt aus betrachtet, erklären diese Mythen aber überhaupt nichts. Das von ihnen beschriebene Bild der Welt spiegelt die Vorstellungen der Schöpfer dieser Legenden wider, hat jedoch nichts mit der tatsächlichen Entwicklung zu tun. Die Entstehung der Welt war einfach anders, als wie man sie sich vor Tausenden von Jahren vorgestellt hat.

Begrenzter Horizont

Gemessen an den Dimensionen des Weltalls, ist unsere Erde nur ein winziges Staubkorn in einem unwichtigen Winkel einer unwichtigen Galaxie. Die für die Struktur des Universums wichtigen Aspekte haben nichts oder nur sehr wenig mit unserer täglichen Erfahrung zu tun. Hier sind andere Phänomene wichtig, etwa die der Quantentheorie oder der Relativität von Raum und Zeit. Die modernen Naturwissenschaften vermitteln uns ein Bild von der Schöpfung des Weltalls und von seiner Struktur, das sich beträchtlich vom Bild der Schöpfungsgeschichten unterscheidet. Unser Universum ist nicht nur viel größer, als in den Schöpfungsgeschichten angenommen – es ist auch viel dynamischer. Das Weltall ist insbesondere gekennzeichnet durch Bewegung, Aktivität. Oftmals verknüpft man die scheinbare Unveränderlichkeit des Fixsternhimmels mit Stabilität, Dauerhaftigkeit. Manche Philosophen, wie Aristoteles, sahen hierin einen Beweis für die Unvergänglichkeit des Kosmos, die im Gegensatz zum täglichen Leben des Menschen, zur Hektik und den ständigen Veränderungen im Alltag stand.

Dynamisches Universum

Die moderne Wissenschaft fand heraus, daß es diesen statischen, unvergänglichen Kosmos nicht gibt, nie gegeben hat und auch niemals geben wird. Wie das tägliche Leben auf unserem Planeten, so ist das Weltall voll von Aktivität, es ist ständigen Veränderungen unterworfen. Auch die Sterne existieren nicht in alle Ewigkeit. Ununterbrochen werden im Weltall neue Sterne aus riesigen Gas- und Staubwolken gebildet. Manchmal beenden sie ihr Dasein in Form einer riesigen Explosion.

Manche Menschen werden vielleicht enttäuscht sein, wenn sie erfahren, daß das nächtliche Firmament, dieses seit den Anfängen menschlichen Denkens bewunderte Symbol der Ewigkeit und Standhaftigkeit, doch nicht für die Ewigkeit geschaffen wurde, daß es vielmehr nur Teil eines langen Entwicklungsprozesses im Universum ist. Ich finde diese neue, wichtige Erkenntnis sehr befriedigend – macht sie uns doch begreiflich, daß unser eigenes Dasein nicht im Widerspruch zur Welt der Sterne und Galaxien steht. **Vergängliche** Wie die Galaxien, Sterne und Planeten sind wir selbst **Zivilisation** ein Teil des kosmischen Entwicklungsprozesses. Wenn wir dies akzeptieren, wird es uns auch leichterfallen, unsere eigene Vergänglichkeit anzunehmen – sowohl unsere Vergänglichkeit als Individuum als auch die Vergänglichkeit der menschlichen Zivilisation als Ganzes.

Im Laufe der menschlichen Geschichte hat sich immer wieder herausgestellt, daß es keine absoluten Bezugspunkte gibt. Immer wieder sind Millionen Menschen Illusionen verfallen, die sich schließlich als nicht real erwiesen – seien es Vorstellungen über die Rolle der Götter im Naturgeschehen, seien es politische Ideologien oder Ideen über die zentrale Rolle des Planeten Erde im Kosmos. Vor mehr als dreitausend Jahren, in der Frühzeit der Zivilisation, bezogen die Menschen alle Erscheinungen, die sie beobachteten – etwa den Lauf der Sonne am Firmament, das

Ziehen der Wolken im Wind oder das Toben eines Gewitters –, auf sich selbst. Keine Naturerscheinung war eigenständig, alles war eng mit dem menschlichen Dasein verknüpft und fand seinen Sinn nur in dieser Verknüpfung. Aus diesem Grunde war die Weltanschauung jener Zeit in höchstem Grade egozentrisch. Die Menschen verhielten sich wie kleine Kinder, die glauben, die ganze Welt sei nur für sie allein da.

Egozentrisches Weltbild

Die Entwicklung der menschlichen Zivilisation, insbesondere die Entwicklung der Naturwissenschaften im Laufe der letzten fünfhundert Jahre, hat dazu geführt, daß wir dieses egozentrische Weltbild aufgeben mußten. Es hat sich schlicht als unsinnig herausgestellt. Leider findet man heute noch viele Überbleibsel des alten Weltbilds, etwa in der Astrologie, wie zum Beispiel ein kurzer Blick in eine Illustrierte oder auf das tägliche Fernsehprogramm beweist. Nach alldem, was wir bis heute über das Universum wissen, ist es nichts als lächerlich zu behaupten, daß der Lauf der Gestirne und die Stellung der Planeten zum Zeitpunkt der Geburt eines Menschen in irgendeiner Weise mit dem künftigen Lebensweg des neuen Erdenbürgers zusammenhängen. So wichtig ist niemand von uns, als daß die Sterne und Planeten auch nur einen Deut mit dem Schicksal eines Menschen zu tun hätten. Aber gerade weil sie darauf keinen Einfluß haben, sind die Sterne so bedeutsam für uns.

Lächerliche Astrologie

Im Verlauf der vergangenen hundert Jahre haben der wissenschaftliche Fortschritt und die technische Entwicklung schrittweise und meist unmerklich eine Veränderung unseres Denkens bewirkt. Früher besaßen die meisten Menschen ein recht einfaches Bild von der Welt: Im Zentrum standen die Erde und der Mensch. Die Geschicke der Welt lagen in den Händen von Gott, der sich zudem mit den Problemen jedes einzelnen ständig beschäftigte und nicht weit von uns, nur etwas über den Wolken, existierte.

Nicht mehr im Mittelpunkt Dieses schlichte Bild von der Welt haben wir aufgeben müssen. Wir stehen nicht mehr im Mittelpunkt. Die naturwissenschaftliche Forschung lehrt uns, daß wir am Rand einer Galaxie wohnen, einer von mehr als hundert Milliarden Galaxien im All. Alle Materie, eingeschlossen wir selbst, so lehrt die moderne Physik, **Drei Urbausteine** besteht aus drei Urbauteilchen: aus zwei Quarks und dem Elektron. Aber auch diese Objekte sind nicht für die Ewigkeit geschaffen. Entweder werden die Quarks, und damit alle Atomkerne, im Lauf der Zeit verschwinden, oder der Kosmos wird sein Dasein durch eine Umkehrung des Urknalls beenden.

Leben, so lehrt die moderne Biologie, hat sich auf der Erde spontan entwickelt: durch das ständige Zusammenwirken von Zufall und Notwendigkeit. Der Mensch selbst ist das Resultat einer unübersehbaren Kette von zufälligen Entwicklungen und Ereignissen, die sich in der Frühzeit der erdgeschichtlichen Entwicklung zugetragen haben. Wir sind das Resultat dieser Geschichte, aber wir machen auch zugleich Geschichte, jeder von uns, eingewoben in den ständigen Strom der Ereignisse.

Die Welt ist ein Ganzes, und wir sind selbst ein winziger Teil dieses Ganzen. So, meine ich, wird das neue Weltbild, das sich heute am Horizont abzuzeichnen beginnt, aussehen. Nach einigen Jahrhunderten naturwissenschaftlicher Forschung lichtet sich heute der Nebel. Konturen werden sichtbar; der gesamte Kosmos liegt vor uns. Noch sind viele Einzelheiten ungeklärt, aber wir haben jetzt, gegen Ende des Jahrtausends, Grund zu der Annahme, daß wir wesentliche Züge des Universums verstehen. »Die Natur, in der Gestalt des Menschen«, sagt Victor Weisskopf, »beginnt sich

34

selbst zu erkennen.«[4] Erkenntnis und Wissen vermitteln insbesondere auch das Gefühl der Sicherheit, das Gefühl, daß wir auf dem richtigen Weg sind. Und ohne dieses Vertrauen wird es dem Menschen nicht möglich sein, langfristig auf der Erde zu existieren.

2. Galaktische Landkarte

»Die Größe und das Alter des Kosmos sind jenseits des normalen menschlichen Vorstellungsvermögens. Verloren irgendwo zwischen Unendlichkeit und Ewigkeit ist unser winziger Planet – unser Zuhause.«

Carl Sagan[5]

Zwischen Plattensee und Donau

Als Student unternahm ich in den Sommerferien eine Faltboottour durch Ungarn. Nach Umrundung des Plattensees fuhr ich eines Abends in den Fluß Sió hinein, der Verbindung des Sees mit der Donau. Der Sió fließt mehr als hundert Kilometer durch die ungarische Ebene und mündet schließlich in der Nähe der Stadt Baja in die Donau. Ursprünglich hatte ich die Absicht, kurz nach dem Verlassen des Plattensees am Ufer des Sió mein Nachtlager aufzuschlagen und am nächsten Morgen weiter in Richtung Donau zu fahren. Diesen Plan mußte ich jedoch aufgeben. Die Flußufer waren steil, und Plätze zum Zelten gab es nicht. So beschloß ich, die Nacht hindurch zu fahren. Die Strömung war gut, und ich konnte damit rechnen, am nächsten Morgen bereits in der Nähe der Einmündung in die Donau zu sein.

Es war eine ungewöhnlich klare, mondlose Nacht. Über mir spannte sich die große Brücke der Milchstraße. Das fahle Licht der Sterne geleitete mich durch die warme Sommernacht und zeigte mir meinen Weg durch die ungarische Landschaft. Lautlos trieb mein Boot in der ruhigen Strömung. Nur selten waren einige Paddelschläge notwendig, um eine Kurskorrektur vorzunehmen. So konnte ich mich ganz auf den Sternenhimmel konzentrieren.

Die Milchstraße, das Sternenband, das sich von

Norden nach Süden über den Himmel erstreckt, ist unsere Galaxie, ein System von Sternen, das etwa hundert Milliarden Sterne enthält. Unsere Sonne ist einer dieser Sterne, kein besonders auffälliger Stern, einer von vielen am Rande der Galaxie. Unsere Galaxie hat die Form einer Scheibe. Wenn wir auf das Band der Milchstraße blicken, so sehen wir gewissermaßen in die Scheibe hinein, also in die Ebene, in der die Galaxie liegt. **Die galakti- sche Scheibe**

Auf meiner nächtlichen Flußreise durch Ungarn konnte ich verfolgen, wie das Band der Milchstraße langsam über den Himmel wanderte – eine Folge der Erddrehung, ebenso wie das Wandern der Sonne von Ost nach West am Tage. Ich blickte nach Osten, aus der galaktischen Ebene hinaus. Hier sieht man mit bloßem Auge einige Sterne, die in der Nachbarschaft der Sonne liegen, also noch zu unserer Galaxie gehören. Dahinter aber ist nichts – der intergalaktische Raum.

Im Osten, im Sternbild Andromeda, etwas über dem Stern Beta Andromeda (siehe Abb. 2-1), sah ich einen kleinen, diffusen Lichtfleck, den Andromeda- nebel. Schon im Altertum wunderte man sich über diese Erscheinung, die man in den südlichen Län- dern, besonders in Wüstengegenden, recht gut mit bloßem Auge beobachten kann. In den nördlichen Breiten, zum Beispiel in Mitteleuropa, hat man selten Gelegenheit, den Andromedanebel klar mit bloßem Auge zu sehen. Nur wenige Nächte im Jahr sind dafür geeignet. Außerdem gelingt dies nur, wenn man nicht durch künstliches Licht wie Straßenlaternen gestört wird. **Ein Lichtfleck im Andro- meda**

Wir wissen heute, daß der Andromedanebel das einzige mit bloßem Auge sichtbare Objekt am nördli- chen Sternenhimmel ist, das nicht zu unserer Galaxie,

Abb. 2-1 Ein Ausschnitt des Sternenhimmels. Die Pfeilspitze gibt die Position des Andromedanebels an.

Inseln in der Leere zu unserem Milchstraßensystem, gehört. Wir haben eine weitere Galaxie vor uns, eine »Weltinsel« wie unsere eigene Galaxie (siehe Abb. 2-2).

Die ganze Nacht hindurch verfolgte ich den Lauf der Sterne, insbesondere den des Andromedanebels. Wie wohl jeder, der lange Stunden hindurch den mondlosen, klaren Sternenhimmel beobachtet, hatte ich das

Abb. 2-2 Ein Blick auf die Andromedagalaxie. Etwa zweieinhalb Millionen Jahre braucht das Licht, um von dieser uns benachbarten Galaxie zur Erde zu gelangen. Es ist anzunehmen, daß es in dieser Galaxie wie in unserer Milchstraße Hunderte oder Tausende von Sonnensystemen gibt, die von intelligenten Lebewesen bewohnte Planeten beherbergen (abgedruckt mit Erlaubnis von Hale Observatories, Pasadena).

Gefühl, daß uns dieses Firmament etwas zu sagen habe. Es gibt nichts, das gegenüber unseren menschlichen Belangen gleichgültiger wäre als das kalte Licht der Sterne. Und doch scheinen uns die Sterne etwas zu vermitteln, das viele auf der Erde suchen und nie finden – einen festen Punkt, etwas Dauerhaftes, an das man sich anlehnen kann, auf das man sich beziehen kann.

Stellen Sie sich vor, Sie befinden sich in einem Raumschiff, das dabei ist, sich von unserem Sonnensystem zu entfernen. Irgendwo im Raum sehen wir den gleißenden Gasball der Sonne, umgeben von Milliarden von Sternen, die alle unserem Milchstraßensystem angehören. Wir erkennen, daß wir an einem bemerkenswerten Ort im All sind, nämlich mitten in einem Milchstraßensystem.

Ein Beobachter, der sich irgendwo in den Tiefen des Weltalls befindet, wird im allgemeinen nicht das Glück haben, sich zufällig in der Nähe eines Milchstraßensystems aufzuhalten. **Der Kosmos ist vor allem leerer Raum** Der Kosmos besteht zum größten Teil aus leerem Raum; Galaxien sind seltene, kostbare Gebilde, und ein Beobachter, der in der Nähe einer Galaxie »zu Hause« ist, kann sich mit Recht privilegiert vorkommen.

Nur weil sich unsere Erde inmitten eines Milchstraßensystems befindet, können wir den Sternenhimmel erleben. Ganz anders wäre es, wenn die Erde samt dem Sonnensystem irgendwo im All, weitab von jeder Galaxie, existieren würde. Keinen einzigen Stern könnten wir am Himmel entdecken. Die ewige Nacht des intergalaktischen Raums würde uns einhüllen, und nur mit Hilfe komplizierter, weitreichender Teleskope könnten wir feststellen, daß es in weiter Ferne seltsame, sehr schwach leuchtende Gebilde gibt – ferne Galaxien.

Es ist kalt und unfreundlich in den Tiefen des intergalaktischen Raums, und wir wollen lieber zurückkehren in unsere heimatlichen Gefilde, in unser Milchstraßensystem.

Mit unserer eigenen Galaxie verhält es sich wie mit dem Wald, den man vor lauter Bäumen nicht sieht. Alle Sterne, die wir von der Erde aus mit bloßem Auge **Inmitten** sehen können, gehören unserer Galaxie an. Trotzdem **unserer** ist es nicht so leicht, die Struktur unserer Galaxie so- **Galaxie** fort zu erkennen, denn wir sind mitten drin. Es wäre nützlich, ein Foto unserer Galaxie zu haben, das von einem Punkt außerhalb der Galaxie aufgenommen wurde. Leider ist es nicht möglich, ein Raumschiff, ausgerüstet mit einer Kamera, zu einem solchen Punkt hinauszusenden. Um die Struktur unserer eigenen Galaxie kennenzulernen, muß man versuchen, den Aufbau unseres Sternensystems Schritt für Schritt zu erkunden.

Wir wissen heute, daß unsere eigene Galaxie ungefähr so aussieht wie die uns benachbarte Galaxie, der Andromedanebel (siehe Abb. 2-2, S. 39).

Unsere Galaxie ist scheibenförmig, und die Sonne befindet sich am Rand dieser Scheibe. Niemand hat je alle Sterne in der Milchstraße abgezählt (obwohl all- **Hundert** abendlich viele Liebespaare, auf Parkbänken sitzend, **Milliarden** diesen Versuch machen). Nur relativ grobe Schätzun- **Sterne** gen liegen vor. Nach diesen besteht unsere Galaxie aus etwa hundert Milliarden Sternen. Unsere Sonne hat also hundert Milliarden Kollegen. Viele davon sind in ihrer Masse mehr als hundertmal so groß wie die Sonne, andere wiederum sind kleiner als sie.

Die Sterne sind nicht gleichmäßig in der galaktischen Scheibe verteilt, sondern in den sogenannten Armen konzentriert, die spiralförmig vom Zentrum ausgehen. Unsere Galaxie hat deshalb die Form eines riesigen Wagenrades, dessen Speichen ungefähr spiralförmig sind. Aus diesem Grund bezeichnet man unsere Galaxie, ebenso wie die Andromedagalaxie, als Spiralgalaxie (siehe Abb. 2-3). Dies ist sinnvoll, denn es gibt im Weltall auch ganz anders geformte Galaxien.

Die Sterne sind nicht gleichförmig über den Nachthimmel ausgebreitet, und es ist klar, warum dies so ist. Wenn wir uns am Rand der galaktischen Scheibe befinden, so haben wir entweder die Möglichkeit, in den intergalaktischen Raum hinaus- oder in die Scheibe hineinzublicken. Im ersten Fall sehen wir nur diejenigen Sterne, die sich zufällig in der Nähe der Sonne befinden, also ebenfalls am Rand der galaktischen Scheibe. Im zweiten Fall sehen wir die aus fast hundert Milliarden Sternen bestehende Scheibe – das Band der Milchstraße am Himmel. Wenn man in einer klaren, mondlosen Nacht das Band der Milchstraße beobachtet, empfiehlt es sich, einen Blick auf das Sternbild Sagittarius zu werfen. Dort liegt das Zentrum unserer Galaxie, eine Region, in der es besonders viele und besonders alte Sterne gibt (siehe Abb. 2-4, S. 44–45).

Im Sternbild Sagittarius

Die Entfernungen zwischen den Sternen in der Galaxie sind groß, fast unvorstellbar groß, verglichen mit den Dimensionen, mit denen wir in unserem Erdenleben vertraut sind. Es hat keinen Sinn, astronomische Distanzen in Metern oder Kilometern zu messen. Man benutzt hierzu das Lichtjahr. Ein Lichtstrahl legt in der Sekunde rund 300 000 km zurück. Diese Entfernung entspricht etwa der Entfernung Erde–Mond. Nur etwa eine hundertstel Sekunde braucht ein Lichtsignal oder ein Radiosignal, um von London nach New York zu gelangen. Acht Minuten benötigt das Licht der Sonne, um die Erde zu erreichen. Die Entfernung Sonne–Erde beträgt also acht Lichtminuten.

Ein Lichtjahr ist keine Zeiteinheit

Abb. 2-3 Eine besonders eindrucksvolle Spiralgalaxie (Katalog-Nr. 4 NGC 628) (abgedruckt mit Erlaubnis der Hale Observatories, Pasadena).

PHOTOGRAPHIC MAGNITUDES

Abb. 2-4 Ein Panorama unserer Milchstraße, konstruiert von Knut Lundmark auf der Basis von Fotografien der Milchstraße. Auf der linken Seite sieht man den Teil der Galaxie, der sich in den Sternbildern Auriga, Perseus, Cassiopeia und Cygnus befindet. Das Zentrum liegt im Bereich des Sternbilds Sagittarius. Auf der rechten Seite erstreckt sich die Milchstraße

In einem Jahr legt das Licht die Entfernung von etwa 10 000 000 000 000 km (10^{13} km) zurück – eine gewaltige Entfernung, die aber als Maßeinheit gerade sehr geeignet ist, um die Entfernungen zwischen der Sonne und den uns benachbarten Sternen zu beschreiben. **Zehn Jahre** Zum Beispiel benötigt das Licht etwa zehn Jahre, um **bis zum** vom Stern Sirius, einem der hellsten Sterne am Himmel, zur Erde zu gelangen. Darum hat man sich geeinigt, astronomische Entfernungen in dieser durch das Licht definierten Einheit anzugeben, in Lichtjahren.

44

durch die Sternbilder Centaurus, Crux, Carina, Puppis und Canis Major, die nur auf der Südhalbkugel zu sehen sind. Im unteren rechten Teil erscheinen die beiden Magellanschen Wolken. Ganz links sieht man unter der Milchstraße die hier sehr klein erscheinende Andromedagalaxie (abgedruckt mit Erlaubnis des Lund-Observatoriums, Schweden).

Ein Lichtjahr ist also keine Zeiteinheit, sondern eine Längeneinheit, nämlich etwa 10^{13} km. Jedermann weiß, was gemeint ist, wenn man sagt: Stuttgart ist von München etwa zwei Autostunden entfernt. Eine Autostunde ist keine Zeiteinheit, sondern der Weg, der sich in einer Stunde im Auto zurücklegen läßt (etwa 100 km). Die Astronomen benutzen eine ähnliche Maßeinheit, nur wird das Auto durch das viel schnellere Licht ersetzt.

Es gibt noch einen anderen Grund, warum das

Lichtjahr für Entfernungen in der Astronomie eine besonders günstige Maßeinheit ist. Ich schreibe diese Zeilen in meinem Arbeitszimmer am CERN-Laboratorium bei Genf. Von hier aus kann ich bei klarem Wetter den Gipfel des Montblanc sehen, der etwa 70 Kilometer von CERN entfernt ist. Wenn ich auf den Montblanc blicke, sehe ich diesen Berg nicht, wie er in diesem Moment aussieht, sondern wie er vor 0,0002 Sekunden ausgesehen hat. Das Licht benötigt diese Zeit, um vom Montblanc in mein Zimmer am CERN zu gelangen. Diese Zeiteinheit ist natürlich sehr klein, und deshalb fällt es niemandem ein zu sagen: Dies war der Montblanc vor 0,0002 Sekunden, sondern man sagt kurz: Dies ist der Montblanc.

Bei astronomischen Objekten kann man im allgemeinen die Zeit, die das Licht braucht, um zu uns zu gelangen, nicht vernachlässigen. Wenn wir einen Stern **30 000 Lichtjahre** heute beobachten, sehen wir nicht den Stern, wie er heute aussieht, sondern wie er zu jenem Zeitpunkt ausgesehen hat, an dem das von uns heute empfangene Licht ausgestrahlt wurde. So wurde das Licht, das wir heute (im Jahre 1983) vom Stern Sirius empfangen, noch zu der Zeit ausgestrahlt, in der Richard Nixon Präsident der USA war. Etwa 30 000 Jahre braucht das Licht, um von den Sternen, die sich im Zentrum der Milchstraße befinden, zur Erde zu gelangen. Als dieses Licht sich auf seine lange Reise machte, lebten die Menschen in Westeuropa noch in Höhlen.

Blicken Sie zum Sternbild Andromeda, dorthin, wo Sie das schwache Leuchten des Andromedanebels bemerken. Dieses Licht hat die Sterne der Andromedagalaxie vor etwa zwei Millionen Jahren verlassen, zu einer Zeit, als es auf der Erde noch keine Menschen gab. Es besteht für uns keine Möglichkeit festzustellen, wie die Andromedagalaxie heute aussieht. Das

46

Licht, das heute von den Sternen der Andromedagalaxie ausgestrahlt wird, erreicht die Erde erst in zwei Millionen Jahren.

Vor etwa zwei Millionen Jahren explodierte ein Stern in der Andromedagalaxie, der in der Nähe des Zentrums der Galaxie lag. Es handelte sich um eine sogenannte Supernova-Explosion, bei der gewaltige Mengen von elektromagnetischer Strahlung, ein großer Teil davon in Form von sichtbarem Licht, ausgesandt wurden. Das dieser Explosion entstammende Licht durchquerte innerhalb von etwa 60 000 Jahren die Andromedagalaxie. Fast zwei Millionen Jahre brauchte die Lichtwelle, um den intergalaktischen Raum zwischen der Andromedagalaxie und unserem eigenen Milchstraßensystem zu durchmessen. Zur Zeit Ramses' II. erreichte die Lichtwelle den Rand unserer Galaxie. Am 20. August des Jahres 1885 kam sie schließlich auf der Erde an und wurde zuerst von dem Astronomen Ernst Hartwig bemerkt.

Eine Explosion in der Andromedagalaxie

Ankunft 20. 8. 1885

Damit wird klar: Jede Beobachtung in der Astronomie – sei es mit Hilfe des bloßen Auges oder mit Hilfe modernster Teleskope – ist nicht nur ein Blick auf von uns weit entfernte Objekte, sondern gleichzeitig ein Blick in die Vergangenheit. Je tiefer wir in das All hineinschauen, um so mehr schauen wir auch in die Vergangenheit. Viele Sterne und Sternsysteme, die wir heute mit Hilfe moderner Teleskope studieren, existieren zum jetzigen Zeitpunkt überhaupt nicht mehr. Manche dieser Sterne sind in der Zwischenzeit erkaltet, manche haben ihr Leben in Form einer großen Explosion beendet. Alles, was geblieben ist, ist das Licht dieser Sterne, das durch die Tiefen des intergalaktischen Raumes eilt.

Licht als Zeuge der Vergangenheit

Auch das Licht oder die Radiosignale, die heute unseren Planeten verlassen, werden viele Millionen Jahre durch das Weltall irren und vielleicht irgendwann einmal von denkenden Wesen auf einem fernen Planeten registriert, zu einer Zeit, in der unser Sonnensystem und unsere menschliche Zivilisation längst nicht mehr existieren. Dies gilt insbesondere für unsere Fernsehprogramme. Denkende Wesen auf einem fernen Planeten, denen es gelingt, Teile unserer Fernsehprogramme zu registrieren, werden erstaunt sein, daß die Bewohner des Planeten Erde sich vor allem für die Qualität von Seifenpulver und für ähnlich wichtige Dinge interessieren beziehungsweise interessiert haben. Auch nach Millionen von Jahren können wir uns noch lächerlich machen.

Die Bewohner eines Planeten in irgendeinem der vielen Sonnensysteme in der Andromedagalaxie werden oft ihren Blick auf einen diffusen Lichtfleck am Sternenhimmel werfen: unsere eigene Galaxie. Mit ihren Instrumenten haben sie die Möglichkeit, die Struktur unserer Galaxie recht genau zu erforschen, ebenso wie wir mit Hilfe der modernen astronomischen Hilfsmittel die Struktur der Andromedagalaxie recht genau erforschen können.

Zu Beginn des 16. Jahrhunderts richtete der deutsche Astronom Simon Marius sein Fernrohr auf den eigenartigen Lichtfleck im Sternbild Andromeda. »Wie eine brennende Kerze, die man bei Nacht durch ein Stück Horn betrachtet, sieht dieser Lichtfleck aus«, meinte er. Diese bescheidene Beschreibung läßt nicht erahnen, daß es sich bei dem Andromedanebel um eine riesige Galaxie handelt, die größer als unser eigenes Milchstraßensystem ist. Etwa 300 Milliarden Sterne enthält die Andromedagalaxie, genug, um jeden Bewohner der Erde mit hundert Sternen zu beschenken.

Es war der deutsche Astronom Walter Baade, der

viel zu unserem heutigen Wissensstand über die Struktur der Andromedagalaxie beigetragen hat. Baade arbeitete während des Zweiten Weltkriegs am Mount-Wilson-Observatorium bei Pasadena in Kalifornien. Er profitierte in dieser Zeit auf zweifache Weise von dem in Europa tobenden Krieg. Zum einen war er als deutscher Staatsbürger vom Dienst in den US-Streitkräften befreit, den seine amerikanischen Kollegen ableisten mußten. Aus diesem Grund war Baade fast der einzige Benutzer des großen Hundert-Zoll-Spiegelteleskops auf dem Mount Wilson – das Observatorium arbeitete also fast nur für ihn. Zum anderen wurde das nahe gelegene Los Angeles oft zum Schutz vor japanischen Luftangriffen verdunkelt, und Baade konnte deshalb außergewöhnlich gute Aufnahmen von der Andromedagalaxie gewinnen.

Wenn man eine Aufnahme der Andromedagalaxie betrachtet (siehe Abb. 2-2, S. 39), dann fällt auf, daß sie aus einem besonders hellen Zentralbereich und einem weniger hellen äußeren Bereich besteht. (Im übrigen ist es der helle Zentralbereich, den man mit bloßem Auge oder mit einem Feldstecher sieht. Den äußeren Bereich kann man nur mit Hilfe großer Teleskope beobachten.) Baade gelang es nachzuweisen, daß der helle, leuchtende Zentralbereich aus besonders dicht gepackten Sternen besteht und daß er keine diffuse, leuchtende Masse darstellt, wie man ursprünglich angenommen hatte. Er fand weiter heraus, daß die Sterne des Zentralbereichs ein besonders hohes Alter haben – im Mittel etwa 12 Milliarden Jahre.

Durch detaillierte Messungen stellte Baade zudem fest, daß es im äußeren Bereich der Andromedagalaxie gewaltige Gas- und Staubwolken gibt (insbesondere Wolken, die aus dünnem Wasserstoffgas bestehen) ebenso wie in unserer eigenen Galaxie. In der Umgebung dieser Wolken findet man oft helle, bläulich leuchtende Sterne. Diese Sterne emittieren sehr große Mengen von Energie in Form von Licht. Da es für einen Stern nicht möglich ist, eine derartige Energieverschwendung auf längere Zeit hin zu verkraften, schließt man, daß diese bläulichen Sterne noch relativ jung sein müssen. Daß sie in der Nähe der großen Staub- oder Gaswolken liegen, ist kein Zufall. In diesen Wolken werden nämlich laufend neue Sterne geboren, und zwar durch die Zusammenballung der Staub- und Gasmaterie.

Sterne werden geboren

Besonders wichtig für die Erforschung der inneren Struktur der Andromedagalaxie war die Entwicklung der Radioastronomie, mit deren Hilfe man die Verteilung von Wasserstoff in der Andromedagalaxie untersuchen konnte. Eine Besonderheit der Atomphysik spielte hierbei eine große Rolle. Wasserstoffgas strahlt unter anderem eine Radiostrahlung ab, deren Wellenlänge 21 cm beträgt. Diese Radiowellen haben eine viel kürzere Wellenlänge als die üblichen Radiowellen. (Die Radiostationen, die man zum Beispiel auf dem 49-Meter-Band im Kurzwellenbereich findet, strahlen Radiowellen mit einer Wellenlänge von etwa 49 m aus.) Mit Hilfe der Radioteleskope kann man die Verteilung des Wasserstoffs in der Andromedagalaxie recht genau feststellen. Dabei hat man im übrigen auch gefunden, daß die Wasserstoffwolken der Andromedagalaxie viel weiter in den Raum hinausreichen, als man aufgrund der Verteilung der Sterne vermuten könnte. Selbst bei einem Abstand von 100 000 Lichtjahren vom Zentrum der Galaxie kann man noch Wasserstoff nachweisen.

Eine Hülle aus Wasserstoff

Wie bereits erwähnt, kann man mit bloßem Auge oder mit einem Feldstecher leider nur den hellen

Zentralbereich der Andromedagalaxie sehen. Es ist interessant, sich vorzustellen, welch eindrucksvolles Bild die Andromedagalaxie am Himmel abgeben würde, wenn auch deren schwach leuchtende Außenbereiche zu sehen wären. Die Andromedagalaxie wäre in diesem Fall kein kleines Objekt am Himmel; sein Durchmesser wäre etwa dreimal so groß wie der des Mondes.

Wir wissen heute, daß unsere eigene Galaxie der Andromedagalaxie sehr ähnlich ist. Wie diese besitzt unser Milchstraßensystem wahrscheinlich eine spiralförmige Struktur. Beobachter, die in fernen Welten leben, würden unsere Galaxie und die Andromedagalaxie wahrscheinlich als Zwillinge interpretieren.

Wenn wir in einer klaren Nacht den Sternenhimmel beobachten, fällt uns auf, daß es deutliche Unterschiede zwischen den Sternen gibt. Es sind nicht nur die verschiedenen Helligkeiten der Sterne, sondern auch ihre verschiedenen Farben. Manche senden ein rötliches Licht aus, andere wiederum leuchten in bläulicher Farbe. Dies sind erste Anzeichen, daß es zwischen den verschiedenen Sternen große Unterschiede gibt – Stern ist nicht gleich Stern. **Sterne sind unterschiedlich**

In der Tat ist die Vielfalt, die man in der Sternenwelt beobachtet, beeindruckend. Und dennoch ist das Baumuster, nach dem Sterne gebildet werden, immer das gleiche. Sie setzen sich aus der gleichen Art von Materie zusammen, aus der die Elemente bestehen, die wir auf der Erde vorfinden: aus Quarks und Elektronen, mit denen wir uns später noch beschäftigen werden. Jeweils drei Quarks finden sich zusammen, um ein Teilchen zu bilden, das Proton, den Kern des Wasserstoffatoms.

Ein dünnes Wasserstoffgas kann sich unter dem Einfluß der Massenanziehung, der Gravitation, zusammenziehen. Hierbei heizt es sich auf. Die Dichte und die Temperatur des Gases können schließlich so hoch werden, daß die Atomkerne miteinander verschmelzen. Hierbei werden große Energien freigesetzt, die **Warum** vornehmlich in Form von elektromagnetischer Strah- **leuchten** lung, also auch in Form von sichtbarem Licht, abge- **Sterne?** strahlt werden. Diese Kernreaktionen finden überwiegend im Inneren der Sterne statt. Die bei den Kernreaktionen freiwerdende Strahlung muß sich also ihren Weg durch die Kernmaterie bahnen. Dieser Prozeß dauert unter Umständen Millionen Jahre. Das Licht, das wir heute von der Sonne erhalten, hat eine solche lange Vergangenheit hinter sich. Es rührt im Grunde von Kernreaktionen her, die im Inneren der Sonne vor einigen Millionen Jahren stattfanden.

Die Schwerkraft, die ein Stern auf seine Materie ausübt, hat die Tendenz, die Sternmaterie immer mehr zusammenzuballen. Andererseits möchte die aus dem Inneren des Sterns aufsteigende Strahlung die Stern- materie auseinandertreiben. Zwischen beiden auf die **Ein kompli-** Sternmaterie wirkenden Kräften bildet sich ein **ziertes** Gleichgewicht heraus. Es sind die Bedingungen dieses **Gleich-** Gleichgewichts, die die Größe, die Farbe der Strah- **gewicht** lung, die Lebensdauer und das weitere Schicksal des Sterns bestimmen.[6]

Die Sterne, eingeschlossen unsere Sonne, gewinnen ihre Energie durch Kernfusion, das heißt durch die Verschmelzung von Atomkernen. Es ist dasselbe Prinzip, das in der Wasserstoffbombe seine technische »Anwendung« findet. Der Unterschied zwischen der Explosion einer Wasserstoffbombe und dem Brennen eines Sterns besteht darin, daß die Gravitationskraft die Sternmaterie zusammenhält und damit den Verbrennungsprozeß stabilisiert, während bei einer Wasserstoffbombenexplosion keine solche Stabilisierung erfolgt.

Bis heute ist es nicht gelungen, die Fusion von Atomkernen zu kontrollieren. Würde dies auf einfache Weise möglich sein, hätte man eine Möglichkeit, Energie in praktisch unbegrenzten Mengen herzustellen. So profitieren wir einstweilen nur indirekt von der Kernfusion, denn die »Sonnenenergie«, die wir auf der Erde entweder in direkter Form (in Solarkraftwerken) oder in indirekter Form (durch das Verbrennen von Öl, Kohle oder Gas) gewinnen, ist im Grunde Energie, die ursprünglich durch das Verschmelzen von Atomkernen in der Sonne entstand – vor vielen Millionen Jahren.

Ohne Kernfusion keine Energie

Unsere Sonne ist ein ganz gewöhnlicher Stern. Es gibt in unserer Galaxie viele Milliarden von Sternen, die unserer Sonne ähnlich sind. Nach den Berechnungen der Astrophysiker ist unsere Sonne etwa viereinhalb Milliarden Jahre alt. Allerdings sollte man diese Zahl nicht zu ernst nehmen. Es liegt in der Natur der Sache, daß astrophysikalische Berechnungen stets mit einer beachtlichen Unsicherheit behaftet sind, da es leider nicht möglich ist, mit der Sonne Experimente anzustellen. Aber auf eine halbe Milliarde Jahre soll es uns nicht ankommen. Wir wollen uns deshalb auf die Feststellung beschränken, daß die Sonne und damit unser Planetensystem, eingeschlossen der Planet Erde, vor etwa vier bis fünf Milliarden Jahren »aus der Taufe« gehoben wurden.

Man kann auch berechnen, was in Zukunft mit der Sonne passieren wird. Etwa fünf Milliarden Jahre lang passiert glücklicherweise nicht viel. Die Leuchtkraft und die Größe der Sonne bleiben nahezu konstant. Dann aber nehmen Leuchtkraft und Größe der Sonne schrittweise zu. In etwa acht Milliarden Jahren wird die Sonne ungefähr hundertmal so groß sein wie heute und etwa zweitausendmal stärker leuchten als die heu-

Das Schicksal der Sonne

tige Sonne. Sie wird zu einem Roten Riesen. Die inneren Planeten der Sonne, die Erde eingeschlossen, werden die Geburt des Roten Riesen nicht überleben; sie werden wahrscheinlich von der Sonnenmaterie »verschluckt«.

Auch das Ende der Sonne läßt sich mit ziemlicher Genauigkeit vorhersagen. Der zum Roten Riesen aufgeblähte Stern wird letztlich durch die Schwerkraft **Rote Riesen** wieder zusammengeballt. Die Sonne degeneriert zu **und Weiße** einem sogenannten Weißen Zwerg, einem kleinen **Zwerge** Stern, der etwa so groß ist wie die heutige Erde und dessen Materie sehr stark komprimiert ist. Jeder Kubikzentimeter enthält etwa 1000 kg Materie. Die Oberfläche dieses Sterns ist immer noch sehr heiß – daher der Name Weißer Zwerg. Schließlich kühlt die »Zwergsonne« langsam ab. Aus dem Weißen Zwerg wird ein »Schwarzer Zwerg«, ein im Weltall umherirrender Materiebrocken. Die Umwandlung der Sonne in einen Schwarzen Zwerg, also das Sterben der Sonne, ist ein recht langwieriger Prozeß, der erst nach etwa 10^{14} Jahren beendet sein wird. Allerdings ist es fraglich, ob das gesamte Weltall je so alt werden wird. Aber mit dieser Frage wollen wir uns später beschäftigen.

Die Sonne ist nur ein Stern unter mehr als hundert **Einer von** Milliarden Sternen in unserer Galaxie. Wir beobach- **hundert** ten in unserer Galaxie Sterne, die von unserer Sonne **Milliarden** recht verschieden sind. Es gibt Sterne, die mehr als doppelt so alt sind wie die Sonne, und Sterne, die noch sehr jung sind, jünger als die zivilisierte Menschheit. Manche Sterne haben eine Masse, die um ein Vielfaches größer ist als die Masse der Sonne, andere wiederum wurden vom Universum recht kümmerlich ausgestattet und sind kleiner als der Planet Erde.

In den Zwischenräumen zwischen den Sternen in

Abb. 2-5 Der sogenannte Pferdekopfnebel im Sternbild Orion. Deutlich sieht man den Übergang von dunklem zu hellem Staub. Letzterer wird durch »junge« Sterne erleuchtet (abgedruckt mit Erlaubnis von Hale Observatories).

unserer Galaxie befinden sich Staub und Gas (siehe Abb. 2-5). Allerdings ist die Materiedichte in diesen Räumen äußerst gering. Jedes in einem Laboratorium auf der Erde erzeugte Vakuum enthält mehr Materie pro Kubikzentimeter als die üblichen Materiewolken **Staubige** in der Galaxie. Trotzdem ist ein großer Teil der im Uni-**Milchstraße** versum befindlichen Materie in den dünnen Gas- oder Staubwolken konzentriert. Der Grund: Diese Wolken sind sehr groß. Nehmen wir einmal an, wir betrachten ein Raumgebiet in Gestalt eines Würfels mit der Kantenlänge von zehn Lichtjahren – ein im Vergleich mit der Ausdehnung einer interstellaren Wolke recht bescheidenes Gebiet. Nehmen wir weiter an, daß sich in jedem Kubikzentimeter dieses Gebiets ein Wasserstoffatom befindet. Die gesamte in diesem Raumgebiet enthaltene Materiemenge läßt sich leicht berechnen: Es ist eine Masse von $2 \cdot 10^{33}$ g, die fast genau der Gesamtmasse der Sonne entspricht.

Ebenso wie im Andromedanebel findet man in unserer Galaxie in der Nähe großer Gas- und Staubwolken **Sternen-** junge, bläulich leuchtende Sterne. Diese Sterne haben **fabriken** sich aus der interstellaren Materie gebildet, und zwar durch die Zusammenballung der Materie infolge der Schwerkraft. Es kommt vor, daß sich eine größere Anzahl von Atomen oder Molekülen der interstellaren Materie zufällig in einem relativ kleinen Raumgebiet befindet. Die Gravitationskraft, also die Massenanziehung zwischen den einzelnen Atomen, hat zur Folge, daß diese Atome noch näher zusammenrücken. Dies bewirkt, daß noch weitere Atome eingefangen werden. Hierdurch verstärkt sich die Massenanziehung, und es werden noch mehr Atome angezogen. Der Prozeß schaukelt sich auf diese Weise auf, und am Ende sind genügend Atome eng zusammen, um einen Stern zu bilden. Sterne entstehen also laufend aus der interstellaren Materie. Die interstellaren Wolken sind riesige Sternfabriken.

Unsere Sonne liegt etwa 30 000 Lichtjahre vom Zentrum unserer Milchstraße entfernt, in der Nähe größerer Gas- und Staubwolken. Diese gehören zu Spiralarmen der Galaxie, wie dem Orionarm oder dem Sagittariusarm. Die Sonne liegt nahe an der inneren Kante des Orionarms (siehe Abb. 2-6).

Leider verdecken uns die in der Nähe der Sonne liegenden Staub- und Gaswolken den Ausblick in einige interessante Richtungen. Insbesondere ist uns der Blick in das Innere unserer Galaxie, in das Zentrum der Milchstraße, für immer verwehrt. Nur mit Hilfe der Radioastronomie ist es möglich, Informationen über diese interessante Region zu erhalten. Allerdings reicht das bisher gesammelte Wissen über den Kern der Milchstraße nicht aus, um genau zu sagen, wie der Mittelpunkt unserer Galaxie aussieht und was für Prozesse sich dort abspielen.

Was ist im Zentrum der Galaxie?

Manche Astrophysiker glauben, daß sich im Zentrum unserer Galaxie ein oder mehrere Schwarze Löcher verbergen. Ein Schwarzes Loch ist keine Erfindung von Okkultisten, sondern eine ganz normale Konsequenz der allgemeinen Relativitätstheorie, die von Einstein kurz nach Ausbruch des Ersten Weltkriegs aufgestellt wurde. Der deutsche Astrophysiker Karl Schwarzschild, der 1916 an den Folgen eines Kriegsleidens starb, fand kurz vor seinem Tode heraus, daß die von Einstein aufgestellten Gleichungen der Gravitation eine einfache Lösung beinhalten, allerdings eine Lösung mit verblüffenden Eigenschaften.

Wir wollen uns diese an einem Beispiel verdeutlichen. Wenn man auf der Erdoberfläche einen Stein nach oben wirft, kommt er nach einer bestimmten Zeit zurück. Je größer die Anfangsgeschwindigkeit ist, mit

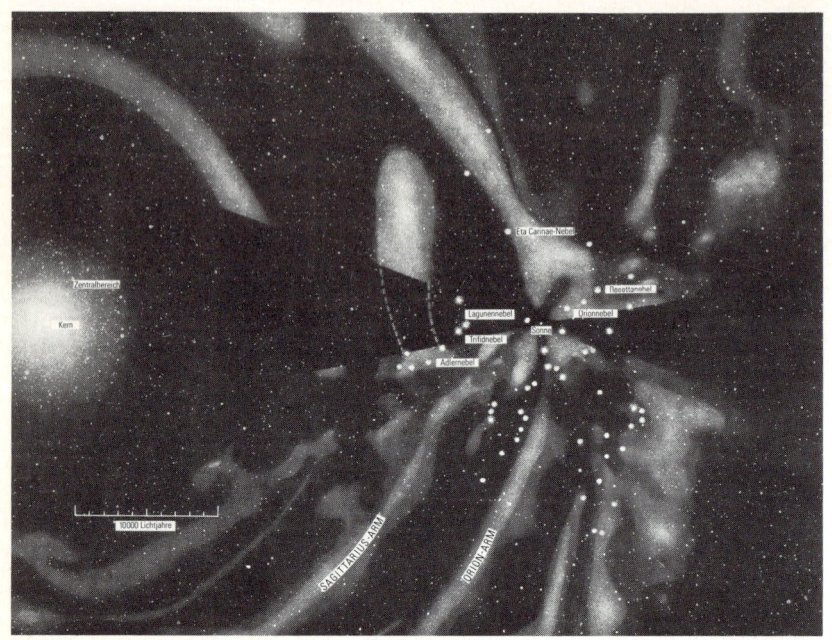

Abb. 2-6 Der Entwurf einer galaktischen Landkarte. Die Sonne liegt nahe an der inneren Kante eines der Spiralarme unserer Galaxie, dem sogenannten Orionarm. Die kegelförmigen Ausschnitte, die von der Sonne ausgehen, haben nichts mit einer ausgezeichneten Lage der Sonne zu tun, sondern verdeutlichen nur die Tatsache, daß wir in diese Gebiete keine Einsicht haben; dunkle Gaswolken verhindern hier die Weitsicht. Wie man sieht, liegt die Sonne in der Nähe größerer Gas- und Staubwolken (Nebel), wie des Orionnebels oder des Rosettanebels. Die Punkte bezeichnen die Ansammlungen junger Sterne bzw. Sternhaufen. Im linken Bereich sieht man das Zentrum der Milchstraße, über das nur spärliche Informationen vorliegen (siehe T. Ferris, Galaxien, Basel 1981; abgedruckt mit Erlaubnis des Birkhäuser-Verlags, Basel).

der der Stein seine Reise beginnt, desto länger dauert es, bis er zum Erdboden zurückkehrt. Der Grund hierfür ist klar – die Erde übt auf den Stein eine Anziehung aus. Diese Kraft bewirkt, daß der nach oben geworfene Stein langsamer wird, schließlich seine Flugrichtung umkehrt und zum Erdboden zurückfällt.

Wir wollen jetzt den Stein durch das Licht einer Ta-
schenlampe ersetzen. Wenn man mit einer Taschen-
lampe direkt nach oben leuchtet, passiert folgendes:
Die von der Lampe erzeugten Lichtwellen wandern
mit Lichtgeschwindigkeit nach oben, verlassen nach
wenigen Sekunden den Bereich des Schwerefeldes der
Erde und nach etwa sechs Stunden unser Sonnensystem,
um für immer im All herumzuirren. Eine der interessanten Voraussagen von Einsteins Theorie der Gravitation ist, daß das Licht seine Reise nicht unbeeinflußt vom Schwerefeld der Erde unternimmt. Der **Licht verliert**
Lichtstrahl verliert bei seiner Reise durch den Bereich **Energie**
der Erdanziehung fortwährend an Energie (wie ein bewegter Körper besitzt auch ein Lichtstrahl Energie –
wie jedermann weiß, der sich je an den Strahlen der
Sonne aufgewärmt hat). Allerdings ist dieser Effekt
der Lichtablenkung im Falle der Erdanziehung äußerst
klein und nur sehr schwer zu beobachten. Etwas leichter hat man es, wenn man die Gravitationskraft der
Sonne benutzt. Bereits kurz nach dem Ersten Welt-
krieg hat man beobachtet, daß die von der Sonne ausgehende Schwerkraft in der Lage ist, Lichtstrahlen
»aus ihrer Bahn zu werfen«, und zwar genau in der von **Licht**
Einstein vorausgesagten Weise. Dieses von englischen **krümmt**
Astronomen durchgeführte Experiment war nur der **sich**
Anfang einer ganzen Serie von Unternehmungen, die
weitere Stützen für die Richtigkeit von Einsteins Theorie lieferten.

Die Größe der Lichtablenkung durch die Sonne
hängt natürlich von der Stärke der Schwerkraft in der
Nähe der Sonnenoberfläche ab (oder, wie der Physiker
sagt, von der Stärke des Gravitationsfeldes auf der
Sonnenoberfläche). Je stärker diese Kraft ist, desto
stärker ist die Ablenkung eines Lichtstrahls (siehe
Abb. 2-7). Nehmen wir einmal an, wir wären in der

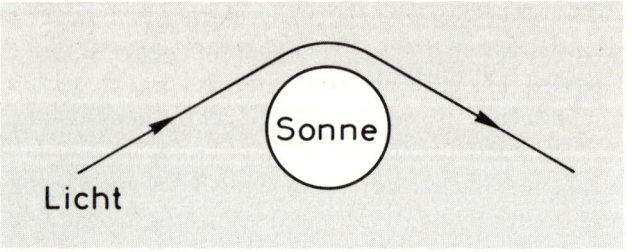

Abb. 2-7 Ein Lichtstrahl, zum Beispiel das Licht eines Sterns, wird durch die Gravitationskraft der Sonne abgelenkt. Diese Voraussage der Einsteinschen Gravitationstheorie wurde durch Experimente bestätigt. (In der Zeichnung ist der Effekt stark übertrieben dargestellt.)

Lage, die Sonnenmaterie beliebig zusammenzudrükken. Wird die Materie der Sonne zusammengepreßt, so verkleinert sich der Radius der Sonne. Gleichzeitig vergrößert sich die Gravitationskraft auf der Sonnenoberfläche. Nehmen wir jetzt an, wir würden die Sonnenmaterie so stark zusammenpressen, daß der Radius der Sonne nur etwa 3 km ist (man nennt dies den sogenannten Schwarzschild-Radius der Sonne). In diesem Fall, so sagt Einsteins Theorie, passiert etwas sehr Merkwürdiges. Die Schwerkraft an der Sonnenoberfläche ist so groß, daß das Licht nicht mehr den Sonnenbereich verlassen kann. Durch die Gravitation werden die Lichtstrahlen gewissermaßen zurückgeleitet, wie ein Stein, den man auf der Erdoberfläche nach oben wirft. Die Sonne ist ein Schwarzes Loch geworden. Kein Lichtstrahl, keine Radiowelle hat die Möglichkeit, sich aus einem Schwarzen Loch davonzustehlen – ein Schwarzes Loch ist ein ideales Gefängnis.

Merkwürdige Schwarze Löcher

Gibt es Schwarze Löcher in der Natur? Diese Frage ist natürlich eng verknüpft mit der Frage, ob es möglich ist, Materie so stark zusammenzupressen, daß sich ein Schwarzes Loch herausbildet. Die Antwort der Physiker ist eindeutig: ja. Jeder Stern, falls er nur genügend Masse besitzt (mehr Masse als die Sonne), wird sich im Lauf der Zeit in ein Schwarzes Loch umwandeln. Wahrscheinlich gibt es in unserer Galaxie Hunderttausende oder sogar viele Millionen Schwarzer Löcher.

Ein Schwarzes Loch ist zwar nicht direkt sichtbar, man kann es aber bemerken, zum Beispiel durch die von ihm ausgehende Schwerkraft. Wäre unsere Sonne ein Schwarzes Loch (was sie zum Glück nicht ist), so würden sich die Planeten des Sonnensystems, die Erde eingeschlossen, genauso bewegen wie um die wirkliche Sonne.

Ein Schwarzes Loch ist übrigens nicht nur ein ideales Gefängnis, sondern auch eine ideale Mülldeponie – auch für Atommüll bestens geeignet, da es jegliche Materie, die in seine Nähe kommt, unweigerlich »verschluckt«. Keine Macht der Welt ist in der Lage, ein Raumschiff zu retten, das zufällig in die Nähe eines Schwarzen Loches gerät – sein Schicksal ist besiegelt. Allerdings verschwindet Materie, die von einem Schwarzen Loch aufgesogen wird, nicht unauffällig. Bevor sie vom Schwarzen Loch verschluckt wird, erhitzt sie sich sehr stark und sendet insbesondere eine starke Röntgenstrahlung aus, die man als den Todesschrei der eingefangenen Materie bezeichnen könnte. **Todesschreie der Materie** An dieser Strahlung und an der vom Schwarzen Loch ausgehenden Schwerkraft könnte man ein Schwarzes Loch recht gut erkennen. Die Astrophysiker haben seit 1970 mehrere Kandidaten von Schwarzen Löchern in unserer Galaxie entdeckt, so zum Beispiel die berühmte Röntgenquelle Cygnus X-1 im Sternbild des Schwans.

Manche der beobachteten Phänomene in unserem Milchstraßensystem könnte man verstehen, wenn sich im Zentrum der Milchstraße ein oder mehrere sehr massereiche Schwarze Löcher verbergen würden. Dies würde zu interessanten Konsequenzen führen. Da es im Zentrum der Galaxie besonders viel Materie gibt – in Form von Sternen, Gas- und Staubwolken –, **Schwarze** hätte ein Schwarzes Loch in diesem Bereich sehr viel **Löcher in der** Nahrung zur Verfügung. Wie ein Moloch würde es die **Milchstraße?** dort vorhandene Materie in sich aufsaugen, wobei gewaltige Energiemengen in Form von Röntgen- und Materiestrahlen ausgesandt würden. Im Verlauf der zweiten Hälfte unseres Jahrzehnts wird es wahrscheinlich möglich sein, mit Hilfe von in Erdsatelliten untergebrachten Instrumenten das Zentrum der Milchstraße intensiv zu erforschen. Zweifellos warten hier einige Überraschungen auf die Astrophysiker.

In den vergangenen Jahrhunderten haben uns die Astronomen und Astrophysiker gezeigt, wo wir uns in unserer Galaxie befinden – am Rande des Orionarms, etwa 30 000 Lichtjahre vom Zentrum der Galaxie entfernt, die sich wie ein riesiges Wagenrad langsam um ihre Achse dreht. 250 Millionen Jahre benötigt unsere Sonne für einen Umlauf um das Zentrum der Milchstraße. Seit der Entwicklung der menschlichen Zivilisation haben wir noch nicht einmal den hundertsten Teil eines solchen Umlaufs zurückgelegt.

Hier, in unserer Galaxie, sind wir zu Hause. Von hier aus beobachten wir, was um uns alles passiert. Wir sehen, daß unsere Galaxie nur eine von vielen Millionen Galaxien im Weltraum ist. Seit einigen Jahrzehnten sind wir in der Lage zu erkennen, wo sich unsere Galaxie befindet, wie sie sich einfügt in die Gemeinschaft aller Weltsysteme.

Woher Wenn wir unsere Galaxie betrachten, stellt sich uns **kommt** unwillkürlich die Frage: Woher kommt die Materie, **Materie?** aus der die Sterne, Planeten, Staub- und Gaswolken und Schwarzen Löcher bestehen? Was ist überhaupt

Materie? Besteht sie schon immer, oder wird Materie laufend im Universum erzeugt? Diese Fragen bewegen die Wissenschaftler schon seit langem, aber erst im Verlauf der siebziger Jahre wurde klar, daß es Antworten auf die oben gestellten Fragen gibt. In den nächsten Kapiteln wollen wir versuchen, diese Antworten zu skizzieren.

3. Das Maß der Dinge

> »Die Quantentheorie ist so ein wunderbares
> Beispiel dafür, daß man einen Sachverhalt in
> völliger Klarheit verstanden haben kann und
> gleichzeitig doch weiß, daß man nur in Bil-
> dern und Gleichnissen von ihm reden kann.«
> *Werner Heisenberg*[7]

Wenn wir unsere Umgebung aufmerksam beobachten, bemerken wir, daß die meisten Dinge eine typische Größe haben. Zum Beispiel sind alle Menschen etwa gleich groß; fast alle erwachsenen Menschen sind 1,60 m bis 1,90 m lang. Die Blätter eines Baumes haben etwa die gleiche Form und Größe. Wenn Sie Kochsalzkristalle mit der Lupe betrachten, bemerken Sie, daß die verschiedenen Kristalle alle etwa gleich groß sind. Wir bemerken ferner, daß die Größe eines Gegenstandes sich im Laufe der Zeit im allgemeinen nicht ändert. Betrachten Sie etwa ein Metermaß oder ein Lineal. Wenn Sie dies abends tun, anschließend zu Bett gehen und am Morgen Ihr Lineal wieder benutzen, so gegen Sie davon aus, daß sich seine Größe über Nacht nicht geändert hat. Warum ist das so?

Dinge sind Viele Dinge sind hart, nur schwer zu verändern.
stabil Eine Stahlkugel ist ein Gegenstand, der sich unter normalen Umständen nicht verändert, weder in seiner Form noch in seiner Größe. Haben Sie je darüber nachgedacht, warum dies so ist?

Vielleicht haben Sie sich auch schon einmal folgende Frage gestellt: Was würde passieren, wenn sich plötzlich, über Nacht, alle Dinge aufblähen würden, sagen wir, zweimal so groß werden würden? Wenn Sie am Morgen aufstehen, sind Sie also nicht mehr 1,70 m groß, sondern 3,40 m. Auch das Bett hat sich um einen

Faktor Zwei gestreckt, die Schuhe, der Teppich, alles. Sagen Sie nicht sofort, so eine Vorstellung sei sinnlos, reine Phantasie. Stellen Sie sich ruhig vor, alle Dinge sind plötzlich doppelt so groß wie vorher. Wenn Sie etwas tiefer über diese seltsame Angelegenheit nachdenken, kommen Sie wahrscheinlich zu einem interessanten Schluß. So ein plötzliches Wachstum aller Dinge ist überhaupt nicht feststellbar. Wie merken Sie denn, daß Sie nicht mehr 1,70 m lang sind, sondern 3,40 m? Sie stellen sich an Ihre Meßlatte zu Hause und sehen nach. Nun hat sich aber die Meßlatte ebenfalls um einen Faktor Zwei gestreckt. Die Meßlatte zeigt also nach wie vor Ihre ursprüngliche Größe an, nämlich 1,70 m. Die Ausdehnung aller Dinge um einen Faktor Zwei ist demnach eine nutzlose Operation – sie läßt sich überhaupt nicht beobachten. Was heißt überhaupt die Messung einer Länge? Wenn Sie messen, daß Ihr Zeigefinger 8 cm lang ist, so bedeutet das: Sie vergleichen die Länge Ihres Zeigefingers mit der Länge von 8 cm, die Sie zum Beispiel auf einem Lineal ablesen. Zum Messen eines Gegenstandes gehören also immer zwei Dinge: der Gegenstand selbst und der Maßstab. Es gibt keine absolute Länge in der Welt. **Ein Maßstab** Immer, wenn wir wissen wollen, wie lang ein Gegen- **wird benötigt** stand ist, müssen wir ihn mit einem anderen Gegenstand, einem Maßstab, vergleichen. Wenn wir zum Beispiel einen Luftballon aufblasen, verändern wir die Dimensionen des Ballons, verglichen mit einem vorgegebenen Maßstab, der sich natürlich beim Aufblasen des Ballons nicht verändert.

Lassen Sie mich jetzt eine andere Frage stellen, die Ihnen genauso seltsam vorkommen wird wie die oben diskutierte Frage des Aufblähens aller Dinge. Die Zahnbürste, mit der Sie sich abends die Zähne putzen, ist etwa so lang wie Ihre ausgestreckte Hand. Haben

Sie sich jemals gewundert, warum am nächsten Morgen die Zahnbürste noch genauso lang ist und nicht zum Beispiel doppelt so groß oder so klein wie eine Münze? Natürlich nicht – es ist anscheinend klar, die Dinge verändern sich nicht über Nacht. Warum eigentlich nicht? Was ist der Grund für die Stabilität der Dinge? Was ist das Maß der Dinge?

Offensichtlich haben sich denkende Menschen schon vor Tausenden von Jahren Fragen dieser Art gestellt, ohne damals jedoch eine befriedigende Antwort zu finden. Den ersten Ansatz zu einer Antwort finden wir allerdings schon im alten Griechenland.

Wenn Sie eine neue 100-Drachmen-Banknote Griechenlands betrachten, finden Sie darauf das Bildnis **Demokrit** eines der originellsten Denker des alten Griechen- **aus Abdera** lands: Demokrit. Dieser Mann, der die Ideen der modernen Physik vorausgeahnt hat, kam aus der Stadt Abdera in Nordgriechenland. Er war ein ungewöhnlicher Philosoph, ungewöhnlich zumindest im Vergleich mit unseren heutigen Philosophen. Für Demokrit war es das Höchste, das Leben zu genießen, und Genießen war für ihn gleichbedeutend mit Verstehen. Er sprach einen der bedeutendsten Sätze aus, die die Denker des alten Griechenlands hervorgebracht haben: »Nichts existiert außer den Atomen und der Leere.« Atome, das sind die kleinsten unteilbaren Konstituenten der Materie. Wenn wir einen Apfel in zwei Teile zerschneiden, schloß Demokrit, so ist das nur möglich, wenn der Apfel aus kleinsten unteilbaren Bestandteilen besteht, **Atome und** zwischen denen nichts weiter ist als leerer Raum, und **die Leere** wenn das Messer durch den leeren Raum zwischen den Atomen hindurchgeht. Demokrit schloß ferner, daß die Dinge stabil sind und sich im Laufe der Zeit nicht ändern, weil sie alle aus Atomen gleicher Größe bestehen. Die Atome selbst sind unveränderlich und unteilbar. Die Verschiedenheiten der Stoffe, die wir beobachten – etwa die Tatsache, daß Eisen härter ist als Holz –, erklären sich dadurch, daß in den verschiedenen Stoffen die Atome verschiedenartig angeordnet sind.

Man wird erinnert an die Buchstaben des Alphabets. Durch das geeignete Aneinanderfügen von Buchstaben können wir sehr unterschiedliche Gedanken ausdrücken. Man kann einen Zeitungsartikel schreiben, einen Trivialroman oder ein Gedicht. Es kommt nur auf die geeignete Anordnung der Buchstaben an.

Zumindest zum Teil hatte Demokrit recht mit seinen Vorstellungen. Zu Anfang des 19. Jahrhunderts feierte die Atomvorstellung Triumphe in der Chemie. Die chemischen Eigenschaften der Stoffe lassen sich nur verstehen, so fanden die Chemiker heraus, wenn die Materie aus kleinsten Einheiten besteht, den Atomen. Diese stellte man sich als kleine Kügelchen vor, deren **Wie groß** Radius etwa 10^{-8} cm ist. Wie klein die Atome sind, **sind Atome?** kann man sich durch folgendes Bild klarmachen. In der Volksrepublik China leben etwa eine Milliarde Menschen. Wenn man jedem Chinesen ein Atom zuordnet und alle diese Atome in Form einer Kette aneinanderlegt, so ist diese Kette nur etwas länger als Ihr Mittelfinger, nämlich 10 cm.

Gegen Ende des 19. Jahrhunderts begannen einige Physiker daran zu zweifeln, daß die Atome der Chemiker tatsächlich mit den Atomen des Demokrit identisch sind. Anlaß hierfür waren die seltsamen Ergebnisse von Experimenten, die man zu dieser Zeit in Paris durchführte. Man fand heraus, daß gewisse Atome offensichtlich nicht stabil sind, sondern Teilchen aussenden, die man als Bruchstücke der Atome interpretierte. Damit war das Phänomen der Radioaktivität gefunden.

Vor etwa 80 Jahren machte Ernest Rutherford in England eine Entdeckung, die den Ausgangspunkt der modernen Atomphysik darstellte. Manche radioaktiven Atome senden sogenannte Alphateilchen aus. Es soll uns hier nicht interessieren, was die Alphateilchen bedeuten beziehungsweise woraus sie bestehen. Wichtig ist jedoch, daß sie aus den instabilen Atomen mit relativ großer Geschwindigkeit herausgeschleudert werden. Sie stellen förmlich kleine Geschosse dar, und als solche wurden sie auch von Rutherford

Rutherford durchleuchtet die Atome verwendet. Mit ihnen wollte er das Innere der Atome erkunden. Er ließ die Alphateilchen durch eine dünne Metallfolie (Rutherford benutzte eine Goldfolie) hindurchfliegen, in der Hoffnung, manchmal eine kleine Ablenkung dieser Teilchen aus ihrer ursprünglichen Richtung zu beobachten und daraus Rückschlüsse auf eine Struktur der Atome schließen zu können. Wenn die Materie im Inneren der Atome mehr oder weniger gleichförmig verteilt ist, würde man erwarten, daß ein Alphateilchen beim Durchgang durch ein Atom seine Flugrichtung und seine Geschwindigkeit ein wenig, nicht aber auf dramatische Weise ändert. Man könnte dies vergleichen mit einer Gewehrkugel, die durch einen Wassersack hindurchfliegt. Durch den Widerstand des Wassers wird die Kugel zwar etwas gebremst, sie wird aber ihre Flugrichtung nie abrupt ändern. Dies könnte nur geschehen, wenn sich im Wasser ein fester Gegenstand, etwa ein Stück Eisen, befindet, von dem die Kugel abprallen würde (siehe Abb. 3-1).

Eine unglaubliche Begebenheit Verblüfft sah Rutherford, daß einige der Alphateilchen nicht durch die Metallfolie hindurchflogen, sondern nach hinten reflektiert wurden. Später sagte er hierüber: »Dies war die unglaublichste Begebenheit, die sich in meinem ganzen Leben zutrug. Mir erschien

68

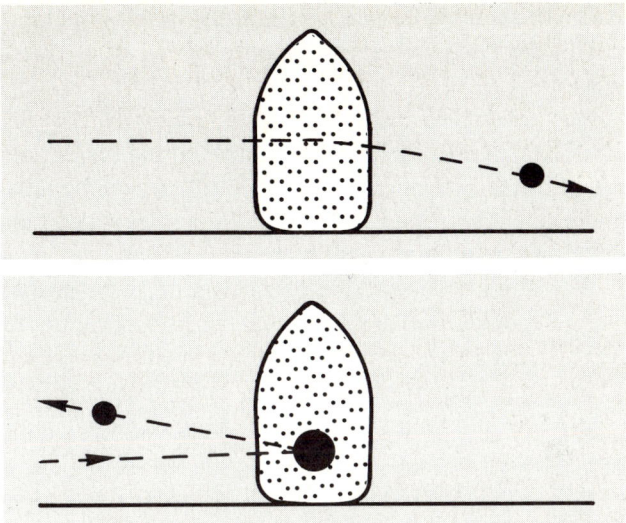

Abb. 3-1 Ein Schütze zielt auf einen Wassersack. Die Kugel durchschlägt ihn, wird durch den Widerstand des Wassers etwas abgelenkt und gebremst, ändert aber nie ihre Flugrichtung abrupt. Anders sieht es aus, wenn im Wassersack eine Eisenkugel ist. Falls der Schütze diese trifft, wird es für ihn gefährlich. Unter Umständen wird das Geschoß reflektiert und trifft ihn. – Wenn man das Geschoß durch ein Alphateilchen ersetzt, den Wassersack durch ein Atom und die Eisenkugel durch den Atomkern, so hat man das Rutherfordsche Experiment vor sich.

sie genauso unglaublich, als würde man mit einer 15-Zoll-Granate auf ein Stück Seidenpapier schießen, und das Geschoß käme geradewegs zurück und würde den Schützen treffen.«

Oftmals wurden die Alphateilchen bei ihrem Durchgang durch die Metallfolie aber auch nicht oder nur wenig abgelenkt. Dies war sogar der Normalfall. Nach einer Serie von Experimenten kam Rutherford zu einem bemerkenswerten Ergebnis. Das Zurückprallen mancher Alphateilchen ließ sich nur erklären, wenn man annimmt, daß praktisch die gesamte Materie im

Atome sind Atom in einem Volumen konzentriert ist, das viel klei-
fast leer ner als das Atom selbst ist, in dem sogenannten Atomkern.

Der Atomkern hat eine Ausdehnung von 10^{-12} bis
10^{-13} cm, ist also mehr als zehntausendmal kleiner·als
das Atom selbst. Eine Milliarde Atomkerne nebenein-
andergelegt würden eine Kette bilden, die weniger als
ein Hundertstel eines Millimeter lang ist.

Was aber bestimmt die Ausdehnung der Atome,
wenn der Hauptteil der Atommaterie im viel kleineren
Kern konzentriert ist? Der Atomkern ist nicht allein.
Er ist umgeben von einer Hülle, bestehend aus Teilchen, die viel kleiner sind als die Atome und auch als
die Atomkerne: den Elektronen. Die Elektronen um-
kreisen den Atomkern. Ihr mittlerer Abstand vom
Kern ist etwa 10^{-8} cm – der Abstand der Elektronen
vom Kern bestimmt demnach die Größe der Atome.
Man kann sich ein Atom wie ein kleines Planetensystem vorstellen. Im Mittelpunkt ruht die Sonne
(Atomkern), umgeben von um sie (ihn) kreisenden
Planeten (Elektronen).

Das folgende Beispiel soll die Größenverhältnisse
im Atom veranschaulichen. Stellen Sie sich den Atomkern so groß wie einen Apfel vor, der im Mittelpunkt
eines Fußballfeldes liegt. Die Elektronenbahnen ver-
laufen dann ungefähr auf der Aschenbahn.

Man sieht an diesem Beispiel, daß die Atome praktisch leer sind. Nur ein winziger Bruchteil des Atomvo-
lumens wird durch die Anwesenheit von Materie ausgezeichnet. In der Struktur der Materie geht die Natur
verschwenderisch mit dem leeren Raum um. Würde
man die Atomkerne und die Elektronen der Erde alle
auf kleinstem Raum zusammenpacken, so erhielte
man eine Kugel, deren Radius nur etwa 100 m betragen würde.

Im vorangegangenen Kapitel habe ich erwähnt, daß sich Schwarze Löcher nur dann herausbilden können, wenn die Materie sehr stark zusammengepreßt wird. Zum Beispiel müßte man die gesamte Masse der Sonne innerhalb einer Kugel mit dem Radius von 3 km unterbringen. Wir sehen hier, daß dies ohne weiteres möglich ist, vorausgesetzt, man packt alle Atomkerne sehr dicht zusammen. Ein Schwarzes Loch ist also ein ganz normales Gebilde, das sich mit den Erkenntnissen der Naturwissenschaftler ohne weiteres verträgt. An der Existenz Schwarzer Löcher zweifeln hieße an den uns geläufigen Naturgesetzen zweifeln.

Schwarze Löcher muß es geben

Was zwingt eigentlich die Elektronen, sich um den Atomkern zu bewegen? Wir wissen, daß sich die Erde um die Sonne bewegt, weil zwischen Erde und Sonne eine anziehende Kraft wirkt: die Gravitationskraft. Es ist allerdings auch einleuchtend, daß die Gravitationskraft längst nicht ausreichen würde, um die Elektronen zu zwingen, sich um den Atomkern zu bewegen. Trotzdem muß es eine Kraft geben, die dies bewirkt. Man kann die Bewegung der Elektronen im Atom nur verstehen, wenn man annimmt, daß zwischen den Elektronen und dem Atomkern eine anziehende Kraft wirkt. Was ist das für eine Kraft?

Kräfte innerhalb der Atome

Wenn Sie zu Hause über den Teppich gehen und anschließend die Türklinke anfassen, passiert es manchmal, daß zwischen der Türklinke und Ihren Fingerspitzen ein Funke überspringt. Es gibt eine einfache Erklärung für dieses Phänomen. Die Atome, aus denen der Teppich besteht, haben die Eigenschaft, daß sie leicht Elektronen verlieren können. Wenn Ihr Schuh den Teppich berührt, bleiben einige Elektronen am Schuh hängen. Nun besitzen die Elektronen eine Eigenschaft, die man in der Physik als elektrische Ladung bezeichnet. Wenn sich auf Ihrem Schuh die Elektronen ansammeln, erzeugen sie eine elektrische Ladung, die sich auf Ihren Körper überträgt. Ihr gesamter Körper wird elektrisch aufgeladen. Die Ladung der Elektronen bezeichnet man als negativ. (Diese Bezeichnung ist historischer Natur und soll keine charakterliche Bewertung der Elektronladung darstellen; sie wurde von dem amerikanischen Naturforscher und Diplomaten Benjamin Franklin im 18. Jahrhundert eingeführt.) Durch das Überschreiten des Teppichs lädt sich also Ihr Körper negativ auf. Im Normalfall besitzt der Teppich keine elektrische Ladung – er ist neutral, wie man sagt. Wenn er jedoch plötzlich Elektronen verliert, fehlt ihm die verlorengegangene negative Ladung. Aus diesem Grunde erhält der Teppich das Entgegengesetzte einer negativen Ladung: eine positive Ladung. Wenn Sie jetzt die Türklinke berühren, findet ein Ausgleich der elektrischen Ladungen statt. Die Elektronen, die sich auf Ihrem Körper befinden, springen auf die Türklinke über und erzeugen dabei einen Funken, der unter Umständen sogar schmerzhaft sein kann. Durch das Überspringen des Funken wird ein Ladungsausgleich erreicht. Nachdem Sie das Zimmer verlassen haben, besitzt sowohl Ihr Körper als auch der Teppichboden keine elektrische Ladung mehr – alles ist im neutralen Gleichgewicht.

Franklin legt die Ladung fest

Elektrische Kräfte

Schon seit dem Altertum weiß man, daß elektrisch geladene Körper Kräfte aufeinander ausüben. Zwei Körper, die eine gleichnamige Ladung tragen, etwa zwei negativ geladene Körper, stoßen sich voneinander ab. Ungleichnamige Ladungen ziehen sich jedoch an. Wir werden später noch darauf zurückkommen, wie diese Kräfte erzeugt werden.

Es hat sich erwiesen, daß die elektrischen Anziehungs- und Abstoßungskräfte für den Aufbau der Atome sehr wichtig sind. Der Atomkern trägt nämlich eine positive Ladung. Zwischen dem Kern und den Elektronen besteht mithin eine elektrische Anziehungskraft, und diese Kraft ist es, die die Atome gewissermaßen zusammenhält. Im Normalfall ist ein Atom elektrisch neutral; es besitzt keine elektrische Ladung. Wenn wir einem solchen Atom ein Elektron wegnehmen, überwiegt plötzlich seine positive, vom Kern herkommende Ladung. Das Atom als Ganzes ist jetzt positiv geladen.

In diesem Zusammenhang wird uns nun auch klar, warum wir uns beim Überschreiten eines Teppichs negativ aufladen. Man könnte ja auch meinen, daß die Aufladung einmal negativ und das andere Mal positiv sein könnte, je nach den speziellen, gerade vorliegenden Bedingungen. Eine positive Aufladung kommt jedoch nicht vor. Der Grund hierfür ist einleuchtend. Es ist leicht, die negativ geladenen Elektronen von den Atomen des Teppichs abzustreifen, nicht aber die positiv geladenen Atomkerne. Letztere sind fest im Atomverband verankert.

Zwei Elektronen, die ja beide negativ geladen sind, stoßen sich voneinander ab. Auch dies ist für die Struktur der Materie sehr wichtig. Legen Sie Ihren Bleistift auf den Tisch. Der Bleistift bleibt auf dem Tisch liegen, ohne durch die Tischplatte auf den Boden zu fallen, obwohl er von der Erde angezogen wird. Er möchte zwar gern auf den Boden fallen, die Tischplatte setzt ihm jedoch einen Widerstand entgegen. Warum? Hier **Wichtige** ist die Antwort relativ leicht. Wenn der Bleistift auf der **Atomhülle** Tischplatte liegt, sind die Atome des Bleistifts und die der Tischplatte sehr nahe beieinander. Praktisch berühren sich die betreffenden Atomhüllen. Dies bedeutet, daß die Elektronen des Bleistifts und der Tischplatte im Mittel nur wenig voneinander entfernt sind. Sie stoßen sich voneinander ab. Diese Abstoßung empfinden wir als Widerstand der Materie. Ohne die Abstoßung der Atomhüllen voneinander würde der Bleistift durch die Tischplatte hindurchfallen.

Damit ist erwiesen, daß die elektrischen Anziehungs- und Abstoßungskräfte von größter Wichtigkeit für die Struktur der Materie sind. Würde man die elektrischen Kräfte in der Welt abschalten (glücklicherweise ist dies unmöglich), gäbe es keine Gegenstände mehr. Alles würde sofort zu Staub zerfallen, bestehend aus Atomkernen und Elektronen.

Es gibt viele verschiedene Arten von Atomen. Sie unterscheiden sich voneinander vor allem durch die **Einfaches** Anzahl der Elektronen in der Hülle. Das einfachste **Wasser-** Atom ist das Wasserstoffatom. Es besitzt nur ein einzi- **stoffatom** ges Elektron. Sein Atomkern ist auch besonders einfach. Er besteht aus einem positiv geladenen Teilchen, dem sogenannten Proton. Das Proton ist im Vergleich zum Elektron ein recht massives Teilchen. Die Masse eines Protons ist fast zweitausendmal so groß wie die Masse eines Elektrons. Später werden wir uns noch im Detail mit dem Proton beschäftigen. Es wird sich herausstellen, daß zwar das Elektron ein elementares Objekt ist – das heißt, daß es nicht aus kleineren Teilen besteht –, nicht aber das Proton.

Kompliziertere Atome besitzen mehrere, unter Umständen sogar recht viele Elektronen in ihrer Atomhülle. Man könnte nun meinen, daß der Atomkern dieser Atome aus nichts weiter besteht als aus entsprechend vielen Protonen. Dies war auch die Vorstellung, die die Physiker ursprünglich hegten. Nur Rutherford konnte sich mit dieser Idee nicht anfreunden. Nach seiner Meinung müßte es noch ein weiteres Teilchen im Atomkern geben, ein neutrales Teilchen, das er »Neutron« taufte. Protonen und Neutronen bilden zusammen die Konstituenten der Atomkerne, und der Atomkern ist wie das Atom selbst kein unteilbares Gebilde, kein Atom im Sinne Demokrits – dies war die Meinung Rutherfords.

Er sollte recht behalten. Einer seiner Mitarbeiter am Cavendish-Laboratorium in Cambridge, James Chadwick, fand zu Beginn des Jahres 1932 eine merkwürdige radioaktive Strahlung, die aus Teilchen bestand, welche keine elektrische Ladung besaßen, und eine Masse, die der Masse des Protons fast gleich war. Das Neutron war gefunden.

Da die Neutronen elektrisch neutral sind, ist es nicht möglich, Neutronenstrahlen durch elektrische Felder zu beeinflussen. Sie durchdringen deshalb Materie relativ leicht, da die starken elektrischen Felder der Atomkerne für Neutronen kein Hindernis sind. Nur durch die seltenen direkten Zusammenstöße der Neutronen mit den Atomkernen werden Neutronenstrahlen nach geraumer Zeit gestoppt – ein Sachverhalt, den man bei der Konstruktion der Neutronenbombe »ausnutzt«. **Neutronenstrahlen sind penetrant**

Heute wissen wir, daß die Atomkerne aus Protonen und Neutronen bestehen. Die Anzahl der Protonen im Kern entspricht immer genau der Anzahl der Elektronen in der Hülle. Zum Beispiel enthält das Goldatom 79 Elektronen, 79 Protonen und fast immer 118 Neutronen. **Gold aus 79 Protonen**

Wie groß ist die elektrische Ladung des Elektrons? Haben alle Elektronen die gleiche elektrische Ladung? Diese Frage zu beantworten stellte sich der amerikanische Physiker Robert A. Millikan (Abb. 3-2) um 1910. Millikan stammte aus Iowa. Obwohl er in der Schule durch seine wache Intelligenz auffiel, zeigte er kaum Interesse für Naturwissenschaften, um so mehr aber für Sprachen, insbesondere für Griechisch. Zufällig hatte sein Griechischlehrer auch den Physik-

Abb. 3-2 Die Physiknobelpreisträger Albert A. Michelson (links) und Albert Einstein (Mitte) zusammen mit Robert A. Millikan (rechts) während einer Konferenz im Januar 1931 in Pasadena (Kalifornien). Millikan hat auf dieser Konferenz vergeblich versucht, Einstein zum Umzug in die USA zu bewegen. Was Millikan nicht gelang, war für Adolf Hitler wenig später ein leichtes. Einstein verließ Deutschland für immer. Sein Weggang setzte das Signal für den Zusammenbruch der deutschen Wissenschaft nach der Machtergreifung der Nationalsozialisten.

unterricht an der Schule zu halten, und er bat Millikan, einen Vorbereitungskurs in Physik zu halten. Millikan lehnte ab mit der Begründung, er habe keine Neigung zur Physik. Darauf der Lehrer: »Unsinn, jeder, der gut in meiner Griechischklasse ist, kann Physik lehren.« Notgedrungen akzeptierte Millikan. Mit Energie widmete er sich dem Studium der Physik, fand Gefallen daran und beschloß, Physiker zu werden.

Mit seiner Bemerkung hat der Griechischlehrer in Iowa nicht nur die persönliche Entwicklung Millikans beeinflußt, sondern indirekt die weitere Entwicklung der Naturwissenschaften in den Vereinigten Staaten.

Für seine bedeutenden Arbeiten erhielt Millikan Anfang der zwanziger Jahre den Nobelpreis für Physik. Als erster Wissenschaftler erschien er auf der Titelseite von »Time«. Im Jahre 1921 akzeptierte Millikan einen ehrenvollen Ruf an das neue California Institute of Technology, das sich zur bedeutendsten Pflanzstätte physikalischer Ideen in den USA entwickeln sollte. »Stellen Sie sich vor«, rief der Physiker Wilhelm Röntgen in München, »man sagt, Millikan hat für seine Forschung 100 000 Dollar pro Jahr zur Verfügung.«

Um die elektrische Ladung des Elektrons zu messen, untersuchte Millikan die Ladung sehr kleiner Öltröpfchen. Die Atome eines solchen Tröpfchens können entweder gleich viele Elektronen und Protonen enthalten (in diesem Fall ist das Tröpfchen elektrisch neutral), oder die Anzahl der Elektronen ist größer beziehungsweise kleiner als die Anzahl der Protonen (in diesem Fall ist das Tröpfchen negativ beziehungsweise positiv elektrisch geladen). **Millikan untersucht die elektrische Ladung** In der Tat fand Millikan heraus, daß die Ladung der untersuchten Tröpfchen immer ein ganzzahliges Vielfaches einer bestimmten Ladung war. Letztere bezeichnete er als die elektrische Elementarladung. Sie ist heute sehr genau bekannt; der Zahlenwert interessiert hier nicht. Die Ladung der Tröpfchen war also zum Beispiel −2mal oder 3mal die Elementarladung. Die Schlußfolgerung lag nahe, daß die Elementarladung nichts weiter als die Ladung eines einzelnen Elektrons ist.

Das Atom des Elements Wasserstoff besteht aus einem Elektron und einem Proton. Man weiß, daß die elektrische Ladung des Wasserstoffatoms null ist. Aus diesem Grund muß die Ladung des Protons exakt gleich der Ladung des Elektrons sein; nur das Vorzeichen ist verschieden. Ebenso versteht man, warum in einem komplizierteren Atom die Anzahl der Elektronen in der Hülle gleich der Anzahl der Protonen im Kern ist. Nur dann heben sich die Ladungen der Elektronen und Protonen auf, und das Atom ist als Ganzes neutral.

Die Tatsache, daß die elektrischen Ladungen des Elektrons und des Protons gleich sind – abgesehen vom Vorzeichen –, hat die Physiker von Anfang an verblüfft. Elektronen und Protonen sind ansonsten nämlich sehr unterschiedliche Teilchen. Dies kann man schon an der Masse erkennen – das Proton ist fast zweitausendmal so schwer wie das Elektron. Was ist der Grund dafür, daß die Ladungen nicht zumindest ein wenig voneinander verschieden sind?

Die Gleichheit der Elektron- und Protonladung bedeutet höchstwahrscheinlich, daß es zwischen dem Proton und dem Elektron etwas Gemeinsames geben **Die seltsame** muß, eine Art Verwandtschaft. Die Physiker haben **Verwandt-** lange Zeit nach einer solchen Verwandtschaft gesucht, **schaft von** ohne den geringsten Erfolg. Erst kürzlich hat man **Elektron und** Licht in dieses Dunkel gebracht, und zwar im Zusam- **Proton** menhang mit dem Quarkmodell des Protons. Aber dies soll uns erst später beschäftigen.

Wir wollen uns jetzt mit einem anderen Problem der Atomphysik abgeben: mit der Größe der Atome. Beschränken wir uns hierbei auf das Wasserstoffatom. Wie bereits erwähnt, ist das Wasserstoffatom das einfachste Atom, bestehend aus nur einem Proton und einem Elektron. Es ist relativ leicht, ein Wasserstoffatom herzustellen. Wir benötigen hierzu nur die entsprechenden Bauteile, ein Proton und ein Elektron. Diese kann man sich in jedem besseren Physiklabor beschaffen. Nehmen wir jetzt an, daß wir ein Proton und ein Elektron zur Verfügung haben. Da sich beide Teilchen elektrisch anziehen, ist der Bau des

Wasserstoffatoms denkbar leicht. Wir brauchen beide Teilchen nur entsprechend nahe aneinanderzubringen – der Rest passiert von selbst. Beide Teilchen fliegen aufeinander zu und verbinden sich zu einem Wasserstoffatom, wobei Energie in Form von elektromagnetischen Wellen (zum Beispiel Licht) abgestrahlt wird.

Wie steht es nun mit der Größe des Atoms? Im Prinzip könnte man sich ja vorstellen, daß Elektron und Proton ziemlich weit voneinander entfernt sind, etwa 1 cm, oder sehr nahe, sagen wir viel weniger als 10^{-10} cm. Ich habe aber bereits erwähnt, daß im Normalfall die typische Größe der Atome 10^{-8} cm beträgt. Was bestimmt diese Größe?

Wie groß ist das Wasserstoffatom?

Sind alle Wasserstoffatome gleich groß? Es erweist sich im Experiment, daß es beim Wasserstoffatom eine kritische Größe gibt, nämlich 10^{-8} cm. Kein Wasserstoffatom kann kleiner als 10^{-8} cm sein, wohl aber größer, allerdings nur für kurze Zeit.

Wenn wir in einem Labor ein Wasserstoffatom aus einem Proton und einem Elektron zusammensetzen, dann wird dieses Atom nach kurzer Zeit seine typische Größe annehmen, das heißt, die Bahn des Elektrons hat einen Radius von ungefähr 10^{-8} cm. Nehmen wir jetzt an, unser Kollege im Nachbarzimmer »baut« ebenfalls ein Wasserstoffatom »zusammen«. Hinterher vergleichen wir die beiden Atome. Es wird sich herausstellen, daß die Atome gleich groß sind.

Wir können dieses Beispiel noch weiter ausdehnen. Nehmen wir einmal an, es würde den Astronomen gelingen, mit irgendwelchen fremden Wesen auf einem fernen Planeten außerhalb unseres Sonnensystems Funkkontakt aufzunehmen, eine Möglichkeit, die so unrealistisch nicht ist. Eine der Fragen, die uns diese Wesen stellen könnten, wäre: »Wie groß seid ihr auf eurem Planeten?«Sofort funken wir zurück:»Unsere Erwachsenen sind im Mittel 175 cm groß.« Die Antwort wird sein:»Wie groß ist 1 cm?« Natürlich, woher sollen denn unsere Nachbarn im All auch wissen, wie groß ein Zentimeter ist? Jetzt fällt uns ein, was wir über die Struktur der Atome wissen, und wir antworten: »Im Mittel ist unsere Körperlänge $3,5 \cdot 10^{10}$mal den Radius des Wasserstoffatoms (dies entspricht 175 cm).«

Da anzunehmen ist, daß unsere Nachbarn im All ebenso über die Struktur der Atome Bescheid wissen wie wir, können sie mit dieser Information etwas anfangen und bei dieser Gelegenheit sofort ausrechnen, wie groß die bei uns gebräuchliche Längeneinheit 1 cm ist. Die Antwort könnte zum Beispiel sein:»Wir sind etwas größer als ihr, im Mittel etwa 250 cm.«

Die Größe der Atome war ein Problem, das die Physiker in den ersten beiden Jahrzehnten unseres Jahrhunderts sehr beschäftigte. Aber erst Mitte der zwanziger Jahre zeichnete sich eine Lösung ab – keine leichte Lösung, sondern eine, die unsere Vorstellungen vom Ablauf der Prozesse im Innern der Atome von **Die Welt der** Grund auf veränderte. Eine neue Welt wurde ent-
Quanten deckt, die Welt der Quanten.

Im Sommer des Jahres 1922 unternahmen zwei Männer – ein hochgewachsener Mann mittleren Alters und ein Student – einen mehrstündigen Spaziergang in den Hügeln am Rande der Universitätsstadt Göttingen. Es handelte sich um den aus Kopenhagen angereisten Physiker Niels Bohr und um Werner Heisenberg aus München, der gerade sein Physikstudium beendet hatte.

Bohr war zu dieser Zeit bereits einer der bekanntesten Atomphysiker der Welt. In seinem Heimatland Dänemark beruhte seine Berühmtheit jedoch weniger auf seiner wissenschaftlichen Karriere als vielmehr auf der Tatsache, daß sein Bruder Harald, später ein prominenter Mathematiker, der bekannteste Fußballspieler des Landes war. Dies erklärt wohl auch die folgende Episode. Als Bohr zusammen mit seiner Frau und einem Freund nachts einen Spaziergang durch die Innenstadt von Kopenhagen machte, kamen die beiden Freunde auf die Idee, ihre Fähigkeiten als Bergsteiger zu erproben und die Fassade einer Bank zu erklettern. Mit Mühe arbeitete sich Bohr aufwärts. Als er den ersten Stock hinter sich hatte, näherten sich plötzlich zwei Polizisten, denen die Bankbesteigung offenbar nicht ganz geheuer war. Sie blickten nach oben, machten überraschte Gesichter und erklärten: »Ach, das ist ja nur Professor Bohr.« Als wäre nichts gewesen, setzten die Polizisten ihren Rundgang fort.

Auf dem Göttinger Spaziergang mit Heisenberg sprach Bohr über nichts anderes als über die Größe der Atome. Für ihn war es ein reines Wunder, warum etwa alle Wasserstoffatome gleich groß sind; er nannte es das Wunder von der Stabilität der Materie. Viele Jahre später erinnerte sich Heisenberg an dieses Gespräch und beschrieb die Worte von Bohr wie folgt:

Niels Bohr und Werner Heisenberg

»Ich meine mit dem Wort Stabilität, daß immer wieder die gleichen Stoffe mit den gleichen Eigenschaften auftreten, daß die gleichen Kristalle gebildet werden, die gleichen chemischen Verbindungen entstehen usw. Das muß doch bedeuten, daß auch nach vielen Veränderungen, die durch äußere Wirkungen zustande kommen mögen, ein Eisenatom schließlich wieder ein Eisenatom mit genau den gleichen Eigenschaften ist. Das ist nach der klassischen Mechanik unbegreiflich, besonders dann, wenn ein Atom Ähnlichkeit mit einem Planetensystem hat. In der Natur gibt es also eine Tendenz, bestimmte Formen zu bilden ... und diese Formen, auch wenn sie gestört oder zerstört worden sind, immer wieder neu entstehen zu lassen. Man könnte in diesem Zusammenhang sogar an die Biologie denken; denn die Stabilität der lebendigen Organismen, die Bildung kompliziertester Formen, die doch nur jeweils als Ganzheit existenzfähig sind, ist ein Phänomen ähnlicher Art. Aber in der Biologie handelt es sich um ganz komplizierte, zeitlich veränderliche Strukturen, von denen wir jetzt nicht reden wollen. Ich möchte hier nur von den einfachen Formen sprechen, denen wir schon in Physik und Chemie begegnen. Die Existenz einheitlicher Stoffe, das Vorhandensein der festen Körper, alles das beruht auf dieser Stabilität der Atome...«[8]

Stabile Formen

Das Gespräch mit Bohr in Göttingen beeinflußte Heisenbergs Denken für mehrere Jahre. Nach seinem Besuch in Göttingen kehrte Heisenberg nach München zurück, um sich in der Arbeitsgruppe seines Lehrers Arnold Sommerfeld an der Universität München weiter mit den Rätseln des Atombaus zu beschäftigen. Immer wieder kehrte dabei sein Denken zu den Problemen zurück, auf die Bohr ihn auf dem gemeinsamen Spaziergang hingewiesen hatte. Dies änderte sich auch nicht, als Heisenberg im Sommer 1924 seine Arbeit an der Universität in Göttingen aufnahm, in der Arbeitsgruppe von Max Born, dem Ordinarius für theoretische Physik an der Universität. Hier in Göttingen gelang schließlich auch die Lösung des Problems der atomaren Stabilität – eine Lösung, wie sie wohl nur junge Wissenschaftler, wie damals Heisenberg, hervorbringen können, denn sie verlangte radikales Umdenken, die Abkehr von den klassischen Vorstellungen in der Physik, die seit der Zeit Isaac Newtons das Denken der Physiker beherrschten. Die Quantentheorie wurde geschaffen (siehe Abb. 3-3).

Abb. 3-3 Der dreiunddreißigjährige Werner Heisenberg (stehend) zusammen mit Niels Bohr bei einer Exkursion in den bayerischen Alpen im Jahre 1934 (Heisenberg-Archiv, Max-Planck-Institut für Physik und Astrophysik, München).

Die Entstehung der Quantentheorie markiert einen tiefen Einschnitt in der Geschichte der Naturwissenschaften. Es wurde offenkundig, daß die Begriffe, mit deren Hilfe wir unsere makroskopische Welt beschreiben – altbekannte Begriffe wie die Geschwindigkeit eines Objekts –, in der Mikrowelt der Atome anders interpretiert werden müssen als in der uns wohlbekannten makroskopischen Welt. Die Entstehung der **Revolution** Quantentheorie stellt nicht nur eine Revolution in der **der Begriffe** Welt der physikalischen Begriffe dar. Die Quantenphysik hat unsere Vorstellungen über den gesamten Kosmos verändert. Die Auswirkungen auf andere Bereiche des Denkens, etwa auf die Philosophie, sind bis heute nicht vollständig erfaßt. Trotzdem finde ich es seltsam, daß es in der breiten Öffentlichkeit nie eine Diskussion der Quantenphänomene gegeben hat, etwa vergleichbar der Diskussion der Ergebnisse von Einsteins Relativitätstheorie, die seit den zwanziger Jahren die Öffentlichkeit interessiert.

Die Quantentheorie hat man immer als eine Art Ge-
Quanten- heimwissenschaft der Physiker betrachtet, die viel zu
theorie als abstrakt ist, als daß man sie einer breiten Öffentlich-
Geheim- keit zugänglich machen könnte. Ich will gern zugeben,
wissenschaft daß es sich bei der Quantentheorie tatsächlich um eine abstrakte Angelegenheit handelt. Niemand wird in der Lage sein, die Details der Atomstruktur zu verstehen, ohne sich nicht vorher mit den mathematischen Grundlagen der Theorie auseinanderzusetzen. Andererseits glaube ich, daß man die Grundgedanken der Quantenphysik durchaus begreifen kann, ohne Physiker oder Mathematiker zu sein. Ich glaube sogar, daß dies für die Zukunft notwendig sein wird. Jahrzehntelang war die Quantenphysik eine Angelegenheit der physikalischen Forschung und nichts weiter. Dies hat sich mittlerweile geändert, nicht nur durch die Explo-

sion der Atombomben in Hiroshima und Nagasaki und
das Entstehen der Kerntechnik, sondern vor allem
durch die Entwicklung der Elektronik. Jeder Fernseh-
apparat enthält heute Elemente, bei denen die Phänomene der Quantenphysik ausgenutzt werden. Für das
Funktionieren von Mikroprozessoren ist die Quantenphysik wichtig. Es wird nur noch einige Jahre dauern,
bis die elektronischen Schaltelemente in Computern **Makrosko-**
und Mikroprozessoren so klein gebaut werden kön- **pische**
nen, daß quantenmechanische Effekte bedeutsam **Quanten-**
werden. Viele Arbeitsplätze in unserer Industrie hän- **effekte**
gen damit gewissermaßen von der Quantenphysik ab.
Ist es nicht an der Zeit, daß nicht nur Physiker, Mathematiker und Chemiker sich mit der Quantenphysik
vertraut machen, sondern auch Ingenieure, Ärzte,
Facharbeiter?

Mit der Physik steht es nicht anders als mit anderen
Bereichen unserer Kultur, etwa der Musik – der Abstand zwischen dem Verstehen der Grundideen und
dem professionellen Anwenden dieser Ideen ist groß.

Wir wollen jetzt also versuchen, der »Musik« der
Quantenmechanik etwas abzugewinnen. Worum handelt es sich? Was waren die Hauptideen, mit denen es
den Göttingern Physikern, allen voran Heisenberg,
gelang, Bohrs Problem von der Stabilität der Materie
zu lösen?

Die Aufgabe der Physiker und generell der Naturwissenschaftler besteht darin, Abhängigkeiten zwischen
beobachtbaren Größen festzustellen: Wenn irgendeine
Größe, sagen wir der Ort eines Objekts, so und so groß
ist, dann folgt dies und dies. Im übrigen gilt das nicht nur
für die Naturwissenschaften, sondern für alle Wissenschaften, in denen neben qualitativen Eigenschaften
auch quantitative betrachtet werden, etwa für die Ökonomie. So gibt es zum Beispiel eine Korrelation zwi-

schen dem Zinssatz und der Arbeitslosenrate. Sinkt der Zinssatz, so steigt das Investitionsbestreben der Industrie. Eine Senkung der Arbeitslosenrate ist die Folge. Im Unterschied zur Physik handelt es sich aber in der Ökonomie meist um sehr vielschichtige und komplizierte Zusammenhänge zwischen den beobachtbaren Größen, was zur Folge hat, daß vielerorts (und oft mit Recht) den Voraussagen der Ökonomen bezüglich der künftigen wirtschaftlichen Entwicklung kein höherer Stellenwert eingeräumt wird als den Voraussagen von Wahrsagern oder Astrologen, nämlich keiner.

Was kann man beobachten? Das Besondere in der Quantenphysik besteht nun darin, daß es gar nicht mehr so leicht ist, festzustellen, was eigentlich eine beobachtbare Größe ist. Betrachten wir als Beispiel das Wasserstoffatom. Wie bereits ausgeführt, besteht dieses einfachste aller Atome aus zwei Teilchen, einem Proton und einem Elektron. Da das Proton viel schwerer ist als das Elektron, kann man sich das Proton faktisch in Ruhe vorstellen. Das Elektron bewegt sich dann auf einer Bahn, sagen wir einer Kreisbahn, um den Kern: das Proton. Jetzt fragt jemand: Woher weißt du eigentlich, daß sich das Elektron auf einer Kreisbahn bewegt? Hast du das Elektron beobachtet?

Bei der Beantwortung dieser Frage kommt man leicht in Verlegenheit. Natürlich hat niemand das Elektron direkt beobachtet. Man weiß nur, daß das Wasserstoffatom aus einem Proton und einem Elektron besteht und daß sich das Elektron irgendwie um das Proton bewegt, warum also nicht auf einer Kreisbahn? Konfrontiert mit diesem Problem, wollen wir jetzt die Angelegenheit einmal näher untersuchen. Um nachzusehen, ob sich das Elektron tatsächlich auf einer Kreisbahn bewegt oder etwa auf einer anderen

86

Bahn, müssen wir die Position des Elektrons zu verschiedenen Zeiten messen. Wie also messen wir die Position des Elektrons?

Wir wollen kurz das Atom verlassen und uns generell mit einer solchen Messung befassen. Nehmen wir an, wir beabsichtigen, die Position und die Geschwindigkeit eines fahrenden Autos festzustellen. Dies ist leicht getan; wir benutzen hierzu ein Verfahren, das bei der Verkehrspolizei beliebt ist, eine Radarfalle. Wahrscheinlich sind Sie selbst schon einmal in eine Radarfalle geraten. Normalerweise erhalten Sie dann nach einigen Tagen einen eingeschriebenen Brief, in dem Ihnen etwa mitgeteilt wird, daß sie am Freitag, dem 13. 11., um 12.32 Uhr mit der überhöhten Geschwindigkeit von 70 km/h über eine bestimmte Kreuzung gefahren sind. Angegeben werden also die Zeit des Vorfalls, der Ort und die Geschwindigkeit des fahrenden Autos.

Wie geschieht die Geschwindigkeitsmessung? Ein Radarsender sendet Radarwellen aus, also eine spezielle Art von elektromagnetischen Wellen. Die treffen Ihr Auto, werden von diesem reflektiert und von einem Empfänger wieder aufgenommen. Im Empfänger werden die Radarwellen untersucht; man kann hierdurch die Geschwindigkeit des Autos sehr genau feststellen. Ebenso kann man den Ort des Autos zum Zeitpunkt der Reflexion der Radarwellen feststellen, etwa durch eine Messung der Laufzeit der Wellen.

Signale zur Messung

Wir bemerken, daß sowohl bei der Bestimmung des Ortes als auch bei der Bestimmung der Geschwindigkeit des Autos Signale eine Rolle spielen, etwa die benutzten Radarsignale. Diese Signale müssen mit dem zu beobachtenden Objekt, hier dem fahrenden Auto, eine Wechselwirkung eingehen (hier die Reflexion der Radarwellen am Auto). Es erweist sich, daß Signale

Zur Messung braucht man Energie allgemein eine bestimmte Form von Energie darstellen. Auch durch die Radarsignale wird Energie transportiert. Radarwellen sind ja weiter nichts als elektromagnetische Wellen wie auch das Licht. Wenn wir uns der Sonne aussetzen, wird von der Sonne Energie auf unseren Körper, speziell auf unsere Haut, übertragen. Etwas Ähnliches wird durch die Radarwellen bewirkt. Wenn das Signal von hinten auf das Auto auftrifft, erhält das Auto einen, wenn auch sehr kleinen, Impuls; das Auto wird etwas beschleunigt. Allerdings ist diese Beschleunigung so winzig, daß sie vollständig vernachlässigt werden kann. Wenn wir die zur Geschwindigkeits- und Ortsmessung benutzten Signale vernachlässigen, können wir sagen, daß wir die Geschwindigkeit und den Ort eines Objekts, etwa eines fahrenden Autos, ohne Probleme messen können.

Im Falle eines sehr kleinen Objekts, etwa eines Teilchens wie dem Elektron, ist dies allerdings nicht mehr möglich. Nehmen wir an, wir wollen die Position und die Geschwindigkeit des Elektrons im Wasserstoffatom zu einem gewissen Zeitpunkt genau messen. Zunächst müssen wir uns einig werden, wie wir das Experiment durchführen wollen. Ähnlich wie die Verkehrspolizei bauen wir eine Art Radarfalle auf; das heißt, wir benutzen zur Messung elektromagnetische Wellen, etwa Lichtwellen. Wir können die Position des Elektrons feststellen, indem wir das Atom mit Licht bestrahlen. Die Lichtwellen werden vom Elektron reflektiert, und aus der Art der reflektierten Lichtwellen kann man Schlüsse über die Position des Elektrons zum Zeitpunkt der Reflexion ziehen.

Wie steht es aber mit der Geschwindigkeitsmessung? Wenn die Lichtwellen am Elektron reflektiert werden, übertragen sie einen Impuls auf das Elektron. Das Elektron wird damit in seinem Bewegungszustand geändert, und zwar in einer Weise, die sich nicht vorhersagen läßt. Es erweist sich als unmöglich, neben dem Ort des Elektrons auch seine genaue Geschwindigkeit festzustellen. Man sagt, die Größen Ort und Geschwindigkeit oder Ort und Impuls sind einander komplementär. (Wir benutzen hier den Begriff »Impuls« in seiner physikalischen Bedeutung; der Impuls eines Objekts ist weiter nichts als die Masse des Objekts, multipliziert mit seiner Geschwindigkeit. Bei gleicher Geschwindigkeit ist also der Impuls eines Lastkraftwagens erheblich größer als der Impuls eines Personenkraftwagens.) **Komplementäre Größen**

Es war Heisenberg, der die Bedeutung dieser Komplementarität zwischen verschiedenen Größen zuerst erkannte. Er fand, daß zwischen den Graden der Genauigkeit beziehungsweise Ungenauigkeit, mit der man eine physikalische Größe messen kann, feste Relationen bestehen, die sogenannten Unschärferelationen. Quantitativ sind die Unschärfen der physikalischen Größen durch eine Konstante bestimmt, die der deutsche Physiker Max Planck bereits zu Anfang dieses Jahrhunderts eingeführt hatte und die seinen Namen trägt: die Plancksche Konstante (meist bezeichnet durch ein h mit einem Querstrich: ℏ). Für Interessierte möchte ich hier den Wert dieser Naturkonstanten angeben; er ist $\hbar = 1,05 \cdot 10^{-34}$ (kg)m^2/sec. Wie man sieht, ist diese Konstante keine einfache Zahl, sondern sie ist in Einheiten von Kilogramm $\times$ (Meter)^2 pro Sekunde angegeben – eine seltsame Einheit fürwahr, aber das liegt daran, daß die Plancksche Konstante eine nicht jedermann geläufige Größe beschreibt: die sogenannte Wirkung. **Das Plancksche Wirkungsquantum**

Was sagen nun die Heisenbergschen Unschärferelationen aus? Was die Komplementarität zwischen Ort und Impuls betrifft, so heißt es: Die Unschärfe des Impulses, multipliziert mit der Unschärfe des Ortes, kann nicht kleiner als $\hbar$ sein. Wenn wir die Unschärfe des Impulses eines Objekts mit Δp bezeichnen und die Unschärfe des Ortes mit Δx, so erhält man die Relation:

$$\Delta p \cdot \Delta x \geq \hbar$$

(in Worten: das Produkt aus den Unschärfen von Impuls und Ort muß immer größer oder gleich $\hbar$ sein).

Die Plancksche Konstante, ausgedrückt in den oben benutzten Einheiten, ist eine sehr kleine Zahl. Diesem Umstand haben wir es zu verdanken, daß in unserem täglichen Leben die Effekte der Quantentheorie vernachlässigbar sind. Als Beispiel wollen wir die durch die Quantenmechanik verursachte Unschärfe in der Geschwindigkeit eines fahrenden Autos mit dem Gewicht von 1000 kg betrachten. Nehmen wir an, die Verkehrspolizei kann den Ort des Autos mit der Genauigkeit von 1 cm feststellen; das heißt, wir haben $\Delta x = 1$ cm $= 10^{-2}$ m. Damit finden wir aufgrund der Heisenbergschen Relation $\Delta p = \hbar / \Delta x$. Nun ist der Impuls das Produkt von Masse und Geschwindigkeit. Unter Benutzung dieser Beziehung erhält man sofort für die Unschärfe der Geschwindigkeit: $\Delta v \approx 10^{-35}$ m/sec. Diese Unschärfe in der Geschwindigkeit ist so unvorstellbar klein, daß man sie getrost vergessen kann. Jedenfalls können Sie nicht mit Ihrem Bußgeldbescheid zum Gericht gehen und argumentieren, die Verkehrspolizei habe bei der Geschwindigkeitsmessung die quantenmechanische Unschärfe der Geschwindigkeit nicht berücksichtigt.

Elektronen sind sehr leicht Ganz anders sieht die Geschichte aus, wenn wir ein Teilchen, etwa das Elektron, betrachten. Die Masse eines Elektrons ist äußerst klein, nämlich $9{,}1 \cdot 10^{-31}$ kg. In einem Liter Wasser befinden sich etwa 3×10^{25} Elektronen. Sie tragen aber zum Gesamtgewicht des

Wassers nur wenig bei, nur etwa ⅓ g, da der Hauptteil von den Atomkernen getragen wird.

Aufgrund der Kleinheit der Elektronmasse sind die Unschärfen in der Bestimmung von Ort und Geschwindigkeit manchmal recht beträchtlich. Wenn es uns gelingt, den Ort eines Elektrons auf ein hundertstel Millimeter genau zu bestimmen, dann beträgt die Unschärfe in der Geschwindigkeitsbestimmung immerhin 10 m/sec, also 36 km/h. Wenn ein Auto die Masse eines Elektrons haben würde, so hätte die entsprechende Quantenverkehrspolizei Mühe, dafür zu sorgen, daß die Geschwindigkeitsgrenzen eingehalten werden. Jeder ertappte Verkehrsteilnehmer würde sich auf Heisenbergs Relation berufen. Physikprofessoren hätten (wie sonst ihre Kollegen aus der juristischen Fakultät) Gelegenheit, einer lukrativen Nebentätigkeit als Gutachter an den Gerichten nachzugehen.

Unschärfen und die Größe der Atome

Der wesentlichste Punkt an den Unschärferelationen ist jedoch die Tatsache, daß sie die Größe der Atome fixieren, und zwar wie folgt. Für einen Physiker, der nichts von der Quantentheorie weiß, ist die Stabilität der Atome ein Rätsel. Nicht nur wird er erstaunt sein, daß alle Wasserstoffatome gleich groß sind, etwa 10^{-8} cm im Durchmesser. Er würde sich auch über ein anderes Problem den Kopf zerbrechen. Nehmen wir einmal an, die Elektronen bewegen sich im Wasserstoffatom auf einer Kreisbahn. Das Elektron trägt eine elektrische Ladung. Wir wissen aber, daß ein elektrisch geladenes Objekt, das sich auf einer Kreisbahn bewegt, laufend elektromagnetische Strahlung aussendet. Es wirkt wie ein kleiner Rundfunksender. Da elektromagnetische Strahlung, wie etwa Licht, nichts weiter ist als eine besondere Form von Energie, würde dies bedeuten, daß das Elektron im Wasserstoffatom laufend Energie verliert. Diese Energie müßte der

Stabile Atome

Bahnbewegung des Elektrons entzogen werden. Das würde bedeuten, daß das Elektron immer näher an das Proton herankommt, also eine Art Spiralbewegung durchführt, und schließlich in den Atomkern hineinfällt. Dies steht natürlich im Widerspruch zu den Tatsachen.

Man kann nämlich leicht berechnen, wie lange ein Wasscrstoffatom existieren würde, bis das Elektron schließlich vom Kern verschluckt ist. Das Resultat ist verblüffend. Man findet, daß die hierzu erforderliche Zeit nicht einmal eine Sekunde beträgt. Nun existieren Wasserstoffatome aber viel länger als eine Sekunde. Nach allem, was wir wissen, sind die Wasserstoffatome **Stabiler** praktisch stabil, das heißt, sie existieren eine unendlich **Wasserstoff** lange Zeit (von exotischen Prozessen, wie etwa dem Protonzerfall, den wir später noch im Detail ansehen, wollen wir hier absehen). Was veranlaßt die Elektronen im Wasserstoffatom, stabil auf ihrer Bahn zu kreisen?

Die Antwort wird von der Unschärferelation geliefert. Wir wollen das Wasserstoffatom einmal näher betrachten. Die Unschärfe des Ortes des Elektrons ist gegeben durch die Größe der Atomhülle, die etwa einen Durchmesser von 10^{-8} cm hat. Nehmen wir jetzt an, daß wir ein Wasserstoffatom finden, dessen Atomhülle viel kleiner ist, sagen wir 10^{-11} cm. In einem solchen Atom wäre das Elektron viel besser lokalisiert als im üblichen Wasserstoffatom. Aufgrund der Unschärferelation heißt dies, daß in dem kleineren Atom eine viel größere Unschärfe des Impulses vorliegt und damit der Geschwindigkeit des Elektrons. Im kleineren Atom kann das Elektron viel schneller sein als im gewöhnlichen Atom. Höhere Geschwindigkeit heißt aber höhere Energie, denn je schneller ein Körper sich bewegt, um so größer ist seine Energie. Wenn man die

Angelegenheit etwas genauer studiert, findet man heraus, daß das Elektron im kleineren Atom eine höhere Energie haben müßte als im gewöhnlichen Atom. Nun gibt es ein wichtiges Prinzip in der Natur: Jedes System versucht im Zustand der niedrigsten Energie zu sein. **Möglichst** Für das kleinere Atom würde dies bedeuten, daß es **kleine** nicht »lebensfähig« wäre. Es würde sich unter Emis- **Energie** sion von elektromagnetischer Strahlung sofort ausdehnen, bis es die Größe des gewöhnlichen Atoms angenommen hat.

Nun betrachten wir ein Wasserstoffatom, das viel größer ist als ein gewöhnliches Wasserstoffatom. Nehmen wir an, sein Durchmesser wäre 10^{-4} cm. In diesem Atom wäre also das Elektron im Durchschnitt viel weiter entfernt als im üblichen Wasserstoffatom. Um ein solches Atom aufzubauen, müssen wir das Elektron förmlich vom Kern wegziehen; das heißt, wir müssen Energie aufwenden, um ein solches Atom herzustellen. Dies bedeutet, daß unser großes Atom wiederum eine größere Energie hat als das übliche Wasserstoffatom.

Was immer wir auch tun, es nützt nichts: Die kleinste Energie hat das übliche Wasserstoffatom. Alle übrigen – von uns gewissermaßen künstlich geschaffenen – Atome haben eine größere Energie und sind damit nicht stabil, sondern gehen nach der Emission von elektromagnetischer Strahlung (zum Beispiel von Licht) sofort in das übliche Wasserstoffatom über.

Das typische Wasserstoffatom hat deshalb einen charakteristischen Durchmesser von 10^{-8} cm, weil es sich für das Atom nicht lohnt, größer oder kleiner zu sein. Aufgrund der Unschärfebeziehung »sitzt« es im Zustand der niedrigsten Energie. Keine Macht der Welt kann das Elektron im Wasserstoffatom zwingen, noch weiter Energie abzugeben. Die Quantentheorie verbietet dies. Man kann mit Hilfe der Quantentheorie den Radius des Wasserstoffatoms exakt ausrechnen; er **Der Bohr-** hängt von der Planckschen Konstane $\hbar$ und von der **sche** Elektronmasse ab. Man findet den sogenannten Bohr- **Radius** schen Radius, nämlich $0,53 \cdot 10^{-8}$ cm, in ausgezeichneter Übereinstimmung mit dem Experiment.

Der Bohrsche Radius ist eine der fundamentalen Längen in der Natur. Aufgrund der Quantentheorie haben alle Wasserstoffatome im Universum – sei es hier auf der Erde, im Weltraum zwischen den Galaxien oder in den Galaxien – im Normalzustand, das heißt im tiefsten Energiezustand, die gleiche Größe. Für einen Quantenphysiker wäre es deshalb vernünftiger, alle Längen in Einheiten des Bohrschen Radius zu messen. **Eine natür-** Wir wollen diese Einheit ein »Bohr« nennen. 1 m hätte **liche Maß-** dann die Länge von $1,9 \cdot 10^{10}$ Bohr. Ein erwachsener **einheit** Mensch hätte im Schnitt die Länge von $3,3 \cdot 10^{10}$ Bohr und so weiter. Natürlich wäre eine solche Einheit für unser tägliches Leben wegen des ständigen Umgangs mit großen Zahlen nicht sinnvoll. Trotzdem ist das Bohr eine vernünftige Längeneinheit, da sie durch die Natur vorgegeben ist, ganz im Gegensatz zu unserer üblichen Einheit Meter, die ja im Grunde eine Konvention ist, auf die man sich geeinigt hat, ohne daß dieser Einheit eine tiefere physikalische Bedeutung zukommt.

Was ich oben über die Eigenschaften des Wasserstoffatoms sagte, läßt sich für alle Atome verallgemeinern. Kompliziertere Atome enthalten nicht nur ein Elektron wie das Wasserstoffatom, sondern mehrere, unter Umständen recht viele. Für jedes Atom gibt es aber einen Zustand der niedrigsten Energie. Jedes Atom, das man genügend lange sich selbst überläßt, wird im Laufe der Zeit in diesen Zustand übergehen. Dieser sogenannte Grundzustand der Atome ist für jedes Atom eindeutig vorgegeben. Zum Beispiel ist die

Größe des Atoms eindeutig fixiert, und zwar ebenso wie im Fall des Wasserstoffatoms durch die Quantentheorie. Die Eigenschaften des Atoms sind ebenfalls festgelegt. So zum Beispiel ist ein Atom, das 13 Elektronen besitzt, immer ein Atom des Metalls Aluminium, ganz gleich, ob wir ein solches Atom hier auf der Erde oder auf dem Mond untersuchen. Ein Atom mit 94 Elektronen ist stets das Element Plutonium.

Mit Hilfe der Quantentheorie ist es sogar möglich, die chemischen und physikalischen Eigenschaften eines Stoffes zu berechnen. Ein Beispiel: Bei Kernreaktionen wird Plutonium erzeugt. Auf der Erde existiert Plutonium nicht als stabiles Element, da es innerhalb von etwa 40 000 Jahren in andere Elemente zerfällt. Die Physiker berechneten die verschiedenen Eigenschaften des Plutoniums und sagten zum Beispiel voraus, daß Plutonium metallische Eigenschaften und eine braune Farbe hat. Als es den amerikanischen Kernphysikern kurz vor dem Ende des Zweiten Weltkriegs gelang, im Rahmen des Manhattan-Projekts mit Hilfe von Kernreaktoren größere Mengen von Plutonium herzustellen, stellte sich heraus, daß Plutonium in der Tat ein braunes Metall ist.

Ich hatte oben die Frage nach dem Maß der Dinge gestellt. Was ist der Grund dafür, daß Schneekristalle (siehe Abb. 3-4) einander ähnlich sind? Wir wissen jetzt die Antwort: die Quantenphysik. Sie verleiht allen Dingen ihre Stabilität. Selbst die Phänomene des Lebens wären ohne die Quantenphysik nicht denkbar. Die Stabilität der Genstrukturen findet ihre Begründung durch die Quantenphysik. Die genetische Information eines Lebewesens ist in der Struktur seiner DNA gespeichert. Die DNA besteht aus Molekülen, die im wesentlichen aus Elektronen und den Atomkernen der Elemente Kohlenstoff, Wasserstoff, Sauer-

Abb. 3-4 Schneekristalle zeigen eine ungewöhnlich hohe Symmetrie – eine Konsequenz der Quantenphysik.

stoff und Stickstoff zusammengesetzt sind. Diese Moleküle sind stabil aufgrund der quantenphysikalischen Gesetze; zwei dieser Moleküle gleichen sich wie ein Ei dem anderen. Im Grunde sind also die Gesetze der Quantentheorie dafür verantwortlich, daß es überhaupt Leben gibt, daß genetische Informationen sich speichern lassen und daß Zwillingsbrüder einander ähnlich sind.

Quantenphysik und die Ähnlichkeit von Zwillingen

Die Unschärferelation zeigt an, daß es nicht möglich ist, den Ort und die Geschwindigkeit eines Elektrons mit beliebiger Genauigkeit zu ermitteln. Man kann deshalb die Frage stellen, was es eigentlich heißt, den Bohrschen Radius des Wasserstoffatoms anzugeben. Wieso kann man dies tun und gleichzeitig davon sprechen, daß eine Unschärfe in der Ortsbestimmung des Elektrons im Wasserstoffatom nicht vermeidbar ist? Die Beantwortung dieser Frage führt uns direkt auf etwas, das viele Physiker nur schwer akzeptiert haben: auf den Wahrscheinlichkeitsaspekt der Quantenphysik, dem wir uns jetzt zuwenden wollen.

4. Der würfelnde Gott der Quantenphysik

»Alles, was im Weltall existiert, ist die Frucht von Zufall und Notwendigkeit.«

Demokrit

Im Sommer 1665 wurde London und Umgebung von der Pest heimgesucht. Ein großer Teil der Stadtbevölkerung fiel der Seuche zum Opfer. Aus diesem Grunde wurde die Universität im nahe gelegenen Cambridge geschlossen, und die Studenten wurden nach Hause **Isaac Newton** geschickt. Einer dieser Studenten mit dem Namen Isaac Newton kehrte so in das Haus seiner Eltern zurück, nach Lincolnshire. Es sollte ein längerer Aufenthalt werden, etwa eineinhalb Jahre. Dies war die wohl produktivste Zeit, die Newton erlebt hat. Er erfand in dieser Zeit nicht nur die Differential- und Integralrechnung – zum Schrecken künftiger Generationen von Gymnasiasten –, sondern legte auch die Grundlagen zur klassischen Mechanik. Newton fand die Gesetze der Mechanik und der Gravitation. Die Entwicklung der Physik bis zum Ende des 19. Jahrhunderts ging auf dem von Newton vorgezeichneten Weg weiter; sie war charakterisiert durch die Ausarbeitung, Anwendung und Vervollkommnung der Newtonschen Lehre.

Beginn einer neuen Zeit Die Ergebnisse seiner Forschungen veröffentlichte Newton in seinem Buch »Principia«, das er am 28. April 1686 der Royal Society in London vorlegte. Dieser Tag sollte in die Geschichte eingehen. Er signalisierte das Ende einer Epoche, das Ende des Mittelalters, und den Beginn der Neuzeit, den Beginn des naturwissenschaftlichen Zeitalters.

Mechanische Systeme, die durch die Newtonschen Gesetze beschrieben werden, haben die Eigenschaft, daß man ihr dynamisches Verhalten eindeutig voraussagen kann. Betrachten wir als Beispiel eine Kugel, die von einer Kanone abgefeuert wird. Sofern wir genau die Geschwindigkeit kennen, mit der die Kugel das Kanonenrohr verläßt, können wir die Bahn genau vorausberechnen, auf der die Kugel fliegen wird. Ein ganzer Zweig der Mechanik, die Ballistik, beschäftigt sich mit Problemen dieser Art.

Der englische Astronom und Mathematiker Edmund Halley war ein Zeitgenosse und Freund von Newton. Sein Interesse galt den Kometen. Zu allen Zeiten hat das Auftauchen eines Kometen Furcht und Aberglauben hervorgerufen. In dem plötzlichen Aufflammen eines Sterns, der einen langen leuchtenden Schweif hinter sich herzieht, sah man eine Störung der Harmonie des Himmels, die sich schließlich auf das menschliche Dasein auswirken würde. Kriege, Hungerkatastrophen, Epidemien wurden in Zusammenhang mit den Kometen gebracht. Ein im Jahre 1578 auftauchender Komet wurde von protestantischen Pfarrern als »dicker Rauch menschlicher Sünden, voll von Gestank und Grauen« beschrieben.

Kometen stören die Harmonie

Es gehörte schon eine gehörige Portion Mut dazu, die Kometen als normale Himmelskörper zu betrachten und die Newtonschen Gesetze der Himmelsmechanik auf sie anzuwenden. Genau dies hat Halley versucht. Im Jahre 1682 wurde der Himmel mehrere Monate lang von einem mit bloßem Auge sehr gut sichtbaren Kometen beherrscht. Halley vermaß genau die Bahn des Kometen und wandte Newtons Theorie auf ihn an. Er kam zu dem Schluß, daß der von ihm untersuchte Komet sich auf einer ellipsenförmigen Bahn um

Die Wiederkehr des Kometen die Sonne bewegt und für einen Umlauf 76 Jahre benötigt. Demzufolge muß dieser Komet alle 76 Jahre wieder auftauchen. Halley sah in alten astronomischen Aufzeichnungen nach und fand, daß in den Jahren 1607 und 1531 tatsächlich große Kometen gesichtet wurden. Damit war der Sachverhalt klar – es handelte sich um ein und denselben Himmelskörper.

Halley berechnete genau den Tag, an dem »sein« Komet wieder am Himmel auftauchen würde, einen Tag im Jahre 1758. Newton und Halley haben diesen Tag nicht mehr erlebt. Genau zur vorhergesagten Zeit erschien Halleys Komet am Himmel – ein Triumph für die Naturwissenschaft und insbesondere für die von Newton begründete klassische Mechanik. Damit war es nun Gewißheit – die Kometen sind weiter nichts als normale Himmelskörper, die sich um die Sonne bewegen; sie mit Ereignissen auf der Erde in Zusammenhang zu bringen ist vollkommener Unsinn.

Mittlerweile ist der Halleysche Komet noch einige Male am Himmel aufgetaucht. Nach 1758 geschah dies in den Jahren 1834 und 1910. In diesen beiden Jahren passierte nichts Bemerkenswertes auf der Erde. Den Beginn des Ersten Weltkriegs hat der Halleysche Komet um vier Jahre verfehlt. Demnächst wird uns dieser Komet wieder besuchen, im Jahre 1986. Es besteht **Das Krisenjahr 1986?** kein Grund zur Beunruhigung. Sollte 1986 ein Katastrophenjahr werden, so liegt das gewiß nicht am Kometen des Edmund Halley.

Die Physik, die sich im Anschluß an die Ideen von Newton entwickelt hat, die sogenannte klassische Physik, läßt sich am besten durch das Stichwort »Determinismus« charakterisieren. Das Verhalten eines physikalischen Systems ist eindeutig vorbestimmt durch die Gesetze der klassischen Physik. Alles ist determiniert – nichts wird dem Zufall überlassen. Die Vorausberechnung der Bahn des Halleyschen Kometen soll als Beispiel dienen.

Zu Beginn des 19. Jahrhunderts wagten es einige Wissenschaftler, darunter der französische Physiker und Mathematiker Pierre Simon Laplace, die gesamte **Die Welt –** Welt als ein wenn auch sehr großes physikalisches Sy- **eine** stem zu interpretieren, dessen Verhalten durch die Ge- **Maschine?** setze der klassischen Physik bestimmt wird. Das gesamte Universum wurde als eine Art riesiges Uhrwerk aufgefaßt, dessen Dynamik vollkommen determiniert abläuft. Im Prinzip, so schloß Laplace, könne man die Zukunft des Universums eindeutig vorhersagen, vorausgesetzt man kennt genau den Zustand des Universums zu irgendeinem Zeitpunkt in der Vergangenheit. Zufall gibt es nicht, alles ist vorherbestimmt.

Mit diesen Ideen konfrontiert, drängt sich natürlich sofort die Frage auf, wie es um den freien Willen des Menschen stehe oder um die Rolle, die Gott im Univer- **Gott ist** sum spielt. Auf die letzte Frage pflegte Laplace stolz zu **unnötig?** antworten: »Gott – diese Hypothese brauche ich nicht.«

Ich muß gestehen, daß ich mich sehr unwohl fühlte, als ich zum erstenmal als Gymnasiast von Laplace' Ideen hörte. Wenn man diese Ideen ernst nimmt, gibt es praktisch keine Willensfreiheit mehr. Alles ist durch die Anfangsbedingungen des Universums festgelegt. Vielleicht haben Sie heute morgen um 7.35 Uhr ihr Frühstück eingenommen. Falls man den strengen Determinismus von Laplace akzeptiert, müßte man schließen, daß die glühende Gaswolke, aus der vor Milliarden Jahren unser Planetsystem entstand, bereits so angelegt war, daß der Beginn Ihres Frühstücks heute morgen um 7.35 Uhr erfolgen mußte und nicht fünf Minuten früher oder später.

Nun, jeder wird zugeben, daß man mit dieser absurden Schlußfolgerung wohl etwas zu weit gegangen ist.

Im Grunde handelt es sich aber nur um eine extreme Auslegung der Ideen des Determinismus. Wenn man glaubt, daß die Gesetze der klassischen Physik die Dynamik des gesamten Universums eindeutig beschreiben, muß man den oben gemachten Schluß akzeptieren. Die Zukunft ist genau festgelegt, ja man könnte sogar sagen, die Zukunft ist vollständig in der Gegenwart enthalten; eine Entwicklung findet nicht statt – die Welt ist weiter nichts als eine Tautologie.

Die Welt – eine Tautologie?

Wir wissen heute, daß der Determinismus von Laplace nichts weiter war als eine ungerechtfertigte Extrapolation. Die klassische Physik, die Physik Newtons, ist eine Näherung, die nur dann gültig ist, wenn man die Quantenphänomene vernachlässigt.

Die Unschärferelation sagt aus, daß es unmöglich ist, gleichzeitig den Ort und die Geschwindigkeit eines Objekts mit beliebiger Genauigkeit zu kennen. Damit ist es unmöglich, den genauen Zustand eines physikalischen Systems, etwa den des gesamten Universums, zu einem bestimmten Zeitpunkt zu erfassen. Und es ist damit prinzipiell unmöglich, das Verhalten des Systems in der Zukunft mit beliebiger Genauigkeit zu berechnen. Der Determinismus gilt nicht mehr. In der kalten Welt der Newtonschen deterministischen Physik ist kein Platz für die kosmische Entwicklung. Die Zukunft bringt nichts Neues.

In Zukunft nichts Neues?

In der Quantenphysik wird diese Vorstellung ad acta gelegt. Die Zukunft ist nicht eindeutig festgelegt, sondern hängt ab von vielen Zufällen, die nicht vorhersehbar sind. Somit beschreibt uns die Quantenphysik eine offene Welt, eine Welt, in der es Möglichkeiten der Entwicklung gibt.

Wir wollen jetzt zu der Frage zurückkommen, die wir oben gestellt haben. Was bedeutet der Bohrsche Radius, wenn es aufgrund der Unschärferelation

102

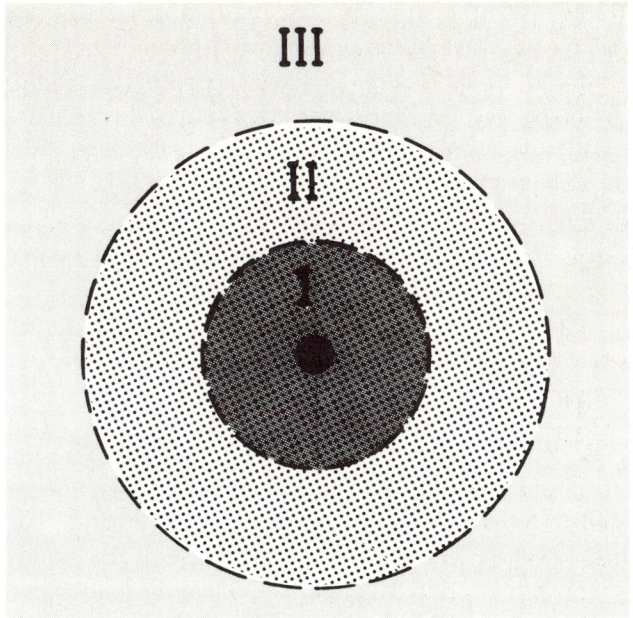

Abb. 4-1 Das Raumgebiet um den Kern des Wasserstoffatoms wird in drei Bereiche eingeteilt (siehe Text).

nicht möglich ist, den Ort und die Geschwindigkeit eines Elektrons im Wasserstoffatom genau zu bestimmen?

Die Quantenphysik hält hier eine Überraschung bereit. Wir können zwar nicht den Ort und die Geschwindigkeit des Elektrons im Atom genau berechnen, dafür aber die Wahrscheinlichkeit für den Aufenthalt des Elektrons an einem bestimmten Ort. Nehmen wir an, **Ein Atom** wir zerlegen den Raum um den Kern des Wasserstoff- **wird** atoms, also des Protons, in drei Teile (siehe Abb. 4-1). **aufgeteilt**

Der erste Teil besteht aus allen Raumpunkten, deren Abstand vom Kern weniger als ein Bohrscher Radius ist (Teil 1 ist also eine Kugel), der zweite Teil aus allen Punkten, deren Abstand mehr als ein Bohrscher

Radius ist, aber weniger als zwei. Der dritte Teil soll alle Raumpunkte erfassen, die vom Kern mehr als zwei Bohrsche Radien entfernt sind. Jeder Physikstudent, der etwas von der Mathematik versteht, die der Quantentheorie zugrunde liegt, kann leicht ausrechnen, was die entsprechenden Wahrscheinlichkeiten sind. Ich gebe hier nur das Ergebnis an:

Teil 1	32 %
Teil 2	44 %
Teil 3	24 %
insgesamt	100 %

Was bedeuten diese Zahlen? Wenn wir ein Wasserstoffatom im Normalzustand, das heißt im Zustand der niedrigsten Energie, betrachten und die Position des Elektrons bestimmen, so finden wir, daß die Wahrscheinlichkeit, daß das Elektron sich im Raumgebiet 2 aufhält, am größten ist – nämlich 44 %. Nehmen wir an, wir haben nicht nur ein Wasserstoffatom zur Verfügung, sondern zum Beispiel 1000 Atome. Wir bestimmen jetzt die Positionen der Elektronen in diesen Atomen, und wir werden finden, daß sich etwa 320 Elektronen im Raumgebiet 1 aufhalten, etwa 440 Elektronen im Gebiet 2 und etwa 240 Elektronen im Gebiet 3. Es wird uns aber nicht möglich sein, für ein bestimmtes Atom eine genaue Voraussage zu machen; nur Aussagen über die Wahrscheinlichkeiten sind möglich. Es gibt also durchaus Elektronen, die relativ weit, das heißt mehr als zwei Bohrsche Radien, vom Kern entfernt sind. Es kann sogar sein, daß sich ein Elektron sehr weit vom Kern entfernt befindet, sagen wir, mehr als 10 Bohr. Auch diese Wahrscheinlichkeit kann man leicht berechnen. Sie ist allerdings sehr klein, etwa 0,000 000 5. Man muß schon mehr als eine Million Was-

Nur Wahrscheinlichkeiten sind sicher

104

serstoffatome untersuchen, um einigermaßen sicher zu sein, daß man ein Elektron bei einem »Fluchtversuch« so weit entfernt vom Kern ertappen wird. Die Struktur wird also durch die Angabe einer Wahrscheinlichkeitsverteilung bestimmt. Die Quantentheorie legt diese Wahrscheinlichkeitsverteilung *exakt* fest – der Physiker ist dadurch in der Lage, exakte Angaben über die Wahrscheinlichkeitsverteilungen zu machen. **Ein Elektron beim Fluchtversuch**

Wir sprachen oben vom sogenannten Normalzustand oder Grundzustand des Wasserstoffatoms. Wie bereits erwähnt, ist dies der Zustand, in dem sich das Wasserstoffatom im allgemeinen befindet, nämlich der mit der niedrigsten Energie. Was geschieht nun, wenn wir dem Atom Energie zuführen, zum Beispiel durch eine Bestrahlung mit Licht? Jetzt kann es passieren, daß sich das Elektron ganz plötzlich vom Kern weiter entfernt. Man sagt, es springt in einen höheren Zustand. Über diese höheren Zustände macht die Quantenphysik ganz spezifische Aussagen. Die Unschärferelationen legen fest, daß nicht nur der niedrigste Zustand des Wasserstoffatoms einer wohldefinierten Energie entspricht, sondern daß dies auch bei den höheren Zuständen der Fall ist. Diese Energien sind genau festgelegt. Man spricht deshalb auch von einer Energiequantelung – der Name Quantentheorie leitet sich hiervon ab. **Atome werden angeregt**

Damit ergibt sich, daß im Fall des Wasserstoffatoms nur ganz bestimmte Energien möglich sind. Man spricht deshalb auch von einem diskreten Spektrum des Wasserstoffatoms.

Wenn ein Wasserstoffatom »angeregt« wird, das heißt, wenn das Elektron sich vom Kern entfernt und eine größere Energie besitzt als im Grundzustand, so bedeutet dies nicht, daß das Elektron nun für beliebig

Atome regen sich ab lange Zeit in diesem Zustand des »Angeregtseins« verbleibt. Nach kurzer Zeit geht das Atom wieder in den Grundzustand über, wobei die freiwerdende Energie in Form von elektromagnetischer Strahlung, etwa als Licht, emittiert wird.

Jedem angeregten Zustand des Wasserstoffatoms entspricht eine bestimmte Wahrscheinlichkeitsverteilung für das Elektron. In Abbildung 4-2 haben wir Beispiele solcher Verteilungen angegeben. Wie man sieht, können diese Verteilungen eine recht komplizierte Struktur annehmen. Man wird an wilde Gebirgslandschaften erinnert.

Angeregte Atome können viel größer sein als das Atom im Normalzustand. Zum Beispiel ist die typische Größe der in Abbildung 4-2 gezeigten Atome etwa 10^{-6} cm; sie sind also mehr als hundertmal größer als Atome im Normalzustand. Man hat hochangeregte **Atome so groß wie Bakterien** Atome beobachtet, die fast ein hundertstel Millimeter groß sind (diese Größe entspricht der Größe mancher Bakterien).

Mit Hilfe spezieller Mikroskope, die neben sichtbarem Licht auch Licht mit kürzerer Wellenlänge benutzen, ist es möglich, Atome zu »sehen« (siehe Abb. 4-3).

Die Tatsache, daß in der Quantenphysik nur Aussagen über Wahrscheinlichkeiten gemacht werden kön-**Eine Beschränkung der Erkenntnisfähigkeit** nen, schränkt unsere Möglichkeiten ein, Aussagen über die Zukunft zu machen. Wenn wir zum Beispiel durch ein Experiment feststellen, daß sich das Elektron im Wasserstoffatom zu einem bestimmten Zeitpunkt an diesem oder jenem Ort befindet (sagen wir, es ist genau 10^{-8} cm vom Kern entfernt), dann wissen wir trotzdem nicht, wo sich das Elektron kurze Zeit danach befindet. Unsere Erkenntnisfähigkeit wird durch die Quantenphysik erheblich eingeschränkt.

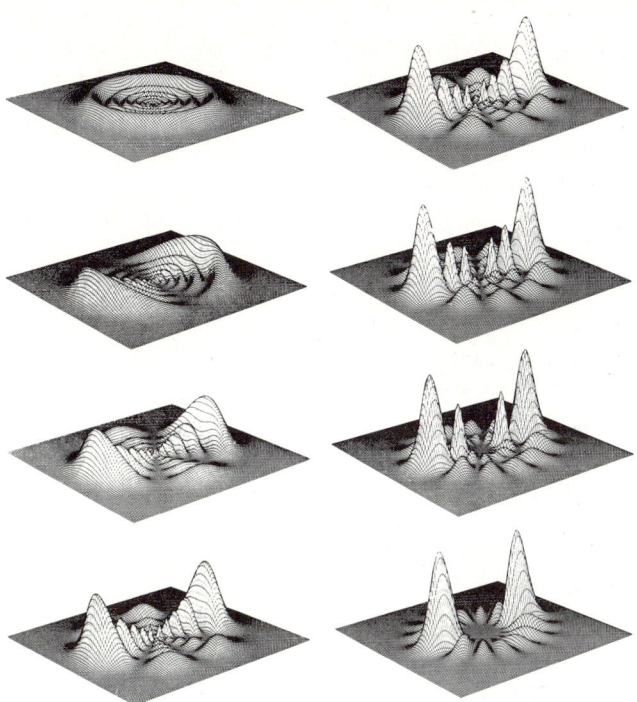

Abb. 4-2   Gezeigt sind einige Beispiele von quantenmechanischen Verteilungen des Elektrons im Wasserstoffatom. Es handelt sich um angeregte
Zustände des Wasserstoffatoms. In Wirklichkeit sind diese Verteilungen
natürlich dreidimensional. Da es aber nicht möglich ist, solche Verteilungen auf einer Buchseite, also auf einer zweidimensionalen Fläche, darzustellen, sind hier nur die Verteilungen für das Elektron in einer Ebene, die
den Atomkern enthält, gezeigt. Aus Gründen der Übersichtlichkeit wurden die Wahrscheinlichkeiten mit dem Quadrat des Abstandes des Elektrons vom Kern multipliziert (abgedruckt mit Erlaubnis von D. Kleppner,
Massachusetts Institute of Technology, Cambridge, Mass.).

Diese Begrenzung unserer Erkenntnisfähigkeit wurde von vielen Physikern in der Vergangenheit nur
schwer akzeptiert, von einigen prominenten Wissenschaftlern wie etwa Albert Einstein überhaupt nicht.

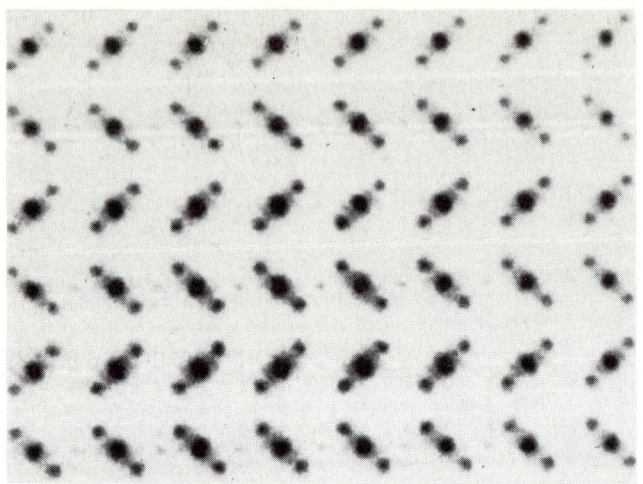

Abb. 4-3 Bilder von Atomen des Minerals Pyrit (FeS$_2$, Vergrößerung $2,2 \cdot 10^7$). Die größeren dunklen Flecken sind Bilder von Eisenatomen (jedes dieser Atome enthält 26 Elektronen), die kleineren, weniger dunklen Gebiete sind Schwefelatome, die 16 Elektronen enthalten (abgedruckt mit Erlaubnis von M. J. Buerger, Massachusetts Institute of Technology, Cambridge, Mass.).

Der würfelnde Gott »Gott würfelt nicht«, hat Einstein wiederholt betont und damit die Wahrscheinlichkeitsinterpretation der Quantenphänomene abgelehnt. Er hatte unrecht – Gott würfelt.

Heute hat sich die Wahrscheinlichkeitsinterpretation der physikalischen Phänomene durch die Quantenphysik durchgesetzt. Im Grunde ist sie nichts weiter als eine Konsequenz der Unvollkommenheit unserer Begriffe. Die Begriffe, die in der Physik eine Rolle spielen – etwa die Begriffe Ort, Geschwindigkeit, Impuls und so weiter –, sind definiert im Rahmen der makroskopischen Physik, in der Welt, in der wir unsere Erfahrungen machen und unsere Experimente durchführen. Es ist nicht verwunderlich, daß es Schwierigkeiten gibt, diese Begriffe ohne weiteres zur Beschreibung der Phänomene in der Atomphysik oder in der Physik der Elementarteilchen zu benutzen. Die Wahrscheinlichkeitsinterpretation in der Quantenphysik ist der Kompromiß, den wir eingehen müssen, um die Phänomene der atomaren Physik zu beschreiben, ohne auf die gewohnten Begriffe der makroskopischen Welt zu verzichten.

Was die Quantenphänomene anbelangt, so ist der Physiker, der ein Atom untersuchen will, etwa in der gleichen Lage wie ein Uhrmacher, der eine Armbanduhr reparieren möchte, hierzu aber nur einen Hammer und einen Meißel zur Verfügung hat. Diese Werkzeuge sind, gemessen an der Kleinheit des Objekts, recht grob, und der Uhrmacher muß sich schon einiges einfallen lassen, um die Uhr trotzdem reparieren zu können. Auch die Physiker mußten einige Kompromisse eingehen, um die Welt der Atome mit den uns gewohnten Begriffen beschreiben zu können. Das Resultat ist die Quantentheorie.

Ich bin immer wieder erstaunt, wie gut die Beschreibung der Quantenphänomene durch die Quantentheorie funktioniert. Im Grunde hätte die ganze Angelegenheit auch viel komplizierter sein können. Die gesamte Quantenphysik wird beherrscht durch einen Parameter, die bereits erläuterte Plancksche Konstante $\hbar$, welche sozusagen das Maß für die Unschärfe im atomaren Bereich setzt. Es hätte aber auch sein können, daß für die atomaren Phänomene nicht nur ein Parameter, sondern mehrere wichtig sein würden. Dann wäre die Quantenphysik – und damit die Physik der Atome – bedeutend komplizierter, als sie sich heute darstellt. Zum Glück ist dies nicht der Fall.

Ein anderer Aspekt der Quantenphysik ist ebenso erstaunlich. Wir haben gesehen, daß die klassische Physik von Newton im Bereich der atomaren Phänomene versagt. Die klassische Physik ist demnach eine Approximation. Die Quantentheorie folgt nicht aus **Newtons** der Physik Newtons. Andererseits kann man die klas- **Physik als** sische Physik als einen Grenzfall der Quantenphysik **Grenzfall** ansehen, als den Grenzfall, den man erhält, wenn man sich auf Phänomene beschränkt, bei denen die Planck- sche Konstante als sehr klein angenommen werden kann. Für die Beschreibung der Bewegung eines Elek- trons im Wasserstoffatom ist dies natürlich nicht mög- lich, wohl aber für die Beschreibung der Bewegung des Mondes um die Erde.

Man könnte nun denken, daß selbst die Quanten- theorie nur eine Approximation der wirklichen Situa- tion ist und daß man irgendwann einmal gezwungen sein wird, auch die Quantentheorie aufzugeben und eine neue Beschreibungsweise einzuführen, welche je- doch die Quantentheorie in einer gewissen Approxi- mation enthält. In der Vergangenheit haben viele Phy- siker geglaubt, daß man einen solchen Schritt tun müs- se, um etwa die komplizierten Phänomene in der Ele- mentarteilchenphysik zu erklären. Alle diese Spekula- tionen haben sich bis heute als unnötig herausgestellt. **Unschlag-** Die Quantenmechanik hat sich als »unschlagbar« er- **bare** wiesen. Sie gilt nicht nur für den Bereich der Atom- **Quanten-** physik, sondern für einen viel weiteren Bereich. Selbst **mechanik** das dynamische Verhalten der Quarks, derjenigen Ob- jekte, die man als die kleinsten Konstituenten der Atomkerne ansieht, läßt sich durch die Quantentheo- rie beschreiben. Dies ist wohl eine der wichtigsten Lehren, die wir aus den Erkenntnissen der modernen Physik ziehen können.

Eine eindrucksvolle Bestätigung dafür, daß die Quantentheorie nur Aussagen über Wahrscheinlich- keiten machen kann und nicht mehr, stellt der Zerfall des Neutrons dar. Wir wissen, daß die Atomkerne aus

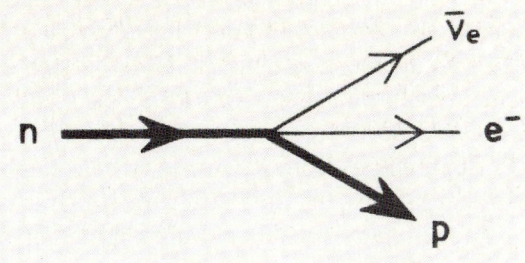

Abb. 4-4 Der Neutronzerfall. Ein freies Neutron (hier bezeichnet durch n) ist nicht stabil, sondern zerfällt im Laufe der Zeit in ein Proton (p), ein Elektron (e⁻) und ein Neutrino ($\bar{\nu}_e$).

Protonen und Neutronen bestehen. Im allgemeinen sind die Atomkerne stabil; das heißt, sie verändern sich im Laufe der Zeit nicht. Auch ein einzelnes Proton ist stabil – nicht jedoch ein isoliertes Neutron. Ein freies, das heißt nicht im Atomkern gebundenes Neutron wandelt sich im Laufe der Zeit in andere Teilchen um: es zerfällt. Bei diesem Zerfall entstehen ein Proton, ein Elektron und ein weiteres elektrisch neutrales Teilchen, ein Neutrino (siehe Abb. 4-4).

Es erweist sich nun als unmöglich, einen genauen Zeitraum anzugeben, nach dem ein Neutron zerfallen ist. Die Quantentheorie sagt aus, daß man hierfür nur eine gewisse Wahrscheinlichkeit angeben kann. Man sagt: die Wahrscheinlichkeit ist 50 %, daß das Neutron nach Ablauf von elf Minuten zerfallen ist (diese Zeit bezeichnet man als die sogenannte Halbwertszeit – sie muß durch das Experiment bestimmt werden). Eine solche Angabe bedeutet, daß von einer großen Zahl von Neutronen, sagen wir 1000 Neutronen, nach Ablauf von 11 Minuten die Hälfte nicht mehr »am Leben« ist. Nach 11 Minuten haben wir also nur noch etwa 500 Neutronen. Wenn wir weitere 11 Minuten warten, finden wir nur noch etwa 250 Neutronen und so weiter.

Zerfallende Neutronen

111

Die Wahrscheinlichkeitsgesetze der Quantenphysik erlauben es also, Aussagen über viele Zustände, hier über viele Neutronen, zu machen. Es ist jedoch nicht möglich, über ein einzelnes Neutron etwas auszusagen. Von den 1000 Neutronen, die wir in unserem Experiment betrachten wollen, wird es sicher einige geben, die sozusagen nicht »totzukriegen« sind und nach einer Stunde immer noch leben. Man könnte nun denken, daß diese mittlerweile schon recht alten Neutronen bald sterben werden. Dies ist jedoch ein Fehlschluß. Neutronen altern nicht. Nach Ablauf einer Stunde ist die Wahrscheinlichkeit, daß diese Neutronen nun in den folgenden 11 Minuten zerfallen werden, nicht größer als vorher.

Zufall und Notwendigkeit   Am Beispiel des Neutronzerfalls kann man gut das Wechselspiel zwischen Zufall und Notwendigkeit studieren – ein Wechselspiel, das für die Struktur der Welt und den Ablauf der Naturprozesse von größter Wichtigkeit ist. Für ein einzelnes Neutron gibt es kein Gesetz, das aussagt, daß das Neutron nach Ablauf einer gewissen Zeit zerfallen sein *muß*. Auch wenn wir ein ganzes Jahr warten, kann »unser« Neutron noch am Leben sein; allerdings ist die Wahrscheinlichkeit hierfür verschwindend klein.

Wenn wir jedoch eine große Zahl von Neutronen ins Auge fassen, können wir sagen, daß die Hälfte dieser Neutronen nach Ablauf von elf Minuten nicht mehr am Leben sein wird – für eine große Anzahl von Neutronen existiert also ein deterministisches Gesetz.

Stabile Neutronen im Kern   Der Leser wird vielleicht verwundert sein, daß das Neutron instabil ist, während die meisten Atomkerne, die ja aus Protonen und Neutronen bestehen, stabil sind. Die Kernphysiker haben eine einfache Erklärung für dieses Phänomen. Beim Zerfall des Neutrons wird ein Proton erzeugt. Befindet sich das zerfallende Neutron innerhalb eines Atomkerns, gilt das gleiche natürlich auch für das entstehende Proton. Es stellt sich heraus, daß die Protonen und Neutronen im Kern das beim Neutronzerfall entstehende Proton meistens nicht »mögen«; das heißt, sie setzen ihm einen Widerstand entgegen. Dieser Widerstand ist so groß, daß das Proton überhaupt nicht erzeugt werden kann; das heißt, der Zerfall des Neutrons im Kern findet nicht statt. Innerhalb des Kerns ist das Neutron also stabil. Diesem Umstand haben wir es zu verdanken, daß es überhaupt stabile Atomkerne gibt.

In der makroskopischen Physik, in unserem täglichen Leben, spüren wir nichts von der quantenmechanischen Unschärfe, von der Tatsache, daß es im atomaren Bereich keine absoluten Gewißheiten gibt, sondern nur Wahrscheinlichkeiten. Es ist aber durchaus möglich – etwa indem man elektronische Verstärker benutzt –, die quantenmechanischen Unsicherheiten auf die makroskopische Ebene zu übertragen. Zum Beispiel können wir eine Vorrichtung bauen, in der der spontane Zerfall eines Neutrons registriert und gleichzeitig ein Relais betätigt wird. Mit diesem Relais können wir zum Beispiel einen Lichtschalter betätigen, ein Gewehr abfeuern lassen und so weiter – kurz irgendeinen makroskopischen Prozeß auslösen. Der spontane Zerfall eines einzelnen Neutrons hätte dann makroskopische Auswirkungen.

Spontane Zerfälle

In der modernen Technik werden viele Phänomene der Quantenphysik ausgenutzt. Die Tatsache, daß manche Elemente, wie zum Beispiel Kupfer, elektrischen Strom gut leiten, andere wiederum sehr schlecht, ist letztlich ein Phänomen, das sich nur mit Hilfe der Quantentheorie verstehen läßt. Manche Stoffe setzen dem elektrischen Strom überhaupt kei-

nen Widerstand entgegen, wenn man sie stark abkühlt
– es handelt sich hier um die sogenannte Supraleitung,
ein Quantenphänomen, das bereits heute in der Technik eine große Rolle spielt und dessen künftige Anwendungen noch nicht abzusehen sind.

Die Quantenphysik erklärt auch viele andere Erscheinungen, die uns aus dem täglichen Leben bekannt sind. Wenn Sie ein Stück Kohle aus einem brennenden Ofen herausnehmen, bemerken Sie, daß **Glühende** die Kohle weißglühend ist. Nach einiger Zeit verän-**Kohle und** dert sich aber ihre Farbe. Das ausgesandte Licht wird **Quanten-** langsam gelblich, schließlich rot. Am Ende sendet das **physik** Kohlestück überhaupt kein sichtbares Licht mehr aus, obwohl es immer noch recht heiß ist. Die Farbe der glühenden Kohle hängt also auf irgendeine Weise mit der Temperatur zusammen. Lange Zeit haben die Physiker an diesem jedermann bekannten Phänomen herumgerätselt. Ohne nähere Erläuterung erwähnen wir, daß es erst mit Hilfe der Quantenphysik gelang, das Spiel der Farben bei der Abkühlung der Kohle zu verstehen.

Viele wohlbekannte Eigenschaften von Materialien lassen sich nur mit Hilfe der Quantenphysik verstehen, etwa die Tatsache, daß Silber weißlich glänzt, Gold jedoch eine gelbe Farbe hat und Kupfer eine bräunliche.

Mikroelek- Es wird nicht mehr lange dauern, dann wird es der **tronik und** Computerindustrie möglich sein, elektronische Schalt-**Quanten-** elemente herzustellen, deren Abmessungen nicht viel **physik** größer sind als typische atomare Distanzen. Man muß dann damit rechnen, daß die quantenmechanische Unbestimmtheit in die Arbeit des Computers, wenn auch in kleinem Ausmaß, hineingetragen wird, etwa in Form von Fehlentscheidungen, deren Ursache die quantenmechanische Unschärfe ist. Denken Sie etwa an die spontane Überweisung einer großen Geldsumme auf Ihr Bankkonto durch den Computer Ihrer Bank (oder – leider auch – eine entsprechende Abbuchung).

In der Biologie werden durch die quantenmechanischen Fluktuationen Mutationen ausgelöst, rein zufällige Veränderungen der Genstruktur. Die auf diese Weise veränderten Lebewesen müssen sich dann in der Auseinandersetzung mit ihrer Umwelt bewähren. Auf diese Weise gibt es Evolution in der Welt der Lebewesen. Ohne Mutationen, ohne ständig stattfindende und dem Zufall überlassene Änderungen der Genstruktur gäbe es keine Entwicklung – Leben wäre unmöglich. Aber auch viele andere biologische Effekte, etwa das Altern von Lebewesen und das Entstehen von Krebsgeschwüren, finden ihre Ursache letztlich in den quantenphysikalischen Fluktuationen, die sich in den Zellstrukturen abspielen.

Quantenphysik und biologische Evolution

Wir verdanken es also der quantenmechanischen Unbestimmtheit der Naturvorgänge – der Tatsache, daß die Naturprozesse nicht vollständig deterministisch ablaufen, daß es eine Entwicklung im Kosmos gibt. Der französische Molekularbiologe Jacques Monod hat dies treffend wie folgt ausgedrückt: »Das ganze Konzert der belebten Natur ist aus störenden Geräuschen hervorgegangen.«[10] Entweder direkt oder indirekt lassen sich diese störenden Geräusche auf die quantenmechanische Unbestimmtheit zurückführen. Letztere bedeutet auch, daß die Zukunft des Universums nicht eindeutig festgelegt ist und daß es zum Teil wenigstens an uns selbst liegt, was mit uns geschieht.

Newton und Laplace haben versucht, unsere Welt in die deterministischen Gesetze der Mechanik zu zwängen. Die Quantenphysik hat uns aus dieser Zwangsjacke befreit und uns eine offene Welt beschert, eine Welt, in der es Raum für Entwicklung und Platz für den freien menschlichen Willen gibt. Die menschliche Freiheit wäre eine Illusion ohne die Unbestimmtheit künftiger Ereignisse, wie sie durch die Quantenphysik gefordert wird.

5. Geheimnisvolle Felder

> »Ich weiß nicht, wie mich die Welt einst sehen wird. Was mich betrifft, so komme ich mir vor wie ein Junge, der am Strand spielt und ab und zu einen Stein oder eine Muschel findet, die schöner als die gewöhnlichen sind, während der große Ozean der Wahrheit unentdeckt vor mir liegt.«
>
> *Isaac Newton in »Principia*

Eine der ersten Tatsachen, die wir alle als Kleinkinder lernen, ist das Fallen von Gegenständen zum Erdboden. Wenn wir einen Stein, den wir in der Hand halten, loslassen, fällt er zu Boden. Nichts ist selbstverständlicher als diese Tatsache, würde man denken. In der Tat – im Verlauf der vielen Jahrtausende, in denen sich unsere menschliche Zivilisation auf der Erde entwickelt hat, ist sie uns in Fleisch und Blut übergegangen. Hunderte von Millionen Menschen haben auf der Erde gelebt, ohne sich jemals die Frage zu stellen, warum ein Stein zu Boden fällt – die Macht der Gewohnheit. Die größten wissenschaftlichen Entdeckungen wurden von Menschen gemacht, die anfingen, sich über Dinge zu wundern, die andere für selbstverständlich hielten. So war es auch mit der Erdanziehung. **Warum ein Stein zu Boden fällt**

Eines Tages im Jahre 1666 wunderte sich plötzlich der junge Isaac Newton (siehe Abb. 5-1) über die Tatsache, daß ein Stein zu Boden fällt. Man kann nur spekulieren, was er dachte:

»Wäre es nicht natürlicher für einen Stein, einfach in Ruhe dort zu bleiben, wo er ist? Hier stehe ich, halte den Stein in meiner Hand. Deutlich spüre ich den Druck auf meiner Hand, den der Stein ausübt. Er möchte nicht in Ruhe dort bleiben, wo er ist. Etwas zwingt ihn, seine Ruhe aufzugeben, sobald ich ihn loslasse. Er fällt zu Boden. Eine Kraft zwingt ihn, dies zu

Abb. 5-1 Isaac Newton (1643–1727). Nach einem alten Stich (Deutsches Museum, München).

Newton denkt tun. Nehmen wir an, ich befinde mich nicht auf der Erde, sondern irgendwo im Weltraum. Ich lasse den Stein los; nichts geschieht. Der Stein bleibt dort, wo er ist; was sollte er auch sonst tun. Also ist die Erde verantwortlich für diesen Druck auf meiner Hand. Ja, das muß es sein – die Erde zieht den Stein an. Aber das kann nicht alles sein. Der Unterschied zwischen der Erde und dem Stein ist nur quantitativ – die Erde ist viel größer als der Stein in meiner Hand, sie ist weiter nichts als ein großer Stein. Die Erde zieht meinen Stein an. Also muß dies auch umgekehrt gelten: der Stein zieht die Erde an. Stein und Erde ziehen sich gegenseitig an. Die Erde ist ein großer Stein. Sie zieht meinen Stein an.

118

Jetzt betrachte ich zwei normale Steine, einen in meiner rechten Hand, einen in meiner linken. Beide werden von der Erde angezogen. Beide ziehen die Erde an. Aber dies macht nur Sinn, wenn sich die beiden Steine auch gegenseitig anziehen. Alle Steine ziehen sich gegenseitig an, alle Körper. Ich selbst ziehe den Stein an, und der Stein übt auf mich eine Anziehungskraft aus. Alle Körper ziehen sich gegenseitig an. Nur merken wir nichts davon, denn im allgemeinen ist diese Kraft sehr schwach. Die Erde ist sehr groß, deshalb ist die Anziehungskraft der Erde groß genug, daß wir sie ohne weiteres bemerken können. Die Erde zieht alle Körper an, also auch den Mond, der um die Erde fliegt. Dieselbe Kraft, die den Stein zwingt, zum Erdboden zu fallen, zwingt den Mond auf seine Bahn um die Erde. Der Mond ›fällt‹ um die Erde.

Die Planeten bewegen sich um die Sonne. Die Sonne ist sehr massiv. Sie zieht die Planeten an. Die Planeten ziehen die Sonne an. Die gegenseitige Massenanziehung ist es, die die Planeten zwingt, sich um die Sonnen zu bewegen. Ohne diese Anziehung würden sie einfach in den Weltraum hinausfliegen und sich für immer von der Sonne fortbewegen. Ja, so muß es sein – die Massenanziehung ist eine universelle Kraft, sie erklärt die Planetenbewegung, die Bewegung des Mondes um die Erde, und das Fallen des Apfels vom Baum.«

Universelle Gravitation

So ungefähr müssen die Gedanken von Newton gewesen sein, als er seine berühmte Entdeckung machte. Diese Minuten, in denen Newton das Gesetz von der universellen Massenanziehung, der Gravitation, erahnte, gehören zweifellos zu den wichtigsten Momenten unserer Zeitgeschichte. Seither sind nur wenig mehr als dreihundert Jahre vergangen, aber in dieser relativ kurzen Zeit hat sich unser Planet mehr verändert als in den Jahrtausenden vor Newtons Entdeckung.

Die Stärke der zwischen zwei Körpern wirkenden Anziehungskraft hängt von den Massen der beiden Körper ab – je größer die Massen, desto größer die Anziehungskraft. Sie hängt aber auch vom Abstand der Körper ab. Die Kraft nimmt mit dem Quadrat des Abstandes ab. Entfernt man zwei Körper auf die doppelte Distanz, so ist die Gravitationskraft nur noch ein Viertel so stark wie vorher, vorausgesetzt, man kann die Ausdehnung der Körper im Vergleich zum Abstand vernachlässigen (sonst ist es komplizierter). Entfernt man die Körper auf die zehnfache Distanz, so ist die Gravitationskraft nur noch ein Hundertstel so stark.

Wie stark ist die Gravitation?

Im Verlauf der Entwicklung der Physik und Astronomie seit der Zeit Newtons hat sich erwiesen, daß Newtons Gesetz in der Tat universell im Kosmos gilt. Es beschreibt sowohl das Fallen eines Steins, die Bewegung der Erde um die Sonne, die Bewegung der Sonne um das Zentrum unseres Milchstraßensystems als auch die Bewegungen von Galaxien, die Milliarden von Lichtjahren von uns entfernt sind. Einen besseren Beweis für die Universalität der Naturgesetze kann man sich schwerlich vorstellen.

Warum ziehen sich zwei Körper gegenseitig an? Diese Frage konnte Newton noch nicht beantworten. Es gelang ihm zwar, das Gesetz von der Gravitation zu formulieren, nicht aber, einen tieferen Grund für die Massenanziehung zu finden. Offensichtlich hat er dies versucht, jedoch ohne Erfolg. Newton glaubte, daß es sich bei dem Gravitationsgesetz um ein sogenanntes Fernwirkungsgesetz handelt: Die Sonne zieht die Erde an, weil die Gravitationskraft der Sonne über die Distanz Sonne–Erde hinweg direkt auf die Erde wirkt; die

Wirkung in die Ferne

120

Sonne übt also eine Fernwirkung auf die Erde aus. Diese Idee wurde von Newtons Nachfolgern kritiklos übernommen und hielt sich bis zum Anfang unseres Jahrhunderts. Zu jener Zeit kam dann Bewegung in die Angelegenheit, ausgelöst von einem Angestellten des Schweizerischen Patentamts in Bern mit dem Namen Albert Einstein.

Einstein stellte sich folgende Frage: Nehmen wir einmal an, wir entfernen die Sonne plötzlich aus dem Weltall. Natürlich ist dies nicht durchführbar, aber wir können uns trotzdem einmal vorstellen, einem Zauberkünstler würde es gelingen, die Sonne plötzlich verschwinden zu lassen. In der Wissenschaft ist es durchaus üblich, mit solchen Gedankenexperimenten zu arbeiten. (Derartige Experimente scheinen eine deutsche Erfindung zu sein, denn auch in der englischen und amerikanischen Wissenschaftsliteratur findet man oft den Ausdruck »gedankenexperiment«.)

Die Sonne wird weggezaubert

Fragen wir zuerst Newton, was passieren würde, wenn die Sonne plötzlich nicht mehr da ist. Newton würde antworten: Die Antwort auf Ihre Frage ist denkbar einfach. Verschwindet die Sonne plötzlich, so verschwindet auch die zugehörige Gravitationskraft. Die Bewegung der Erde wird nicht mehr von der Gravitationskraft der Sonne beeinflußt, und die Erde fliegt einfach geradeaus weiter. Das gesamte Planetensystem hört auf zu existieren, und die Planeten fliegen voneinander weg.

Einstein konnte sich mit dieser Antwort Newtons nicht abfinden, und zwar aus folgendem Grund. Im Jahre 1905 hatte er seine spezielle Relativitätstheorie publiziert, eine Theorie, in der unsere üblichen Begriffe von Raum und Zeit einer gründlichen Revision unterworfen wurden. Eine Diskussion dieser Theorie würde den Rahmen dieses Buches sprengen und ist

Einstein hat ein Problem

auch für unsere weiteren Betrachtungen nicht erforderlich. Nur einen Aspekt dieser Theorie, die mittlerweile durch viele Experimente bestätigt wurde, muß ich erwähnen. Eine Konsequenz von Einsteins Theorie ist, daß sich Licht stets mit der gleichen Geschwindigkeit ausbreitet, und zwar mit der Geschwindigkeit von fast genau 300 000 km/sec. Weiterhin folgt aus Einsteins Theorie, daß es nicht möglich ist, Signale schneller als mit Lichtgeschwindigkeit zu übermitteln. Etwa eine Sekunde benötigt das Licht, um von der Erde zum Mond zu gelangen. Einsteins Theorie legt fest: Es gibt keine Möglichkeit, ein Signal in weniger als einer Sekunde zum Mond zu befördern. Dies ist nicht schwer zu begreifen. Um ein Signal zum Mond zu schicken, müssen wir ein Radio- oder ein Lichtsignal in Richtung Mond senden. Dies breitet sich stets mit Lichtgeschwindigkeit aus, niemals schneller.

Höchstens mit Lichtgeschwindigkeit

Jetzt verstehen wir auch, warum sich Einstein über Newtons Antwort in bezug auf das Verschwinden der Sonne wunderte. Das Licht benötigt etwa acht Minuten, um von der Sonne auf die Erde zu gelangen. Wenn unser Zauberkünstler die Sonne plötzlich verschwinden ließe, würden wir auf der Erde zunächst überhaupt nichts davon verspüren. Nach Einsteins Prinzip dauert es mindestens acht Minuten, bis die Information »Sonne ist verschwunden« zur Erde gelangen kann. Die Erdbewohner können also den Sonnenschein noch volle acht Minuten lang genießen, obwohl die Sonne gar nicht mehr existiert. Erst nach acht Minuten passiert die von Newton beschriebene Katastrophe. Plötzlich wird es dunkel, und die Erde fliegt in den interstellaren Raum hinaus.

Noch acht Minuten bis zum Ende

Während der ersten acht Minuten nach dem Verschwinden der Sonne bewegt sich die Erde auf ihrer alten Bahn, als wäre nichts geschehen. Dies kann sie aber nur tun, weil es nach wie vor eine Gravitations-kraft gibt, obwohl die Sonne bereits verschwunden ist. Einsteins Prinzip verhindert, daß unser Zauberkünstler neben der Sonne auch die gesamte Gravitationskraft plötzlich verschwinden lassen kann. Die Gravitationskraft der Sonne wird erst nach und nach abgebaut, und zwar mit Lichtgeschwindigkeit.

Einstein schloß aus dieser Tatsache, daß das Phänomen der Gravitation nichts zu tun hat mit einer Fernwirkung zwischen materiellen Körpern, wie von Newton angenommen, sondern daß es sich um ein lokales Phänomen handeln muß. Mit anderen Worten: Die Sonne zieht die Erde an, weil durch die Gegenwart der Sonne der Raum in der Umgebung der Erde verändert wurde. Man sagt, die Sonne baut in ihrer Umgebung ein Gravitationsfeld auf. Die Erde bewegt sich in diesem Kraftfeld. Dieses ist verantwortlich für die Bewegung der Erde um die Sonne. Der Raum zwischen Sonne und Erde ist gewissermaßen vom Gravitationsfeld »angefüllt«. Da es sich hierbei um eine Eigenschaft des Raumes um die Sonne handelt und nicht um eine Eigenschaft der Sonne selbst, bleibt dieses Kraftfeld noch für eine gewisse Zeit nach ihrem Verschwinden bestehen. Der Abbau des Gravitationsfeldes geschieht in Form einer Schockwelle, einer Gravitationswelle, die sich kugelförmig vom ehemaligen Standort der Sonne mit Lichtgeschwindigkeit ausbreitet, ähnlich einer Welle, die erzeugt wird, wenn man einen Stein in einen Teich wirft.

Gravitations-felder

Schockwellen breiten sich aus

Acht Minuten nach dem Verschwinden der Sonne kommt diese Welle bei der Erde an, und die Erde bewegt sich von nun an auf einer geradlinigen Bahn. Nach einigen Stunden erreicht die Gravitationswelle die äußeren Bereiche des Sonnensystems, nach einigen Jahren die Sterne in der Umgebung der Sonne.

Wir haben hier, im Falle der Gravitation, zum erstenmal den Begriff des Feldes kennengelernt. Wir werden später sehen, daß dieser Begriff eine sehr wichtige Rolle in der modernen Physik spielt. Zunächst wollen wir aber noch kurz bei der Gravitation bleiben. Einstein hat viele Jahre lang versucht, das Gravitationsphänomen im Rahmen seiner Relativitätstheorie zu verstehen. Im Jahre 1916 stellte er seine allgemeine Relativitätstheorie auf. In dieser **Die Einheit** Theorie werden Raum, Zeit und Gravitation zu einer Einheit verwoben. Keines kann allein existieren. **von Raum,** Die Gravitation entpuppte sich als ein Phänomen **Zeit und** von Raum und Zeit. Ein Stein fällt nicht zum Erdboden, weil die Erde den Stein direkt anzieht, sondern **Schwerkraft** weil in der Umgebung der Erde die Eigenschaften von Raum und Zeit derart verändert werden, daß der Stein gar keine andere Wahl hat, als auf den Erdboden zu fallen – es ist seine natürliche Bewegung. Die auf den Stein ausgeübte Schwerkraft ist ein sekundäres Phänomen – dies ist die Schlußfolgerung, die man aufgrund der Einsteinschen Theorie der Gravitation ziehen muß.

Einsteins Theorie hat viele interessante Konsequenzen, zum Beispiel die bereits erwähnte Lichtablenkung durch das Gravitationsfeld der Sonne oder die Existenz der Schwarzen Löcher. Eine weitere Konsequenz betrifft den Gang von Uhren.

Nehmen wir an, Sie tragen Ihre Uhr vom Boden Ihres Hauses in den Keller. Einsteins Theorie sagt voraus, daß die Uhr im Keller etwas langsamer läuft als auf dem Boden. Im Keller geht die Uhr langsamer, **Uhren** auf dem Boden. Im Keller geht die Uhr langsamer, **werden** weil das Gravitationsfeld der Erde im Keller, der näher **langsamer** an der Erdoberfläche liegt, stärker ist als auf dem Boden. Die Zeit läuft im Keller langsamer. Allerdings ist dieser Effekt äußerst klein. Erst vor einigen Jahren wurde er mit Hilfe sehr genau gehender Atomuhren nachgewiesen.

Bevor wir die Gravitation verlassen, noch einige Bemerkungen zu den Quantenphänomenen. Die Massenanziehung zweier Körper wird durch eine fundamentale Konstante bestimmt, die von Newton eingeführte Gravitationskonstante. (Von den Physikern wird diese Konstante mit dem Buchstaben G bezeichnet.) Sie muß durch Experimente bestimmt werden. Wir wollen hier den Wert dieser Konstanten nicht angeben, sondern nur bemerken, daß er heute sehr genau bekannt ist. Es hat sich auch herausgestellt, daß die Gravitationskonstante überall im Universum denselben Wert hat. Die Massenanziehung, sei es auf der Erdoberfläche oder in fernen Galaxien, wird durch dieselbe Konstante bestimmt. **Eine universelle Konstante**

Bis heute ist es nicht gelungen, Einsteins Theorie der Gravitation und die Quantentheorie miteinander zu »verheiraten«. Man stößt hierbei auf schier unüberwindliche Schwierigkeiten, die nicht etwa mathematischer Natur sind, sondern mit unseren herkömmlichen Begriffen von Raum und Zeit zusammenhängen. Die Massenanziehungskräfte sind eng mit der Struktur von Raum und Zeit verknüpft. Eine Einbeziehung der Quantenphysik würde bedeuten, daß man auch dem Raum und der Zeit Quanteneigenschaften zuordnen muß. Unsere konventionellen Vorstellungen von Raum und Zeit sind mit Sicherheit bei sehr kleinen Abständen oder sehr kleinen Zeitintervallen nicht mehr anwendbar. Niemand weiß, was das im einzelnen zur Folge hat. Manche Physiker glauben zum Beispiel, daß Raum und Zeit eine Art Schaumstruktur haben. Immerhin können wir genau sagen, wo unsere jedermann geläufigen Begriffe von Raum und Zeit zusammenbrechen müssen. Die Kenntnis der Gravitations- **Zusammenbruch der Begriffe von Raum und Zeit** konstanten G, der Planckschen Konstanten ℏ und der Lichtgeschwindigkeit reichen hierzu aus. Man findet die sogenannten Planckschen Einheiten von Raum und Zeit:

$$\text{Plancksche Elementarlänge: } 1,616 \cdot 10^{-33} \text{cm}$$
$$\text{Plancksche Elemtarzeit: } 5,391 \cdot 10^{-44} \text{sec}$$

Für praktische Belange spielen diese elementaren Einheiten keine Rolle, denn sie sind so klein, daß wir Mühe haben, sie uns vorzustellen.

Die Planckschen Einheiten von Raum und Zeit sind fundamentale Größen in der Naturwissenschaft, und es wäre eigentlich recht vernünftig, jede Länge und die Zeit in den Planckschen Einheiten anzugeben. Nur ist das Vernünftige in diesem Fall äußerst unbequem. Statt zu sagen: Die Entfernung zwischen München und Hamburg beträgt 800 km, würde es heißen: München ist von Hamburg $5 \cdot 10^{40}$ Plancksche Längen entfernt.

Vor einiger Zeit leitete ich eine Sitzung über Gravitationsprobleme auf einer Konferenz in Sizilien. Als es Zeit war, eine kleine Pause zu machen, sagte ich: »Wir wollen jetzt eine Pause einlegen. Bitte kommen Sie alle nach genau $2,2 \cdot 10^{46}$ Planckschen Zeiten zurück.« Pünktlich nach 20 Minuten waren alle Physiker wieder im Konferenzsaal.

Das Alter des Kosmos Das Alter des Universums wird von den Astrophysikern auf etwa 20 Milliarden Jahre geschätzt. In Planckschen Zeiten ausgedrückt, heißt das: Unser Kosmos hat das Alter von 10^{61} Planckschen Zeiten. ·

Was in der Nähe der Planckschen Elementarlänge oder der Planckschen Elementarzeit passiert, ist eine der interessantesten Fragen der modernen Naturwissenschaft. Viele theoretische Physiker arbeiten an diesem Problem, aber wahrscheinlich werden noch Jahrzehnte verstreichen, bis man ein einigermaßen klares

126

Bild von der Struktur von Raum und Zeit im kleinen erhalten wird.

Neben der Schwerkraft gibt es eine weitere Kraft, die jedermann bekannt ist, weil man sie in der Natur ohne komplizierte Hilfsmittel beobachten kann; es ist die elektrische Kraft. Körper, die elektrisch geladen **Elektrische** sind, üben aufeinander Kräfte aus. Sind sie gleichna- **Kräfte** mig – also beide positiv oder beide negativ – geladen, stoßen sie sich ab; ungleichnamige Ladungen ziehen sich an. Wir haben bereits gesehen, daß diese fundamentale Eigenschaft elektrisch geladener Objekte für die Struktur der Atome und damit für die chemischen Eigenschaften der Elemente und Stoffe verantwortlich ist.

Die meisten Objekte, mit denen wir es täglich zu tun haben, tragen keine elektrische Ladung; sie sind elektrisch neutral. Sie bestehen jedoch aus elektrisch geladenen Objekten, den Elektronen und den Atomkernen, deren Ladungen sich gegenseitig aufheben.

Die elektrische Anziehung zweier elektrisch entgegengesetzt geladener Körper hat eine gewisse Ähnlichkeit mit der Massenanziehung. Sind die Körper genügend weit voneinander entfernt, so daß man ihre Abmessungen gegenüber ihrer Entfernung vernachlässigen kann, fallen sowohl die Gravitationskraft als auch die elektrische Kraft mit dem Quadrat des Abstandes voneinander ab. Allerdings geht diese Analogie zwischen elektrischer und gravitativer Kraft nicht sehr weit. Zum Beispiel gibt es keine gravitative Abstoßung von Körpern, sondern nur eine Anziehung, wohl aber gibt es eine elektrische Abstoßung.

Ein anderer wesentlicher Unterschied zwischen der Massenanziehung und der elektrischen Kraft ist die Tatsache, daß die elektrische Kraft sehr viel stärker ist als die Massenanziehung. Als Beispiel wollen wir das Wasserstoffatom betrachten. In diesem Atom ziehen sich das Proton (Atomkern) und das Elektron an. Es handelt sich hierbei, wie bereits erläutert, um eine elektrische Kraft. Darüber hinaus besteht aber auch eine Massenanziehung zwischen Proton und Elektron, entsprechend dem Newtonschen Gesetz. Diese ist jedoch um viele Größenordnungen schwächer als die elektrische Kraft und kann deshalb für die Belange der Atomphysik vollständig vernachlässigt werden.

Magnetismus und Elektrizität Neben der Elektrizität bemerkt man in der Natur auch leicht das Phänomen des Magnetismus. Man denke zum Beispiel an die Einstellung einer Kompaßnadel im Magnetfeld der Erde oder an die Kräfte, die zwei Eisenmagnete aufeinander ausüben.

Ursprünglich dachte niemand daran, daß es zwischen den elektrischen und den magnetischen Kräften einen Zusammenhang geben könnte. Im Jahre 1820 jedoch machte der dänische Physiker Hans Christian Ørsted während einer Vorlesung zufällig eine aufsehenerregende Entdeckung. Er fand heraus, daß man magnetische Kräfte erzeugen kann, wenn man elektrische Ladungen hin und her bewegt. Zum Beispiel wird eine Kompaßnadel abgelenkt, wenn man in ihrer Nähe einen elektrischen Strom fließen läßt. (Ein in einem Metalldraht fließender elektrischer Strom setzt sich aus vielen Elektronen zusammen, die innerhalb des Drahtes »fließen« wie Wasser in einem Gartenschlauch. Ein elektrischer Strom besteht also aus bewegten elektrischen Ladungen.) Ørsteds Entdeckung zeigte auf, daß es zwischen elektrischen und magnetischen Phänomenen einen engen Zusammenhang geben muß. Ørsted selbst führte den Begriff »Elektromagnetismus« ein, der heute jedermann geläufig ist.

Das in Kopenhagen gefundene Phänomen ließ den englischen Physiker Michael Faraday nicht in Ruhe. Wenn es möglich ist, durch die Bewegung elektrischer Ladungen magnetische Effekte hervorzurufen, müßte auch das Gegenteil möglich sein, nämlich die Erzeugung elektrischer Ströme mit Hilfe eines Magneten. Nach vielen Jahren harter experimenteller Arbeit fand Faraday schließlich am 29. August 1831 den von ihm vermuteten Effekt. Er entdeckte, daß man elektrische Ströme erzeugen kann, wenn man in der Nähe eines elektrischen Leiters (zum Beispiel eines Kupferdrahtes) einen Magnet hin und her bewegt. Damit hatte Faraday ein sehr wichtiges Prinzip gefunden. Die Elektroenergie in unseren Kraftwerken wird auch heute noch erzeugt, indem man das von Faraday entdeckte Phänomen ausnutzt.

Faradays Effekt

Michael Faraday wurde 1791 in der Nähe von London als Sohn eines Schmieds geboren. Im Alter von 14 Jahren begann er eine siebenjährige Lehre als Buchbinder. Ein sehr fleißiger Buchbinder scheint er nicht gewesen zu sein, denn er machte es sich zur Gewohnheit, die meisten Bücher nicht nur zu binden, sondern auch zu lesen, insbesondere alle Bücher, die mit den Naturwissenschaften zu tun hatten. Im Alter von 21 Jahren trat er als Gehilfe des Chemikers Humphry Davy in das Königliche Institut in London ein. Mit diesem Forschungsinstitut blieb Faraday sein Leben lang verbunden. Nach Davys Tod übernahm er dessen Lehrstuhl.

Ein Buchbinder macht Geschichte

Faraday war einer der größten Experimentalphysiker. Da er aber keine Universitätsausbildung erhalten hatte, waren seine Kenntnisse auf theoretischem Gebiet, insbesondere in Mathematik, sehr bescheiden. Um so mehr waren seine intuitiven Fähigkeiten entwickelt, und ihnen ist es wohl zu verdanken, daß Faraday als erster den Begriff des elektromagnetischen Feldes entwickelte.

Zu Beginn des 19. Jahrhunderts glaubte man, daß nicht nur die Gravitationskraft, sondern daß auch die elektrische Kraft eine Fernwirkungskraft sei, daß sie also nichts zu tun habe mit den Eigenschaften des Raumes zwischen den elektrisch geladenen Körpern. Faraday erschien diese Idee einer Fernwirkung zwischen verschiedenen Körpern unsinnig. Es muß etwas geben, nahm er an, das zwei elektrisch geladene Körper miteinander verbindet. Mit diesem einfachen Gedanken war der Begriff des elektromagnetischen Feldes geboren. Faraday stellte sich vor, daß der Raum zwischen den geladenen Körpern gewissermaßen mit Kraftlinien angefüllt ist (siehe Abb. 5-2). Diese Kraftlinien gehen zwar von den elektrisch geladenen Körpern aus, führen aber sonst ein Eigenleben. Sie sind **Der Raum ist** eine Eigenschaft des Raumes. Elektrisch geladene **nicht leer** Körper ziehen sich an oder stoßen sich ab, weil sich der Raum zwischen den Körpern geändert hat – er ist angefüllt mit elektrischen Kraftlinien.

Die Entwicklung der Physik in den letzten hundert Jahren hat gezeigt, daß der Begriff des elektromagnetischen Feldes, ja der des Kraftfeldes überhaupt, sehr wichtig ist. Die modernen Theorien der Materie, mit **Materie und** denen wir uns noch beschäftigen werden, sind soge- **Felder** nannte Feldtheorien, Theorien also, in denen der Begriff des Feldes eine wesentliche Rolle spielt.

Faraday war es nicht vergönnt, die Theorie aufzustellen, welche das dynamische Verhalten des von ihm eingeführten elektromagnetischen Feldes beschreibt. Diese Aufgabe wurde von dem aus Schottland stammenden Physiker und Mathematiker James Clerk Maxwell gelöst; ihm gelang es, Faradays intuitive Ideen in eine exakte mathematische Sprache zu kleiden.

130

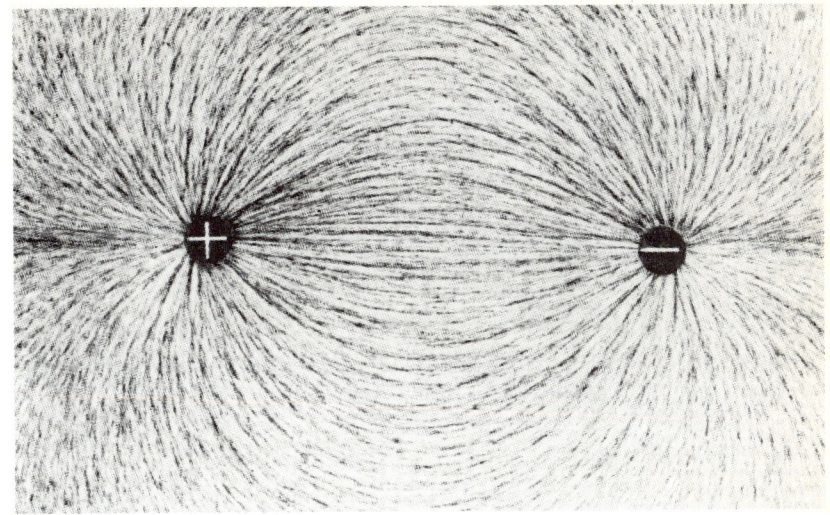

Abb. 5-2 Zwei entgegengesetzt elektrisch geladene Kugeln ziehen sich an. Gezeigt ist der Verlauf der elektrischen Feldlinien.

Im Jahre 1861 formulierte Maxwell die seither nach ihm benannten Gleichungen des elektromagnetischen Feldes. Diese Gleichungen sind sehr bemerkenswert. Seit der Aufstellung der Maxwellschen Theorie des Elektromagnetismus sind zwei größere Revolutionen durch das Land der Physik gegangen, die Aufstellung der Quanten- und der Relativitätstheorie. Beide Revolutionen, die immerhin unsere Vorstellungen der Struktur von Raum und Zeit von Grund auf verändert haben, hat Maxwells Theorie unbeschadet überstanden: Die Maxwellschen Gleichungen gelten heute noch genauso wie vor hundert Jahren. Sie beschreiben sowohl die elektromagnetischen Phänomene innerhalb der Atome und Moleküle, die elektromagnetischen Vorgänge in unseren technischen und elektronischen Geräten als auch die elektrischen und magnetischen Felder, die man in den Galaxien beobachtet.

Maxwell formuliert die Theorie des Elektromagnetismus

Eine interessante Konsequenz der Maxwellschen Theorie ist die Existenz freier elektromagnetischer Felder. Ursprünglich glaubte man, ein elektrisches oder ein magnetisches Feld sei immer an einen elektrisch geladenen Körper oder an einen Magneten gebunden. Diese Vorstellung ist jedoch nicht haltbar. Um das einzusehen, wollen wir wieder einmal cin Gedankenexperiment durchführen – ein Experiment, das unserem früheren Gravitationsexperiment ähnelt.

Wir betrachten eine elektrisch geladene Kugel. Von dieser Kugel gehen die elektrischen Kraftlinien aus. Wir bemühen jetzt wieder unseren Zauberkünstler, **Wie schnell** der die geladene Kugel ganz plötzlich verschwinden **verschwindet** läßt. Was passiert jetzt mit dem elektrischen Feld, das **das elektri-** die Kugel umgibt? Man könnte glauben, daß dieses **sche Feld?** Feld ebenso wie die Kugel plötzlich verschwindet. Dies geht jedoch nicht wegen des Einsteinschen Prinzips, nach dem kein Effekt sich schneller ausbreiten kann als mit Lichtgeschwindigkeit. In dem Moment, in dem die Kugel verschwindet, kann jemand, der sich von der Kugel im Abstand von zum Beispiel 300 km befindet, noch gar nichts vom Verschwinden der Kugel »bemerkt« haben, denn das Licht benötigt eine tausendstel Sekunde, um zu dieser Person vorzudringen. Demzufolge ist das elektrische Feld an dem von uns betrachteten Punkt noch genauso groß wie vor dem Verschwinden der Kugel. Erst nach etwa einer tausendstel Sekunde kann sich das elektrische Feld verändern. Maxwells Theorie sagt exakt voraus, wie diese Veränderung aussieht. Nach dem Verschwinden der Kugel breitet sich vom ehemaligen Kugelmittelpunkt eine elektromagnetische Schockwelle aus – so als hätte es eine Explosion gegeben – die nach und nach das gesamte Raumgebiet überstreicht. Hierdurch wird das vorhandene elektrische Feld abgebaut (siehe Abb. 5-3).

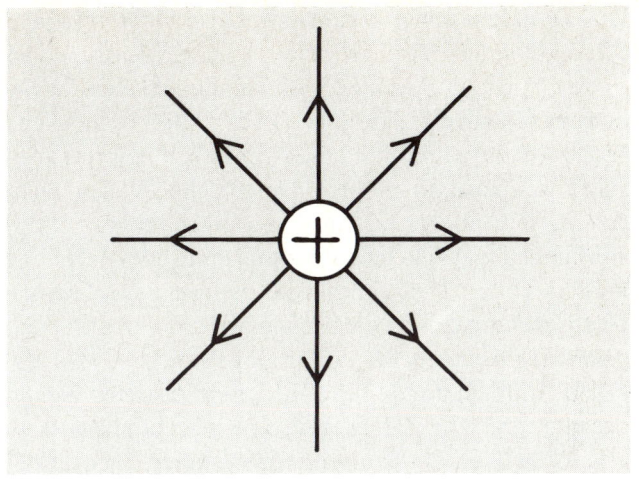

Abb. 5-3 Eine elektrisch geladene Kugel verschwindet plötzlich. Die Folge ist: Vom Zentrum des elektrischen Feldes breitet sich mit Lichtgeschwindigkeit eine elektromagnetische Schockwelle aus. Nach und nach wird das elektrische Feld ausgelöscht.

Das Feld der Kugel verschwindet also nicht auf einen Schlag, sondern wird schrittweise ausgelöscht, wobei es zur Ausbildung einer elektromagnetischen Welle kommt. Maxwells Theorie legt fest, daß eine solche Welle sich stets mit Lichtgeschwindigkeit bewegt. Stillstand kann es für elektromagnetische Wellen nicht geben.

Maxwell sagte die Existenz von elektromagnetischen Wellen voraus. Im Jahre 1888 wurde von Heinrich Hertz in Deutschland nachgewiesen, daß es elektromagnetische Wellen in der Natur gibt. Von Maxwells und Hertz' Entdeckungen führt damit ein direkter Weg in das elektronische Zeitalter, in dem wir heute leben.

Die Rolle der Lichtgeschwindigkeit

Als Maxwell die Konsequenzen seiner Theorie näher untersuchte, wunderte er sich über die seltsame Tatsache, daß die Ausbreitung elektromagnetischer Wellen immer mit der Geschwindigkeit des Lichtes erfolgt. Dies konnte kein Zufall sein. Den vorausgegangenen Ideen Faradays folgend, wagte Maxwell die Hypothese: Licht ist weiter nichts als ein elektromagnetisches Phänomen. Er hatte recht. Die Lichtwellen, die von unseren Augen registriert werden, sind elektromagnetische Wellen. Die Wechselwirkung von Licht mit Materie, zum Beispiel die Reflexion des Lichtes an einem Spiegel, läßt sich durch die elektromagnetische Wechselwirkung erklären. Die Lichtwellen fallen auf die silbrige Metalloberfläche des Spiegels, treten dort in Wechselwirkung mit den Elektronen des Metalls und werden hierdurch reflektiert.

Gibt es ein Medium für elektromagnetische Wellen?

Wieso breitet sich eine elektromagnetische Welle überhaupt aus, und in welchem Medium breitet sie sich aus? Jedermann verknüpft mit dem Begriff »Welle« die Vorstellung, daß man einen Stein in einen ruhigen Teich fallen läßt und hinterher beobachtet, wie sich, ausgehend von der Stelle des Auftreffens, kon-

134

zentrische Wellen auf der Wasseroberfläche ausbilden. Das Wasser dient hier als Medium, in dem sich die Wellen ausbreiten. Gibt es ein solches Medium im Fall der elektromagnetischen Wellen? Die Antwort, die der Physiker hierauf gibt, ist verblüffend, aber einfach: Es gibt kein materielles Medium, in dem sie sich ausbreiten. Ein elektromagnetisches Feld ist weiter nichts als eine besondere Eigenschaft von Raum und Zeit, ebenso wie ein Gravitationsfeld.

Wenn man will, kann man Raumgebiete, die elektromagnetische oder gravitative Felder enthalten, als besonders ausgezeichnete Gebiete betrachten. Hier ist etwas los, es finden physikalische Prozesse statt. In Raumgebieten, in denen es keine solchen Felder gibt, herrscht Ruhe; nichts ist langweiliger als leerer Raum.

Hier möchte ich bemerken, daß es im Kosmos keine **Leeren** Gebiete gibt, in denen es wirklich langweilig ist. Selbst **Raum gibt es** der intergalaktische Raum fernab von jeder Galaxie ist **nicht** angefüllt mit elektromagnetischen Feldern, mit Wellen, die das All nach allen Richtungen hin mit Lichtgeschwindigkeit durcheilen.

Ich habe oben erwähnt, daß die Maxwellsche Theorie die Quantenrevolution in der Physik unbeschadet überstanden hat. Dies stimmt bis auf eine wichtige Einschränkung. Man muß die Maxwellsche Theorie in geeigneter Weise interpretieren, um nicht in Widerspruch mit der Quantentheorie zu geraten. Dies wurde im Jahre 1905 von Einstein bemerkt. Er fand heraus, daß Maxwells Theorie nur dann mit der von Max Planck entwickelten Quantentheorie verträglich ist, wenn die Energie einer elektromagnetischen Welle, speziell etwa einer Lichtwelle, immer in kleinen, wohldefinierten Größen übertragen wird. Diese »Quanten« des Lichts **Photonen –** erhielten später einen besonderen Namen – man nannte **Teilchen des** sie Photonen, »Teilchen« des Lichts. **Lichts**

Die Energiemenge, die ein Lichtquant herumträgt, hängt von der Wellenlänge des Lichts ab. Blaues Licht hat eine kürzere Wellenlänge als rotes. Aus diesem Grunde tragen die Photonen des blauen Lichts mehr Energie als die des roten. Röntgenstrahlen sind elektromagnetische Wellen, deren Wellenlänge viel kürzer als die des sichtbaren Lichts ist. Die Photonen der Röntgenstrahlen sind deshalb besonders energiereich; sie sind dadurch in der Lage, den menschlichen Körper zu durchdringen.

Auch die Anziehung oder Abstoßung elektrisch geladener Körper wird in der Quantentheorie anders gedeutet als in der klassischen Physik, das heißt vor Planck und Einstein. Die Quantentheorie fordert, daß nicht nur Teilchen, wie zum Beispiel das Elektron oder das Proton, Quanteneigenschaften besitzen und den **Unschärfen** Unschärferelationen unterworfen sind, sondern auch **für Felder** die elektrischen und magnetischen Felder.

In der Quantenphysik beschreibt man die Anziehung elektrisch geladener Körper auf eine Art, die auf den ersten Blick kurios anmutet, nämlich als Austausch von Photonen. Zwischen den geladenen Objekten wandern ständig Photonen hin und her (siehe Abb. 5-4), und dieses Herumwandern erzeugt eine Kraft: die elektrische Kraft.

Mit seiner Lichtquantenhypothese hat Einstein ein neues Teilchen in die Physik eingeführt, das Photon. Dieses Teilchen unterscheidet sich von den anderen Teilchen, die wir bislang kennengelernt haben, von den Elektronen und Protonen, durch seine Masse. Sowohl das Elektron als auch das Proton besitzen eine Masse. Die Masse des Protons zum Beispiel ist $1,7 \cdot 10^{-24}$ g. Das Photon besitzt keine Masse: Es ist ein masseloses Teilchen.

Doch obwohl es keine Masse hat, kann es sehr wohl

Abb. 5-4 Die elektrischen Kräfte, zum Beispiel hier die Anziehung entgegengesetzt geladener Objekte, werden durch den Austausch von Photonenquanten verursacht (hier durch den Ball dargestellt).

Energie besitzen. Jedes Photon hat eine bestimmte **Masselose** Energie, die es wie ein ruheloses Insekt ständig irgend- **Photonen ha-** wo hinträgt. Manch einer hat Schwierigkeiten, sich **ben Energie** vorzustellen, daß es Teilchen gibt, die masselos sind, dafür aber Energie übertragen können. Dies liegt daran, daß wir in unserer Anschauung die Übertragung von Energie gern mit der Vorstellung verknüpfen, daß diese Energie in einem massiven Körper enthalten ist. Man denkt zum Beispiel an die Bewegungsenergie, die in einem fahrenden Auto steckt. Trotzdem ist es so: Photonen sind masselos und tragen eine wohlbestimmte Energie.

Noch auf andere Weise verhalten sich die Photonen als Teilchen recht ungewöhnlich. Ein Photon kann niemals in Ruhe sein. Ständig bewegt es sich mit Lichtgeschwindigkeit. Dies ist die Folgerung aus der Tatsache, daß sich die Lichtwellen mit Lichtgeschwindigkeit fortbewegen. Photonen als »Teilchen« des Lichts müssen dies dann ebenso tun.

Trotz dieser recht spezifischen Eigenschaften ist das Photon ein Teilchen wie die anderen Teilchen, wie die Elektronen, Protonen und Neutronen. Von diesen Teilchen soll im nächsten Kapitel die Rede sein.

6. Materie und Antimaterie

»Wir gehen vorwärts in ein unbekanntes Gebiet, wir wissen nicht, wohin uns unser Weg
führen wird. Das macht die Physik so aufre-
gend.«

Paul A. M. Dirac[11]

Wenn man das Verwaltungsgebäude des Europäischen
Kernforschungszentrums CERN bei Genf betritt,
sieht man auf dem Korridor einen eigenartigen Apparat. Drückt man auf den Knopf auf der Seite des unför-
migen Kastens, hört man ein lautes Knattern. Wir stehen vor einer sogenannten Funkenkammer, einem
Nachweisgerät für die kosmische Höhenstrahlung.

Kosmisches Ständig wird die Erde von Teilchenstrahlen bombar-
Bombarde- diert, die von irgendwo aus den Tiefen des Weltalls
ment kommen. Bis heute weiß man nicht sehr viel über den
Ursprung dieser Strahlen. Vielleicht kommen sie aus
dem Zentrum der Galaxie.

Meist reagieren die Höhenstrahlen mit den Atomkernen der Gasatome in den hoch gelegenen Schichten
der Atmosphäre. Hierbei entstehen neue Teilchen, die
weiter in Richtung Erdoberfläche fliegen. Diese Teilchen werden von der CERN-Funkenkammer registriert. Die Teilchen rasen praktisch mit Lichtgeschwindigkeit durch die Kammer hindurch und erzeugen hierbei Funken, die man deutlich mit dem Auge
verfolgen kann und die das hörbare Knattern hervor-
rufen.

Ebenso wie die CERN-Funkenkammer ist auch unser Körper ständig der kosmischen Höhenstrahlung
ausgesetzt. Ununterbrochen werden wir von den Teilchen der Höhenstrahlung »durchbohrt«. Oftmals tref-

138

fen diese Teilchen direkt auf einen der Atomkerne in unserem Körper, der hierbei vollständig zerstört wird. Im allgemeinen merken wir nichts von einer solchen Kernreaktion; auf einen Atomkern mehr oder weniger kommt es im menschlichen Körper nicht an.

Zu Beginn der dreißiger Jahre war Robert Millikan am California Institute of Technology in Pasadena interessiert, die Einzelheiten der kosmischen Höhenstrahlung zu erforschen. Einer seiner Mitarbeiter war **Erforschung** Carl Anderson, Sohn schwedischer Einwanderer. Für **der Höhen-** seine Forschung konstruierte Anderson eine beson- **strahlung** ders große Nebelkammer, ein Gerät, mit dessen Hilfe es möglich ist, die Bahnen von Teilchen der Höhenstrahlung zu beobachten. Wenn ein Teilchen durch eine solche Kammer hindurchfliegt, hinterläßt es eine Spur, die den Kondensstreifen sehr ähnlich ist, die man oft am Himmel beobachtet, wenn ein Düsenjäger in großer Höhe fliegt. Erzeugt man im Inneren der Nebelkammer ein magnetisches Feld, werden die elektrisch geladenen Teilchen abgelenkt. Die Teilchenbahnen erscheinen gekrümmt. Aus der Stärke der Krümmung kann man Schlüsse in bezug auf die Geschwindigkeit und die elektrischen Ladungen der Teilchen ziehen.

Als Anderson seine neue Nebelkammer in Betrieb nahm, untersuchte er eine ganze Reihe von Teilchenbahnen und stellte mit Befriedigung fest, daß es sich bei den beobachteten Teilchen um wohlbekannte Objekte handelte, um Protonen mit positiver und um Elektronen mit negativer elektrischer Ladung. Am Morgen des 2. August 1932 begann Anderson erneut mit seiner täglichen Arbeit; er fotografierte Teilchenbahnen in seiner Nebelkammer. Nachdem die Fotos entwickelt waren, untersuchte er wie immer die Bahnen der Teilchen. Plötzlich bemerkte er etwas sehr

Eigenartiges. Er fand eine Spur, die auf den ersten Blick wie eine Elektronenbahn aussah, nur die Krümmung der Bahn stimmte nicht. Das Teilchen verhielt sich wie ein Elektron mit der falschen elektrischen Ladung: wie ein Elektron, das positiv geladen war. Anderson untersuchte noch mehr Fotos und fand weitere Kandidaten von positiv geladenen Elektronen.

Als er Millikan seine Resultate zeigte, war dieser zunächst sehr skeptisch und versuchte, Anderson klarzumachen, daß es sich bei seinen angeblich neuen, positiv geladenen Teilchen um nichts anderes als gewöhnliche Protonen handelt. Aber nach kurzer Zeit war auch Millikan überzeugt: Anderson hatte ein neues Teilchen gefunden. Dieses Teilchen hatte eine Masse, die so groß war wie die Elektronmasse, und es hatte eine positive Ladung. Anderson taufte sein Teilchen Positron. Es sollte sich bald herausstellen, daß Anderson nicht nur ein weiteres Teilchen gefunden hatte, sondern ein ganz spezielles Teilchen. Wir werden gleich sehen, daß das Positron ein enger Verwandter des Elektrons ist. Anderson erhielt für seine Entdeckung den Physiknobelpreis.

Das Positron wird entdeckt

Gegen Ende der zwanziger Jahre versuchte ein noch nicht dreißig Jahre alter theoretischer Physiker mit dem Namen Paul A. M. Dirac in Cambridge (England), die neue Quantentheorie auf Phänomene der Elektrodynamik anzuwenden. Dirac, der heute, im Alter von mehr als achtzig Jahren, noch an der Universität von Tallahassee in Florida lehrt, gelang es 1928, eine interessante neue Gleichung abzuleiten. Diese Gleichung ist heute als Diracsche Gleichung jedem Physiker bekannt. Sie beschreibt in einfacher Weise die Bewegung der Elektronen innerhalb der Atome. Wir wollen diese Gleichung hier nicht angeben, erwähnen aber eine wichtige Konsequenz der Diracschen

140

Theorie. Dirac fand heraus, daß seine Gleichung nicht **Dirac und** nur das Verhalten der Elektronen in den Atomen rich- **seine Glei-** tig beschreibt, sondern daß es neben dem Elektron ein **chung** Teilchen mit der gleichen Masse, aber entgegengesetzter elektrischer Ladung geben muß. Viele Jahre später sagte Dirac: »Es erwies sich, daß meine Gleichung klüger als ich selbst gewesen ist.«

Dirac bemerkte auch, daß in seiner Theorie die negativ geladenen Elektronen und die neuen, positiv geladenen Teilchen in symmetrischer Weise auftauchen. Man kann beide Teilchen miteinander vertauschen, ohne daß sich an der Physik etwas Wesentliches ändert. Dirac nannte die neuen, positiv geladenen Teilchen Antiteilchen der Elektronen.

Als Anderson seine Entdeckung machte, hatte er keine Ahnung von den theoretischen Arbeiten in Cambridge. Erst im Jahre 1933 stellte sich heraus, daß Anderson in der Tat das von Dirac vorausgesagte Teilchen gefunden hatte. Das Positron erwies sich als das Antiteilchen des Elektrons. Man bezeichnet es kurz als e^+.

Andersons Entdeckung war der erste Schritt in eine neue Welt, in die Welt der Antimaterie. Wir wissen heute, daß es zu jedem Teilchen ein Antiteilchen gibt. So zum Beispiel gibt es ein Antiteilchen des Protons, **Ein Antiteil-** schlicht das Antiproton genannt (abgekürzt $\bar{p}$). Das **chen für das** Antiproton hat die gleiche Masse wie das Proton, aber **Proton** eine negative elektrische Ladung. Es wurde im Jahre 1955 entdeckt, nicht in der kosmischen Strahlung wie das Positron, sondern unter Zuhilfenahme von Teilchenbeschleunigern.

Zu Beginn der fünfziger Jahre konstruierte man an der Universität von Berkeley in Kalifornien einen Beschleuniger, mit dem es möglich war, Protonen mit hoher Geschwindigkeit auf Materie zu schießen. Bei solchen Reaktionen werden oft neue Teilchen erzeugt. Im Oktober des Jahres 1955 gaben die Physiker in Berkeley bekannt, daß sie ein Teilchen mit negativer elektrischer Ladung beobachtet hatten, dessen Masse gleich der Masse des Protons war. Das Antiproton war gefunden.

Man fragt sich nun: Wie steht es mit dem Photon, dem Teilchen des Lichts? Gibt es auch ein Antiteilchen des Photons? Die Antwort: Ja, das Photon hat ein entsprechendes Antiteilchen, nämlich sich selbst. Das Photon ist ausnahmsweise sein eigenes Antiteilchen.

Die Theorie von Dirac sagt etwas sehr Merkwürdiges voraus, eine Tatsache, die oft von Science-fiction-Schriftstellern auf abenteuerliche Weise beschrieben wird. Wenn ein Teilchen und sein Antiteilchen sich näher kommen, gibt es eine Explosion – die beiden Teilchen »zerstrahlen« in reine Energie. Um den Vorgang zu verstehen, müssen wir erneut auf Einsteins Relativitätstheorie eingehen. Ich habe bereits erwähnt, daß ich im vorliegenden Buch diese Theorie nicht beschreiben werde. Trotzdem muß ich auf einen wichtigen Aspekt der Relativitätstheorie hinweisen, auf die Äquivalenz von Masse und Energie.

Der Begriff der Masse ist wohlbekannt. Ein Liter Wasser hat die Masse von 1000 g, ein Proton hat eine Masse von nur etwa 10^{-24} g. Einstein entdeckte, daß es notwendig ist, jeder Masse eine bestimmte Energie zuzuordnen, entsprechend seiner berühmten Formel $E = mc^2$ (Energie ist gleich Masse multipliziert mit dem Quadrat der Lichtgeschwindigkeit). Entsprechend dieser Beziehung ist es möglich, Masse in Energie umzuwandeln und umgekehrt. Man könnte die **Masse als eingefrorene Energie** Masse eines Objekts gewissermaßen als eingefrorene Energie bezeichnen.

Wie sieht eine solche Umwandlung von Masse in

142

Energie aus? Wir nehmen dafür das wohl einfachste Beispiel, das es gibt, die Zerstrahlung von Elektronen und Positronen. Als Anderson die Bahnen der von ihm gefundenen Positronen in seiner Nebelkammer untersuchte, fand er, daß manche dieser Bahnen ganz abrupt abbrachen, als wäre das Positron plötzlich aus der Welt verschwunden. Das war es auch. Das Positron war auf seinem Weg zufällig mit einem der Elektronen in den Gasatomen zusammengestoßen. Beide Teilchen vernichteten sich hierbei gegenseitig.

Wir wollen diesen Vorgang einmal näher betrachten. Nehmen wir an, wir haben vor uns ein Elektron und ein Positron, die sich, sagen wir, 1 cm voneinander entfernt befinden. Da die Teilchen entgegengesetzte Ladungen tragen, ziehen sie sich an. Sie bewegen sich aufeinander zu. Doch plötzlich verschwinden beide Teilchen, und statt dessen verlassen zwei Photonen mit Lichtgeschwindigkeit den Ort des Geschehens (siehe Abb. 6-1).

Es ist relativ leicht, die Energie dieser Photonen zu messen. Man findet, daß die Summe der beiden Photonenenergien gleich der Energie ist, die man den beiden Teilchen, dem Elektron und Positron, aufgrund der Einsteinschen Beziehung zuordnet. Die Massen des Elektrons und des Positrons haben sich vollständig in Energie, in diesem Fall in die Energie der beiden Photonen, umgewandelt. Man kann auch sagen: die Materie hat sich in Licht verwandelt. (In diesem Sinne könnte man auch Masse als »eingefrorenes Licht« bezeichnen.) Allerdings haben die Photonen, die bei der Elektron-Positron-Vernichtung erzeugt werden, eine viel höhere Energie als die Photonen des sichtbaren Lichts. Diese sehr energiereichen Photonen bezeichnet man als Gammastrahlen oder Gammaquanten (abgekürzt: γ-Quant).

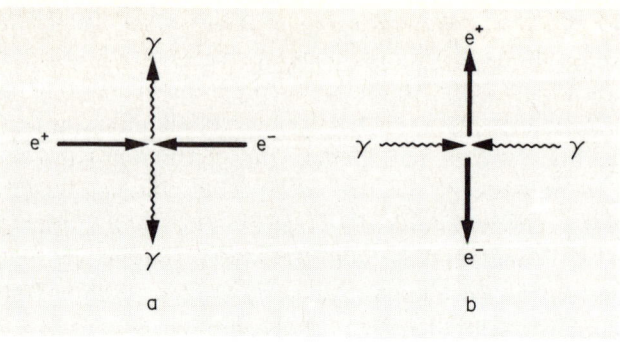

Abb. 6-1

a) Ein Elektron und ein Positron vernichten sich gegenseitig; zwei Photonen werden gleichzeitig erzeugt. Die Energie der beiden einlaufenden Teilchen findet sich in der Energie der auslaufenden Photonen wieder.

b) Ein Elektron-Positron-Paar wird aus dem Nichts durch die Kollision zweier Photonen erzeugt. Dieser Prozeß kann nur stattfinden, wenn die Energie der Photonen für die Erzeugung der beiden massiven Teilchen ausreicht. Sie müssen mindestens so groß sein wie die Summe der beiden Massen, in Energieeinheiten ausgedrückt.

Energie verwandelt sich in Materie
Auch den umgekehrten Prozeß kann man betrachten, die Umwandlung von Energie in Materie. Wenn zwei Photonen aufeinander zulaufen, kann es passieren, daß beide Photonen sich plötzlich in ein Elektron und ein Positron verwandeln, in ein Elektron-Positron-Paar (siehe Abb. 6-1b). Auf diese Weise können neue Teilchen aus dem »Nichts« geboren werden, aus reiner Energie. Dieser Prozeß kann allerdings nur ablaufen, wenn die zur Verfügung stehenden Photonen eine genügend große Energie haben, um ein Elektron-Positron-Paar zu erzeugen. Die Gesamtenergie muß bei einem solchen Prozeß erhalten bleiben. Nach der Erzeugung ist die Energie genauso groß wie vorher. Man kann zwar neue Teilchen aus dem »Nichts« erzeugen, nicht aber Energie: Energie bleibt immer erhalten.

Es hat sich in der Physik, insbesondere in der Ele-

144

mentarteilchenphysik, eingebürgert, entsprechend der Einsteinschen Äquivalenz von Masse und Energie die Masse eines Teilchens nicht in Gramm oder einer anderen Masseneinheit anzugeben, sondern gleich in Energieeinheiten. Als Einheit der Energie nimmt man das Elektronenvolt. Ein Elektronenvolt ist die äußerst winzige Energie, die ein Elektron aufnimmt, wenn es das Spannungsgefälle von einem Volt durchläuft; man bezeichnet es abgekürzt als eV. Die Masse eines Elektrons erweist sich dann als 0,5 Millionen eV oder 0,5 Megaelektronenvolt (abgekürzt MeV). Wir werden später auch manchmal die Einheit GeV (Gigaelektronenvolt) benutzen. 1 GeV sind 10^9 eV, also eine Milliarde eV. **Masse in Energieeinheiten**

Es ist jetzt ein leichtes, die Energie der Photonen anzugeben, die man bei der Elektron-Positron-Vernichtung erhält. Wenn beide Teilchen vor der Vernichtung in Ruhe waren, ist die Energie jedes der beiden erzeugten Photonen gegeben durch die Elektronenmasse: Sie ist 0,5 MeV (in glänzender Übereinstimmung mit dem Experiment). **Materie wird aus Energie erzeugt**

Wir wollen uns jetzt dem zweiten elektrisch geladenen Teilchen zuwenden, das wir bereits kennen, dem Proton. Das Proton ist fast zweitausendmal schwerer als das Elektron. Es hat die Masse von 938 MeV, also von fast 1 GeV. Das Antiproton hat natürlich die gleiche Masse.

Mit dem Proton-Antiproton-System unternehmen wir jetzt das gleiche wie oben mit dem Elektron-Positron-System. Nehmen wir an, wir bringen ein Proton und ein Antiproton nahe zueinander. In diesem Fall kann es passieren, daß wir genau das gleiche beobachten wie bei der Elektron-Positron-Vernichtung. Das Proton und sein Antiteilchen vernichten sich gegenseitig, und heraus kommen zwei Photonen, welche die **Zerstrahlung von Proton und Antiproton**

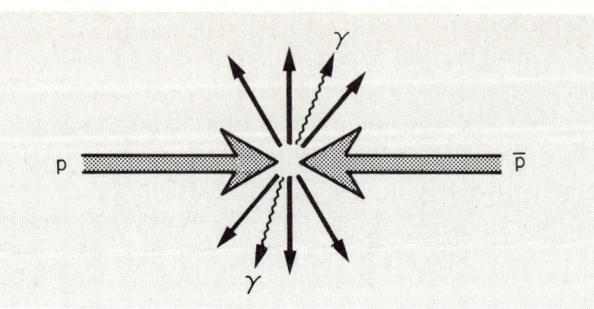

Abb. 6-2 Ein Proton und ein Antiproton vernichten sich gegenseitig. Im Gegensatz zur Elektron-Positron-Vernichtung beobachtet man hier die Erzeugung von neuen Teilchen, darunter auch von γ-Quanten.

zur Verfügung stehende Energie wegtragen. Die Energie der Photonen ist jetzt natürlich entsprechend größer. Jedes der beiden γ-Quanten hat die ganz beachtliche Energie von 938 MeV.

Wenn wir diesen Versuch im Laboratorium machen, erleben wir allerdings eine Überraschung. Nur sehr selten beobachtet man die Annihilation des Protons und des Antiprotons in zwei Photonen. Dagegen sieht man im Normalfall etwas ganz anderes, nämlich die Erzeugung einer ganzen Reihe von Teilchen (siehe Abb. 6-2). Bei diesen handelt es sich vornehmlich um neue Teilchen, die sogenannten Mesonen, auf die wir gleich näher eingehen werden. Sehr oft befinden sich unter den Teilchen auch γ-Quanten. Ferner beobachtet man, daß die Anzahl der erzeugten Teilchen nicht vorgegeben ist. Manchmal erzeugt man nur relativ wenige Teilchen, zum Beispiel vier, manchmal auch erheblich mehr. Dabei hängt die Anzahl der erzeugten Teilchen von der Energie des ursprünglichen Protons beziehungsweise Antiprotons ab. Haben beide Teilchen eine hohe Geschwindigkeit, also eine hohe Energie, bevor sie aufeinanderprallen, erzeugt man unter Umständen sehr viele neue Teilchen.

Abb. 6-3 Luftbild des Genfer Beckens mit dem Gelände des Europäischen Kernforschungszentrums CERN im Vordergrund. Der große ringförmige Proton-Antiproton-Beschleuniger, von dem im Text die Rede ist, befindet sich links vom eigentlicher CERN-Gelände und ist nicht sichtbar, da er in einem unterirdischen Tunnel untergebracht ist (Foto: CERN).

147

Im Jahre 1981 wurde am CERN (Abb. 6-3) ein Beschleuniger fertiggestellt, der in der Lage ist, gleichzeitig Protonen und Antiprotonen auf enorm hohe Energien zu beschleunigen, um sie anschließend frontal aufeinanderzuschießen. Deren Energie ist etwa 270 GeV; sie ist also fast 300mal so groß wie die Energie eines ruhenden Protons beziehungsweise Antiprotons. Die Geschwindigkeit dieser Teilchen ist praktisch gleich der Lichtgeschwindigkeit, nämlich 0,999994 der Lichtgeschwindigkeit. Bei der Kollision der beiden Teilchen wird eine Energie von zweimal 270 GeV freigesetzt, also insgesamt 540 GeV. Diese Energie würde ausreichen, um 287 Proton-Antiproton-Paare oder mehr als eine halbe Million Elektron-Positron-Paare gewissermaßen aus dem »Nichts« zu erzeugen. Solche Prozesse kommen jedoch praktisch nicht vor, obwohl sie prinzipiell möglich sind. Immerhin erzeugt man bei den Proton-Antiproton-Kollisionen am CERN eine ganz beachtliche Anzahl von neuen Teilchen. In Abbildung 6-4 haben wir ein solches Ereignis dargestellt (siehe auch Abb. 6-5).

Kollidierende Protonen und Antiprotonen

Welche Teilchen erzeugt man nun vor allem bei Proton-Antiproton-Kollisionen? Wenn wir darangehen, der Sache auf den Grund zu gehen, finden wir ein neues positiv geladenes Teilchen, von dessen Existenz bislang keine Rede war: ein Teilchen mit der Masse von etwa 140 MeV. Man nennt es das π^+-Meson. Es wurde gegen Ende der vierziger Jahre in der kosmischen Höhenstrahlung entdeckt. Auch das π^+-Teilchen besitzt ein Antiteilchen, das natürlich die entsprechende negative Ladung trägt: das π^--Meson.

π-Mesonen

Bei etwas genauerer Untersuchung der Proton-Antiproton-Vernichtung erfährt man, daß es noch ein weiteres Teilchen gibt, dessen Masse nur sehr wenig kleiner als die Masse des π^+ ist, nämlich 135 MeV. Die-

148

Abb. 6-4 Ein von der Forschergruppe UA5 aufgenommenes Ereignis der Proton-Antiproton-Streuung. Ein Proton mit der Energie von 270 GeV und ein Antiproton mit der gleichen Energie kollidieren frontal. Es werden sehr viele neue Teilchen gewissermaßen aus dem Nichts, aus Energie, erzeugt (abgedruckt mit Genehmigung der UA5-Kollaboration, CERN).

ses Teilchen ist neutral. Man nennt es das neutrale π-Meson (π°). Wie das Photon ist das π°-Meson sein eigenes Antiteilchen.

Der Leser wird jetzt vielleicht fragen: Wieso wußte man nicht schon viel früher von der Existenz des π^+-Mesons? Das Proton ist ja schon seit langem bekannt. Warum nicht das π^+-Meson? Die Antwort hierauf fällt nicht schwer. Das π^+-Meson ist kein stabiles Teilchen wie das Proton, das ja beliebig lange lebt, sondern es zerfällt. Wir haben bereits ein anderes instabiles Teilchen kennengelernt, das Neutron. Das **Zerfallende** Neutron zerfällt innerhalb von etwa elf Minuten. **Mesonen** Auch das π-Meson zerfällt, allerdings bereits nach sehr kurzer Zeit. Kaum hat man es erzeugt, ist es auch schon wieder zerfallen, das geladene π-Meson schon nach etwa 10^{-8} Sekunden. Für einen Elementarteilchenphysiker sind 10^{-8} Sekunden nicht etwa eine kurze Zeit, vielmehr eine lange Zeitspanne. Innerhalb dieser Zeit kann das π-Meson eine beachtliche Distanz zu-

Abb. 6-5 Eines der großen Teilchennachweisgeräte am Proton-Antiproton-Beschleuniger am CERN, das Gerät der UA1-Kollaboration (Foto: CERN). Das Gerät wurde von mehr als einhundert Physikern von elf Instituten Europas und der USA gebaut. Mit Hilfe dieses Gerätes gelang im Januar 1983 der Nachweis der W-Bosonen, also derjenigen Teilchen, die die schwache Wechselwirkung vermitteln. Der Name UA1 ist die Abkürzung von Underground Area One (abgedruckt mit Erlaubnis der UA1-Kollaboration).

rücklegen, unter Umständen viele Meter, bevor es sein Leben aufgibt. Wenn man die Zerfallsprodukte der geladenen π-Mesonen studiert, findet man, daß die Mesonen letztlich immer in ein Elektron beziehungsweise ein Positron zerfallen und in eine gewisse Anzahl von Neutrinos, jene neutralen Teilchen, die uns schon beim Zerfall des Neutrons begegnet sind. Das π^+-Meson zerfällt immer in ein Positron plus Neutrinos, das π^--Meson in ein Elektron plus Neutrinos. Die elektrische Ladung der Mesonen findet sich am Ende in der elektrischen Ladung des Elektrons beziehungsweise des Positrons wieder. Das muß so sein, denn wie die Energie bleibt die elektrische Ladung bei jedem Prozeß in der Natur konstant. Ladung läßt sich weder erzeugen noch vernichten. Besonders einfache Zerfallsprozesse der geladenen Mesonen sind $\pi^+ \rightarrow e^+ \nu_e$ und $\pi^- \rightarrow e^- \bar{\nu}_e$ (ν_e: Neutrino; $\bar{\nu}_e$: Antineutrino). Allerdings erweist es sich, daß diese Zerfälle relativ selten sind.

Das neutrale π-Meson macht es sich besonders leicht. Es zerfällt in zwei Photonen, und zwar bereits **Das kurze** nach der sehr kurzen Zeit von 10^{-16} Sekunden. Diese **Leben des π^0** Zeit ist so kurz, daß man im Laboratorium keine neutralen π-Mesonen herumfliegen sieht. Man kann die neutralen π-Mesonen nur an ihren Zerfallsprodukten erkennen, an den Photonen. Die Photonen, die man zum Beispiel in der Proton-Antiproton-Vernichtung beobachtet, stammen meist von einem π°-Meson, das während der p-$\bar{\text{p}}$-Vernichtung erzeugt wurde, gleich darauf aber wieder zerfallen ist.

Beim Zerfall des neutralen π-Mesons wird man an die Elektron-Positron-Vernichtung erinnert. Ist es nicht seltsam, daß ein neutrales π-Meson ebenso in zwei Photonen zerfällt wie das Elektron-Positron-System? Wir werden später sehen, daß dies kein Zufall ist, sondern mit der inneren Struktur des Mesons zusammenhängt.

Wir werden uns jetzt noch kurz mit zwei anderen Teilchen beschäftigen, dem Neutron und dem Neutrino. Bei der Diskussion der quantenmechanischen Wahrscheinlichkeit hatte ich bereits erwähnt, daß das Neutron nicht stabil ist, sondern zerfällt, und zwar in ein Proton, ein Elektron und ein Neutrino. Dieser Zerfall ist aus Energiegründen ohne weiteres erlaubt, denn das Neutron hat eine Masse von 939,57 MeV, das Proton eine Masse von 938,30 MeV. Das Neutron ist also 1,27 MeV schwerer als das Proton. Was einem bei diesem Sachverhalt auffällt, ist weniger die Tatsache, daß das Neutron etwas schwerer als das Proton ist, sondern daß beide Massen fast gleich sind. Das Proton trägt eine elektrische Ladung, das Neutron ist neutral. Beide Teilchen sind also gänzlich verschieden, was ihre elektromagnetischen Eigenschaften anbelangt. Wieso sind ihre Massen fast gleich? Man bedenke: Das Proton und das Positron haben die gleiche elektrische Ladung. Ihre Massen sind aber sehr verschieden. Was ist der Grund dafür, daß die Proton- und Neutronmassen fast gleich sind?

Neutron-Proton-Verwandtschaft

Der erste, der sich über diesen Sachverhalt sehr wunderte, war Werner Heisenberg, der sich diesem Problem schon unmittelbar nach der Entdeckung des Neutrons am Anfang der dreißiger Jahre widmete. Aus der näherungsweisen Gleichheit der Proton- und Neutronmasse leitete Heisenberg eine ganze Reihe von Konsequenzen für die Dynamik der Atomkerne ab, insbesondere für den Aufbau der Kerne; die Physiker sprechen hier von der sogenannten Isospinsymmetrie. Der Grund für die ungefähre Gleichheit der Massen war bis vor kurzem unbekannt. Erst im Verlauf der vergangenen 15 Jahre hat man Licht in diese Angelegenheit gebracht. Aber wir wollen die Diskussion lieber auf das nächste Kapitel verschieben und uns noch etwas mit dem Neutrino beschäftigen.

Das Neutrino ist wohl das seltsamste Elementarteilchen, das wir kennen. In Kapitel 14 werden wir sehen, daß das Neutrino vielleicht gar das wichtigste Elementarteilchen in der Welt ist.

Das Neutrino wurde erst relativ spät, in den fünfziger Jahren, entdeckt. Wie das Neutron ist dieses Teilchen elektrisch neutral. Aus diesem Grunde taufte es der Physiker Enrico Fermi Neutrino. Die Neutrinos haben eine sehr bemerkenswerte Eigenschaft: Ihre Wechselwirkung mit normaler Materie ist äußerst schwach. Ohne weiteres kann ein Neutrino durch größere Ansammlungen von Materie hindurchfliegen, zum Beispiel durch die Erde oder die Sonne. Nur ganz selten kommt es vor, daß es mit der Materie eine Reaktion eingeht. Selbst wenn die Sonne den Radius von einem Lichtjahr hätte, würde ein Neutrinostrahl sie praktisch ungehindert passieren.

Seltsames Neutrino

An verschiedenen Forschungszentren, zum Beispiel am CERN, hat man spezielle Vorrichtungen gebaut, mit deren Hilfe es gelingt, Neutrinostrahlen herzustellen. Der Neutrinostrahl des CERN wird auf dem CERN-Gelände erzeugt. Er passiert verschiedene Experimentiereinrichtungen; nur sehr wenige der Neutrinos verursachen dort Reaktionen, die man eingehend studiert. Die meisten Neutrinos fliegen jedoch einfach unbeeinflußt weiter, mitten durch das nahe gelegene Juragebirge hindurch und in den Weltraum hinaus. Keine Macht der Welt kann sie aufhalten. Noch in einigen Milliarden Jahren wird der Neutrinostrahl des CERN im Weltall herumgeistern, unbeeinflußt von Sternen und Galaxien.

CERN erzeugt Neutrinostrahlen

Eine Masse für Neutrinos? Eine weitere merkwürdige Eigenschaft der Neutrinos ist: Sie sind sehr leicht. Man weiß bis heute nicht, ob sie überhaupt eine Masse haben. Es könnte sein, daß die Neutrinos masselos wie die Photonen sind. Viele Physiker sind allerdings davon überzeugt, daß die Neutrinos eine, wenn auch sehr kleine, Masse haben. Im Jahre 1979 gaben Physiker, die am Forschungsinstitut ITEP der Akademie der Wissenschaften in Moskau arbeiten, bekannt, daß sie eine Masse von etwa 20 eV für die Neutrinos nachgewiesen haben. Bislang ist dieses Ergebnis von anderen Forschungsgruppen nicht bestätigt worden; es wird wohl noch einige Zeit dauern, bis man weiß, ob das Neutrino tatsächlich masselos ist oder nicht. Man weiß jedoch mit Sicherheit, daß die Neutrinomasse nicht sehr groß sein kann, höchstens etwa 30 eV. Auf jeden Fall ist damit das Neutrino ein sehr leichtes Teilchen, es muß mehr als zehntausendmal leichter als das Elektron sein.

Bausteine der Materie Mit dieser kurzen Beschreibung des Neutrinos wollen wir unsere Vorstellung der Teilchen beenden. Wir haben die Teilchen besprochen, die wir im Weltall vorfinden: die Bausteine der Atomkerne, die Protonen und Neutronen, und die Bausteine der Atomhüllen, die Elektronen. Weitere wichtige Teilchen sind die Photonen, die Mesonen und die Neutrinos. Zu allen diesen Teilchen gibt es Antiteilchen, auch zu den Neutrinos. Die Ladungen und Massen der Teilchen haben wir auf Seite 155 zusammengefaßt.

Warum gibt es Atomkerne? Die Protonen und Neutronen sind die Bausteine der Atomkerne. Komplizierte Atomkerne, zum Beispiel der Kern des Uranatoms, bestehen aus mehreren hundert Protonen und Neutronen. Was ist der Grund dafür, daß sich die Protonen und Neutronen zu Atomkernen zusammenschließen? Um diese Frage zu beantworten, ist es nicht erforderlich, komplizierte Atom-

Teilchen der Materie

Teilchen	Ladung	Masse (in MeV)
Proton	$+1$	938,30
Neutron	0	939,57
Elektron	-1	0,51
π^+-Meson	$+1$	139,57
π^0-Meson	0	134,96
Photon	0	0
Neutrino	0	?

Die entsprechenden Antiteilchen haben die gleichen Massen und entgegengesetzte Ladungen. Das Photon und das π^0-Meson sind mit ihren Antiteilchen identisch.

kerne anzusehen. Es genügt, zum Beispiel das Verhalten zweier Protonen zu studieren. Betrachten wir also zwei Protonen, die sich in einem bestimmten Abstand, sagen wir 1 cm, voneinander entfernt befinden. Da beide Protonen die gleiche Ladung tragen, stoßen sie sich ab. Wir bringen jetzt die beiden Protonen mit Gewalt näher zueinander. Es passiert nicht viel, nur die elektrische Abstoßungskraft wird langsam stärker. Die Protonen kommen sich immer näher, sagen wir 10^{-8} bis 10^{-10} cm. Jetzt sind beide Protonen nur noch die sehr kleine Distanz von 10^{-12} cm voneinander entfernt. Die elektrische Abstoßungskraft ist mittlerweile schon recht beachtlich geworden. Plötzlich bemerken wir, daß die Protonen sich nicht mehr voneinander abstoßen, daß sie sich vielmehr mit einer sehr starken Kraft anziehen. Bei einem Abstand von 10^{-13} cm ist diese neue Kraft etwa hundertmal so stark wie die elektrische Kraft.

Neu Kräfte zwischen Protonen

Die starke Kernkraft Wir haben soeben ein wichtiges neues Phänomen kennengelernt, die sogenannte starke Wechselwirkung, die manchmal auch als die starke Kraft oder die Kernkraft bezeichnet wird. Erst im Verlauf der dreißiger Jahre wurde den Physikern klar, daß es diese neue Kraft neben der elektromagnetischen Kraft gibt. Die Kernkraft hat die merkwürdige Eigenschaft, daß man sie nur bei sehr kleinen Abständen feststellen kann, bei Abständen in der Nähe von 10^{-13} cm. Bei größeren Abständen verschwindet sie sofort. Dies erklärt, warum man die Kernkraft erst relativ spät entdeckt hat, viel später als die elektrische Kraft, die schon im Altertum bekannt war.

Proton und Neutron verbinden sich Die Kernkraft wirkt nicht nur zwischen Protonen, sondern auch zwischen Neutronen oder zwischen einem Neutron und einem Proton. Wenn man zum Beispiel ein Proton und ein Neutron zusammenbringt, ziehen sich beide Teilchen an und bilden einen sogenannten Bindungszustand, also ein Objekt, das aus einem Proton und einem Neutron besteht, das sogenannte Deuteron.

Kernkräfte sind wichtig Die Kernkräfte sind für die Struktur unserer Welt sehr bedeutsam. Im Inneren eines Atomkerns findet man Protonen und Neutronen. Die Protonen stoßen sich gegenseitig elektrisch ab. Würde man die Kernkräfte plötzlich abschalten, käme es zu einer globalen Katastrophe. Alle Atomkerne würden sofort explodieren. Der Ausdruck »Kernkraftgegner« könnte also durchaus mißverstanden werden.

Nicht alle der von uns bislang betrachteten Teilchen nehmen an der starken Wechselwirkung teil, sondern nur die Protonen, Neutronen und die π-Mesonen. Alle anderen Teilchen (Elektron, Neutrino, Photon) ignorieren diese Kraft. Ein Elektron oder ein Neutrino kann ohne weiteres in das Innere eines Atomkerns hineinfliegen; ihre Bahn wird von der starken Kraft nicht beeinflußt.

Was ist der tiefere Grund für die Existenz der starken Kernkraft? Im nächsten Kapitel werden wir sehen, daß diese etwas mit der inneren Struktur der stark wechselwirkenden Teilchen zu tun hat. Die Protonen, Neutronen und π-Mesonen erweisen sich als zusammengesetzte Objekte; sie bestehen aus noch kleineren Konstituenten, den Quarks.

Am Schluß dieses Kapitels möchte ich eine merkwürdige Angelegenheit erwähnen, mit der wir uns auch später noch befassen werden. Zu jedem Teilchen, das wir kennengelernt haben, gibt es ein Antiteilchen. Die Teilchen und die Antiteilchen verhalten sich bei den meisten Gelegenheiten sehr ähnlich. Die Physiker sprechen sogar von einer Teilchen-Antiteilchen-Symmetrie.

Wir können das Antiproton, Antineutron und das Positron benutzen, um Antimaterie herzustellen: Antiatome, Antimoleküle und so weiter. Ein Antiwasserstoffatom, bestehend aus einem Antiproton und einem Positron, verhält sich genauso wie ein normales Wasserstoffatom. Wenn man ein Stück Antimaterie mit Materie in Berührung bringt, bricht jedoch ein Inferno los. Die Materie und die Antimaterie vernichten sich, wobei vor allem sehr viele γ-Quanten erzeugt werden. Die hierbei freigesetzten Energiemengen sind enorm. Die Energie, die bei der Zerstrahlung von einigen Kilogramm Antimaterie mit der entsprechenden Menge von Materie freigesetzt wird, würde ausreichen, um ein Land wie die Bundesrepublik ein Jahr lang mit Energie zu versorgen.

Die Symmetrie zwischen Materie und Antimaterie stellt die Physiker vor ein Rätsel. Die Materie, aus der wir, die Erde und die Sonne bestehen, setzt sich aus **Das Rätsel um die Antimaterie**

157

Protonen, Neutronen und Elektronen zusammen. Es gibt keine Anzeichen dafür, daß es irgendwo in unserem Sonnensystem größere Ansammlungen von Antimaterie gibt. Das gleiche gilt auch für unsere Galaxie. Wenn es irgendwo in unserem Milchstraßensystem Antimaterie geben würde, zum Beispiel einen Stern, bestehend aus Antiteilchen, oder ein ganzes Sternsystem, würde man unweigerlich Annihilationsprozesse beobachten, da ein Kontakt der Antimaterie mit der normalen Materie in der Umgebung dieses »Antisternsystems« nicht zu vermeiden ist. Die Ausstrahlung vieler γ-Quanten wäre die Folge. Man hat nach solchen γ-Strahlen gesucht, ohne Erfolg. Aus diesem Grunde gilt es als sicher, daß es in unserer Galaxie keine Antimaterie gibt. Weniger sicher ist man in bezug auf die **Gibt es Anti-** anderen Galaxien. Man kann nicht ausschließen, daß **sterne?** es irgendwo im Weltraum Galaxien gibt, die ganz aus Antimaterie bestehen. Wir haben keine Möglichkeit, aufgrund unserer Beobachtungen zu sagen, welche Galaxie aus Materie und welche Galaxie aus Antimaterie besteht. Eine Antigalaxie würde genauso aussehen wie eine normale Galaxie. Es gibt allerdings verschiedene Gründe – wir werden darauf noch zu sprechen kommen –, die zur Vermutung Anlaß geben, daß im Weltraum praktisch überhaupt keine Antimaterie anzutreffen ist. Wir werden sehen, daß diese seltsame Unsymmetrie zwischen Materie und Antimaterie direkt mit jenen Prozessen verknüpft ist, die vor etwa zwanzig Milliarden Jahren, unmittelbar nach der Geburt unseres Kosmos, stattgefunden haben.

Die neuen Erkenntnisse der Elementarteilchenforschung wurden fast ausschließlich mit Hilfe von Beschleunigern gewonnen. In den Beschleunigerlabors der Physiker werden Protonen oder Elektronen auf sehr hohe Energien beschleunigt, und zwar mit Hilfe elektromagnetischer Felder. Nach der Beschleunigung bewegen sich die Teilchen praktisch mit Lichtgeschwindigkeit.

Es gibt zwei Möglichkeiten, Teilchen zu beschleunigen. Zum einen kann man den Elektronen oder Protonen ihre Energie in einer geradlinigen Beschleunigungsstrecke mitteilen. Man spricht in diesem Fall von einem Linearbeschleuniger. Die andere Möglichkeit **Teilchenbe-** besteht darin, die Teilchen auf ringförmigen Bahnen **schleuniger** laufen zu lassen. Bei jedem Umlauf wird den Teilchen erneut Energie zugeführt. Auf diese Weise kann man auf relativ einfache Art hohe Energien erzeugen.

Die auf hohe Energien beschleunigten Teilchen werden entweder auf ein Stück Materie geleitet, oder man bringt sie in Kollision mit anderen beschleunigten Teilchen. Die letzte Möglichkeit haben wir schon bei der Proton-Antiproton-Vernichtung erwähnt. Die Zusammenstöße der Teilchen, die man auf diese Weise hervorruft, werden von den Elementarteilchenphysikern im Detail studiert. Aus den Phänomenen, die man hierbei beobachtet, zieht man Rückschlüsse auf die Struktur der Materie bei sehr kleinen Distanzen.

Im Verlauf der vergangenen zwanzig Jahre ist die experimentelle Forschung auf dem Gebiet der Teilchenphysik recht aufwendig und kostspielig geworden. Aus diesem Grunde sind die Physiker dazu übergegangen, die Forschung in größeren, oft internationalen, Forschungszentren durchzuführen. Die zur Zeit bedeutendsten Forschungszentren sind:

das Europäische Kernforschungszentrum CERN westlich von Genf (siehe Abb. 6-3, S. 147)

das Fermi National Accelerator Laboratory (abgekürzt FNAL) in den USA westlich von Chicago

das Stanford Linear Accelerator Center (abgekürzt SLAC) bei Palo Alto in Kalifornien das deutsche Forschungszentrum DESY in Hamburg.

Die Erkenntnisse, die wie im folgenden Kapitel darstellen werden, wurden zum größten Teil in den oben genannten Forschungszentren gewonnen (zumindest was den experimentellen Teil der Arbeiten angeht).

7. Quarks – Urstoff unserer Welt

»Three quarks for Muster Mark«
James Joyce[12]

Wie stellt man fest, ob ein Objekt aus noch kleineren Objekten besteht? Man sieht nach. Ernest Rutherford behalf sich mit α-Strahlen, um in das Innere der Atome hineinzublicken (α-Teilchen sind nichts weiter als die Atomkerne des Elements Helium). Ein Röntgenarzt benutzt Röntgenstrahlen, also Photonen, um die Lunge seines Patienten zu durchleuchten. Wir möchten die »Eingeweide« des Protons untersuchen; also müssen wir einen großen Röntgenapparat bauen, eine Maschine, die in der Lage ist, Distanzen kleiner als 10^{-13} cm aufzulösen.

Ein Röntgenapparat für Protonen

Um die Substruktur des Protons zu messen, bietet es sich an, Elektronenstrahlen zu benutzen. Elektronen haben keine starke Wechselwirkung. Sie können deshalb ohne Schwierigkeiten in das Innere eines Protons eindringen.

Zu Beginn des Jahres 1957 reichte der Physiker Wolfgang K. H. Panofsky von der kalifornischen Stanford University einen Vorschlag zum Bau eines riesigen Elektronenbeschleunigers bei der Atomenergiekommission in Washington ein. Geplant war der Bau eines linearen Beschleunigers, mit dessen Hilfe es möglich ist, Elektronen auf die Energie von mehr als 20000 MeV zu beschleunigen. Im Mai 1959, noch unter dem Eindruck des Sputnik-Schocks, genehmigte der Kongreß das 100-Millionen-Dollar-Projekt, dem

161

Abb. 7-1 Ein Blick auf die mehrere Kilometer lange Beschleunigungsstrecke des Stanford Linear Accelerator Center (SLAC) bei Palo Alto in Kalifornien. Deutlich ist die Vakuumröhre zu sehen, in der Elektronen auf die Energie von etwa 20 GeV beschleunigt werden (Foto: SLAC).

Antrag von Präsident Dwight D. Eisenhower folgend. Sieben Jahre später, am 21. Mai 1966, begannen die Physiker, an dem neuen Beschleuniger, genannt SLAC (Stanford Linear Accelerator Center), bei Palo Alto zu arbeiten (Abb. 7-1). Die Experimente, die damals in Angriff genommen wurden, haben sich in der Folgezeit als sehr wichtig erwiesen.

Mit Hilfe des SLAC-Beschleunigers hatte man die Möglichkeit, Elektronen hoher Energie auf Atomkerne, also auf Protonen und Neutronen, zu lenken. Ein solches Experiment ähnelt sehr dem bereits erwähnten Experiment von Rutherford. Man braucht nur die α-Strahlen durch Elektronen und die Atome durch Atomkerne zu ersetzen.

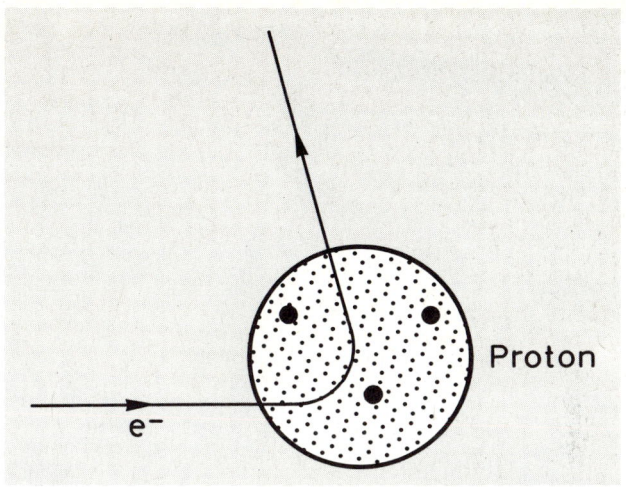

Proton

e⁻

Abb. 7-2 Ein mit hoher Geschwindigkeit einfallendes Elektron dringt in das Proton ein und wird von einem der Konstituenten stark in seiner Flugrichtung abgelenkt. Die hierfür verantwortliche Kraft ist nichts als die zwischen dem Elektron und dem Konstituenten wirkende anziehende beziehungsweise abstoßende elektrische Kraft. Natürlich kann man auf diese Weise nur elektrisch geladene Konstituenten des Protons beobachten. Elektrisch neutrale Bausteine des Protons werden vom Elektron ignoriert.

Falls das Proton wirklich aus noch kleineren Objekten besteht, ist zu erwarten, daß das in das Proton eindringende Elektron manchmal mit einem der Konstituenten frontal zusammenstößt und hierbei stark abgelenkt wird (Abb. 7-2). In der Tat beobachteten die Stanford-Physiker, daß die praktisch mit Lichtgeschwindigkeit ankommenden Elektronen oft beim Aufprall auf Materie (etwa einen Eisenblock) ihre Bewegungsrichtung abrupt änderten (siehe Abb. 7-3). Damit war klar: die Protonen und Neutronen bestehen aus kleineren Konstituenten. Eine genauere Untersuchung ergab, daß das Proton aus insgesamt drei Bausteinen besteht, die alle mehr oder weniger gleichberechtigt innerhalb des Protons existieren. **Die Bausteine des Protons**

163

Abb. 7-3 Das Elektronnachweisgerät, mit dessen Hilfe die Feinstruktur des Protons am SLAC untersucht wurde, und zwar von einer Forschergruppe des SLAC und des Massachusetts Institute of Technology in Cambridge, Mass. (Foto: SLAC).

Damit bestätigten die SLAC-Physiker eine Hypothese, die im Jahre 1964 von den amerikanischen Physikern Murray Gell-Mann und George Zweig vorgeschlagen worden war. Nach den Vorstellungen von Gell-Mann und Zweig sollten das Proton und das Neutron aus drei Bausteinen, den sogenannten Quarks[13], bestehen (der Name Quarks wurde von Gell-Mann eingeführt, der sich auf ein von James Joyce geprägtes Kunstwort bezog; siehe das Zitat am Beginn dieses Kapitels).

Quarks im Innern des Protons

Etwa im Jahre 1970 begann man am CERN-Forschungszentrum mit ähnlichen Experimenten. Allerdings benutzten die CERN-Physiker zum Bombardieren des Protons keine Elektronen, sondern Neutrinos.

164

Abb. 7-4 Ein Blick auf den großen CDHS-Detektor am CERN, benannt nach den Instituten, die beim Bau und bei der Durchführung der Experimente beteiligt waren: CERN, Universität Dortmund, Universität Heidelberg, Forschungszentrum Saclay bei Paris. Mit Hilfe dieses Detektors gelang es, das Innere des Protons mittels der am CERN erzeugten Neutrinostrahlen zu erforschen. Die Resultate stimmten mit den Voraussagen des Quarkmodells bestens überein.

Auch die Resultate, die man am CERN fand, standen in voller Übereinstimmung mit der Quarkhypothese (siehe Abb. 7-4).

Wir wollen uns nunmehr nicht weiter mit historischen Details befassen, sondern gleich unser modernes Bild von der Struktur des Protons beschreiben. Zwei verschiedene Quarks benötigt man, um die im Universum beobachtete stabile Kernmaterie zu beschreiben (Abb. 7-5). Man bezeichnet sie mit den Namen u

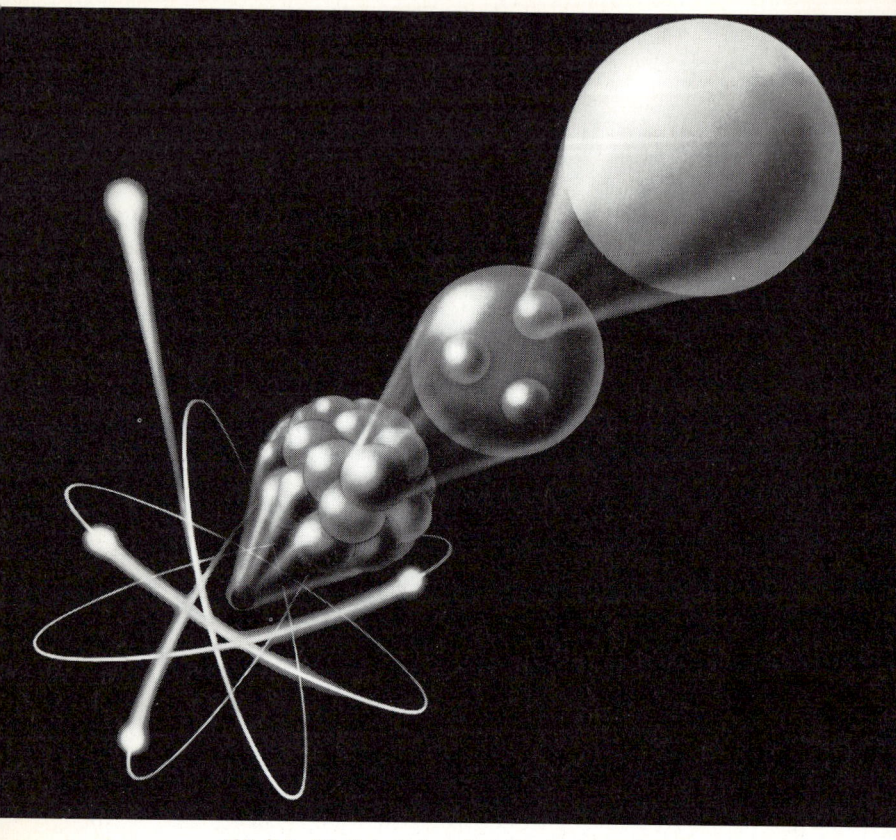

Abb. 7-5 Die Feinstruktur der Materie. Atome bestehen aus Elektronen und dem Kern. Der Kern setzt sich aus Protonen und Neutronen zusammen. Drei Quarks sind die Bausteine von Proton und Neutron.

und d. Die Namen sind sehr einfach zu verstehen. Wir wollen die zwei Quarks senkrecht übereinander schreiben:

$$\text{Quarks} \sim \begin{pmatrix} u \\ d \end{pmatrix}.$$

Die Buchstaben u und d stehen für »up« und »down«, die englischen Wörter für oben und unten. Das Proton besteht aus zwei u-Quarks und einem d-Quark (siehe

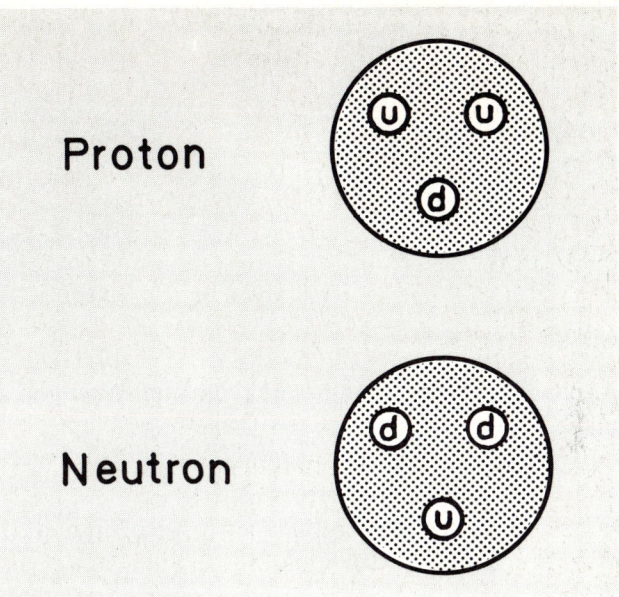

Abb. 7-6 Die Struktur von Neutron und Proton.

Abb. 7-6), das Neutron aus zwei d-Quarks und einem u-Quark. Sehr merkwürdig sind die elektrischen Ladungen der Quarks. Das u-Quark hat die Ladung ⅔ und das d-Quark die Ladung –⅓ (in Einheiten der von Robert Millikan bestimmten elektrischen Elementarladung).

$$\begin{pmatrix} u \\ d \end{pmatrix} \sim \begin{pmatrix} 2/3 \\ -1/3 \end{pmatrix}$$

Zum erstenmal beobachtet man also in der Physik Objekte, deren elektrische Ladung nicht ganzzahlig ist. Die Ladungen des Protons und des Neutrons setzen sich natürlich aus den Quarkladungen zusammen, wie man leicht nachprüfen kann (Beispiel: Protonladung = +1 = 2 × u – Ladung + d – Ladung = 2 × (⅔) + (–⅓) = +1.

Merkwürdige elektrische Ladungen

Das Antiproton und das Antineutron bestehen aus

167

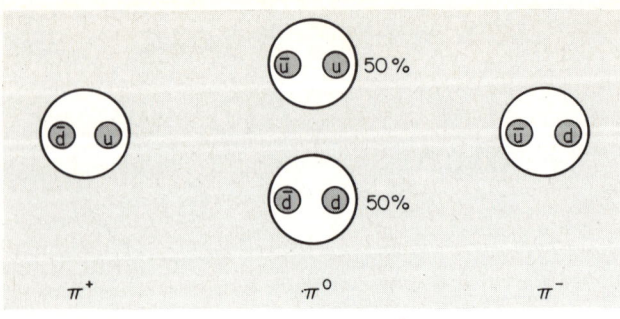

Abb. 7-7 Die innere Struktur der π-Mesonen.

den entsprechenden Antiquarks, die man mit $\bar{u}$ und $\bar{d}$
bezeichnet:

$$\text{Antiproton: } (\bar{u}\bar{u}\bar{d})$$
$$\text{Antineutron: } (\bar{u}\bar{d}\bar{d})$$

Quarks und Antiquarks im π-Meson Wie steht es mit den π-Mesonen? Auch diese Teilchen bestehen aus den Quarks, genauer gesagt aus Quarks *und* Antiquarks. Das positiv geladene π^+-Meson setzt sich aus einem u-Quark und einem $\bar{d}$-Quark zusammen: $\pi^+ = (\bar{d}u)$ (Abb. 7-7), das negativ geladene π-Meson besteht aus einem $\bar{u}$-Quark und einem d-Quark. Etwas komplizierter ist die Angelegenheit bei dem neutralen π-Meson. Wie man sofort sieht, gibt es genau zwei Möglichkeiten, aus einem Quark und einem Antiquark ein neutrales System herzustellen, nämlich $(\bar{u}u)$ und $(\bar{d}d)$. Welches von beiden, wenn überhaupt, ist nun das π°-Meson?

Das neutrale π-Meson – ein Zwitter Die Antwort, die die Physiker hier geben, mag den Laien etwas verblüffen: sowohl – als auch. Beide Möglichkeiten haben die gleiche Wahrscheinlichkeit. Zu 50% ist das π°-Meson ein $(\bar{u}u)$-System, zu 50% ein $(\bar{d}d)$-System. Das neutrale π-Meson ist also ein »Zwitter«.

Die Mesonen bestehen aus Quarks und Antiquarks, also aus Materie und Antimaterie. Kein Wunder, daß

168

diese Objekte nicht stabil sind, sondern zerfallen. Der Zerfall des π^0-Mesons in zwei Photonen läßt sich jetzt sofort verstehen: Das Quark-Antiquark-System annihiliert in zwei Photonen. Dieser Prozeß ist ganz analog der Annihilation eines Elektrons und eines Positrons, die wir bereits besprochen haben. Ebenso wie letztere verdeutlicht der Zerfall des neutralen π-Mesons Albert Einsteins Äquivalenz von Masse und Energie. Die Masse des π-Mesons verwandelt sich voll in Strahlungsenergie, also in die Energie der beiden emittierten γ-Quanten.

Auch das Leben der geladenen π-Mesonen wird durch eine Annihilation beendet, allerdings nicht durch eine Annihilation in γ-Quanten; sie ist durch das Gesetz von der Erhaltung der elektrischen Ladung nicht erlaubt. Zum Beispiel zerfällt das π^+-Meson durch eine Annihilation von u und $\bar{\text{d}}$ in ein Positron und Neutrinos. Allerdings ist hier die Situation komplizierter, da meist auf einer Zwischenstufe noch ein anderes Teilchen erzeugt wird, das sogenannte Myon, das seinerseits wieder zerfällt. Diese Feinheiten sollen uns aber hier nicht interessieren. Wichtig ist: auch die geladenen Mesonen zerfallen, indem sich das Quark und das Antiquark gegenseitig vernichten. Im übrigen spielt hierbei eine neue Wechselwirkung eine Rolle, die sogenannte schwache Wechselwirkung, die auch für den β-Zerfall verantwortlich ist.

Vernichtung der Quarks im π-Meson-Zerfall

In diesem Zusammenhang möchte ich erwähnen, daß man im Rahmen des Quarkmodells sofort versteht, warum bei der Annihilation von Proton und Antiproton zuerst π-Mesonen erzeugt werden. Für die Quarks im Inneren des Protons ist es ein leichtes, sich mit den entsprechenden Antiquarks, beigesteuert vom Antiproton, zusammenzutun und somit ein Meson zu bilden.

Bisher habe ich unsere Vorstellungen über die Quarks nur sehr grob skizziert, und eine Menge Fragen sind noch zu beantworten. Um die Sache etwas zu vereinfachen, möchte ich Sie, den Leser, aktiv in die Diskussion einbeziehen. Sie fragen, und ich versuche, eine möglichst verständliche Antwort zu geben. Bitte fangen Sie an.

Leser: Nun, eine Frage, die ich mir sofort gestellt habe, als Sie die Quarks zum erstenmal erwähnten, ist: Was veranlaßt drei Quarks, sich zu einem Proton zusammenzutun? Üben die Quarks aufeinander irgendwelche Kräfte aus? Warum gibt es diese eigenartige Dreierstruktur?

Autor: Ihre Fragen sind sehr berechtigt. Als das Quarkmodell zum erstenmal vor etwa zwanzig Jahren diskutiert wurde, stellte man sich genau diese Fragen. Fast zehn Jahre lang war es im Grunde un-

Eine Ehe zu dritt
klar, was die Quarks veranlaßt, diese seltsame Ehe zu dritt einzugehen. Heute wissen wir die Antwort. Die Quarks haben eine Eigenschaft, die außer ihnen keine anderen Teilchen, etwa die Elektronen, die Neutrinos oder auch die Protonen, haben.

Leser: Und wie äußert sich diese neue Eigenschaft?

Autor: Wenn ein Teilchen eine besondere Eigenschaft hat, beschreibt man diese oft in der Physik durch eine Ladung. Zum Beispiel ist ein Elektron von einem elektrischen Feld umgeben. Man meint genau das, wenn man sagt, das Elektron hat eine elektrische Ladung. Das Neutron trägt kein elektrisches Feld mit sich herum; aus diesem Grunde hat es keine elektrische Ladung.

Quarks sind geladen
Leser: Selbst die Quarks haben eine elektrische Ladung. Ein Quark ist also auch von einem elektrischen Feld umgeben?

Autor: Natürlich, zwischen den Quarks wirken sogar

elektrische Anziehungs- beziehungsweise Abstoßungskräfte. Ein Proton zum Beispiel besteht aus **Elektrische**
zwei u-Quarks und einem d-Quark. Die beiden **Kräfte**
u-Quarks haben die elektrische Ladung $\frac{2}{3}$. Da beide **im Proton**
Ladungen positiv sind, stoßen sich die Quarks elek-
trisch ab.

Leser: Dann verstehe ich aber nicht, warum die
Quarks überhaupt zusammenbleiben. Würde man
nicht erwarten, daß das eine u-Quark mit großer
Geschwindigkeit aus dem Proton hinauskatapultiert
wird?

Autor: Genau dies würde passieren, wenn die Quarks
außer ihrer elektrischen Ladung keine weiteren
Eigenschaften besäßen. Das ist jedoch nicht der
Fall. Die Quarks sind nicht nur elektrisch geladen,
sondern tragen auch noch eine weitere Ladung, die **Farbige**
wir als »Farbe« bezeichnen. Die Quarks können in **Quarks**
drei verschiedenen Farben existieren, nämlich rot,
grün und blau.

Leser: Das soll wohl ein Witz sein. Im Chemieunter-
richt habe ich vor vielen Jahren gelernt, daß die Farbe eines Stoffes etwas mit der atomaren Struktur des
Stoffes zu tun hat. Jetzt wollen Sie mir einreden, die
Farbe sei eine Eigenschaft der Quarks?

Autor: Sie haben völlig recht. Die Farbe, die wir hier
meinen, hat nichts mit der wirklichen Farbe zu tun,
sondern dient nur zur anschaulichen Beschreibung
einer neuen Eigenschaft der Quarks. Es erweist
sich, daß die Quarks die Möglichkeit haben, drei
verschiedene »Ladungen« zu tragen, die im übrigen
nichts mit der elektrischen Ladung zu tun haben.
Man könnte diese »Ladungen« natürlich mit irgendwelchen abstrakten Symbolen beschreiben, etwa
mit a, b und c. Um die Sache anschaulicher darzustellen, haben sich die Physiker geeinigt, zur Be-

schreibung drei verschiedene Farben heranzuziehen.

Leser: Sie sagten, die Farben, oder die Farbladungen, wie man sie wohl bezeichnen könnte, sind unabhängig von der elektrischen Ladung. Heißt das, die elektrische Ladung kommt zu den Farben noch hinzu?

Autor: Ja, ein Quark läßt sich charakterisieren durch die Angabe der Farbe und der elektrischen Ladung.

Leser: Wozu sind nun die Farben gut? Haben sie etwas mit den Kräften zu tun, die zwischen den Quarks wirken?

Kräfte zwischen den Quarks *Autor:* Genau. Ich habe bereits erwähnt, daß die elektrische Kraft zwischen zwei elektrisch geladenen Objekten zustande kommt, weil letztere laufend Photonen »hin und her werfen«.

Leser: Ich ahne es bereits – die Quarks werfen sich auch laufend etwas zu.

Autor: Sie haben richtig geraten. Die Objekte, die sich die Quarks laufend zuwerfen, nennt man Gluonen. Die Gluonen sind gewissermaßen der Klebstoff, der die Protonen im Inneren zusammenhält (der Name ist abgeleitet von englisch »glue«, Klebstoff).

Leser: Aha, das Gluon ist also das Analogon zum Photon in der Elektrodynamik.

Autor: Nicht genau. Das Gluon, besser gesagt: die Gluonen haben nämlich eine Eigenschaft, die das Photon nicht besitzt. Wenn ein Photon mit einem elektrisch geladenen Teilchen, sagen wir mit einem Elektron, reagiert, passiert nicht viel. Im allgemeinen ändert sich bei einem solchen Prozeß nur die Geschwindigkeit des Elektrons, da das Photon seine Energie auf das Elektron überträgt. Wenn ein Quark mit einem Gluon reagiert, passiert jedoch im allgemeinen viel mehr: Das Quark ändert seine Far-

Abb. 7-8 Die Spieler im Spiel der subnuklearen Kräfte: drei farbige Quarks und acht Gluonen.

be. So kann sich ein rotes Quark bei der Aussendung eines Gluons in ein blaues verwandeln. Das Gluon **Gluonen ver-** trägt dann eine rote Ladung weg und hat eine blaue **ändern** gebracht. Anders ausgedrückt: Es trägt eine positive **Farben** rote und eine negative blaue Ladung. Trifft dies Gluon auf ein blaues Quark, so kann es dessen blaue Ladung in eine rote umwandeln. Bei diesem Prozeß reagieren also ein rotes und ein blaues Quark miteinander, wobei die Farben ausgetauscht werden.

Leser: Was geschieht bei einem grünen Quark?

Autor: Auch ein grünes Quark kann ein Gluon aussenden, beispielsweise ein »grün-weg/rot-her-Gluon«. Insgesamt gibt es sechs Arten solcher Gluonen, die die Farben der Quarks ändern. Dazu kommen drei Fälle, die die Farben nicht ändern. Eine Kombination von diesen dreien dürfen wir allerdings nicht zählen: Sie bewirkt nämlich gar nichts, sie läßt das rote Quark rot und das blaue Quark blau und das grüne Quark grün. Insgesamt gibt es also acht verschiedene Gluonen, während es nur ein Photon gibt (siehe Abb. 7-8).

Leser: Moment mal – das mit den acht Gluonen habe ich nicht verstanden.

173

Autor: Jedes Gluon verwandelt eine Farbe in eine andere, wobei allerdings beide Farben auch gleich sein können. Es gibt also die folgenden neun Möglichkeiten: rot → grün, rot → blau, grün → rot, grün → blau, blau → rot, blau → grün, rot → rot, grün → grün, blau → blau. Von den letzten drei Möglichkeiten, die die Farbe ungeändert lassen, wird eine nicht in Betracht gezogen, nämlich diejenige, die jede der drei Farben in sich selbst überführt, also die Summe rot → rot + grün → grün + blau → blau. Das wird durch die Theorie gefordert. Insgesamt gibt es also nicht neun, sondern neun minus eins, also acht Gluonen. Die Theorie, auf die ich mich hier beziehe, nennt man Quantenchromodynamik (abgekürzt QCD). Sie wurde zu Anfang der siebziger Jahre von den theoretischen Physikern entwickelt, in enger Analogie zur Maxwellschen Theorie des Elektromagnetismus. Beide Theorien sind sogenannte Eichtheorien. (Es handelt sich hierbei um Theorien, bei denen die Wechselwirkung zwischen den Teilchen durch eine mathematische Vorschrift festgelegt ist, die vor mehr als sechzig Jahren von dem deutschen Mathematiker Hermann Weyl formuliert wurde.) Der wesentliche Unterschied zwischen Maxwells Theorie und der Chromodynamik besteht in der Tatsache, daß es in der Elektrodynamik nur ein Photon gibt, während die Kräfte in der Chromodynamik durch acht verschiedene Gluonen vermittelt werden.

Leser: Die Theorie mag ja ganz schön aussehen. Aber wie sieht es in der Praxis damit aus? Hat man denn die Gluonen und Quarks im Laboratorium gefunden?

Autor: Bis heute hat man keine Evidenz dafür, daß es die Quarks und Gluonen wirklich als freie, direkt beobachtbare Teilchen gibt. Und das ist auch gut **Freie Quarks** so. Die Theorie der Chromodynamik sagt nämlich **gibt es nicht** voraus, daß es nicht möglich ist, die Quarks und Gluonen als freie Teilchen zu isolieren. Vielmehr existieren diese Objekte nur innerhalb der Protonen und Neutronen. Man kann die Quarks sehr wohl innerhalb des Protons »sehen«, zum Beispiel mit Hilfe des SLAC-»Mikroskops«, aber es ist nicht möglich, sie von den anderen Quarks zu isolieren.

Leser: Jetzt bin ich etwas konfus. Im Prinzip müßte es doch möglich sein, ein Quark aus dem Körper des Protons herauszuoperieren. Warum geht das nicht?

Autor: Betrachten wir zum Vergleich einmal die Atomphysik. Ein Wasserstoffatom ist ein gebundenes System, bestehend aus einem Proton und einem Elektron. Es ist relativ leicht, ein Elektron aus dem **Atome kann** Atomverband herauszuschlagen, zum Beispiel **man leicht** durch Bestrahlen des Atoms mit elektromagneti- **zertrümmern** schen Wellen einer geeigneten Wellenlänge. Dies ist so einfach, weil die elektrische Anziehungskraft zwischen dem Elektron und dem Proton im Wasserstoffatom eine ganz spezifische Eigenschaft hat; sie wird schwächer, je weiter das Elektron vom Proton entfernt ist. Wie Sie wissen, nimmt die elektrische Kraft mit dem Quadrat des Abstandes ab. Eine leicht durchzuführende Rechnung zeigt, daß man dem Elektron im Wasserstoffatom nur eine bestimmte, relativ kleine Energie zuführen muß (es handelt sich hier nur um etwa 14 eV), und schon verläßt es den Atomverband und kann sich von »seinem« Proton beliebig weit wegbewegen. Die Sache sähe ganz anders aus, wenn die elektrische Kraft nicht quadratisch mit dem Abstand abfallen würde.

Konstante Farbkräfte

Das passiert nun bei den Quarks. Die durch die Gluonen vermittelte Kraft (man nennt sie manchmal auch die chromoelektrische Kraft) fällt nicht mit dem Abstand zwischen den Quarks ab, sondern bleibt praktisch konstant. Zumindest erhält man dieses Resultat, wenn man die Gleichungen der Quantenchromodynamik mit Hilfe geeigneter Approximationsmethoden löst. Bis heute ist es nicht gelungen, diese Gleichungen exakt zu lösen.

Leser: Also ist man bis heute nicht vollständig sicher, wie die Kräfte zwischen den Quarks sich verhalten?

Autor: Sie haben recht; vollständig sicher ist man nicht. Es gibt allerdings recht viele Anzeichen dafür, daß die Näherungsrechnungen, die man gemacht hat, die Realität einigermaßen gut beschreiben. Im übrigen benötigt man für diese Rechnungen große Computer; der notwendige Rechenaufwand ist enorm. Das Resultat ist jedoch recht einfach: Die Kräfte zwischen den Quarks, zumindest bei relativ großen Abständen, sind konstant. Das heißt insbesondere, daß die Kraft zwischen den Quarks bei

Ein Quark wird isoliert

10^{-12} cm Abstand genauso groß ist wie bei 1 cm Abstand – ein verblüffendes Resultat. Im Prinzip ist es also möglich, ein Quark im Proton von seinen beiden Kameraden sehr weit zu entfernen, sagen wir 1 cm (im Normalfall sind die Quarks etwa 10^{-13} cm voneinander entfernt). Nur müssen wir hierzu eine sehr große Energie aufwenden. Man kann diese Energie abschätzen; sie ist etwa so groß wie die Energie, die man benötigt, um eine Tonne einen Meter zu heben. Wer je eine Tonne Briketts auf einen Lastkraftwagen verladen hat, weiß, wie groß diese Energie ist. Noch ein anderer Vergleich sei hier erwähnt. Nehmen wir an, wir würden alle Quarks, die in einem Liter Wasser sind, voneinander entfernen, und zwar so weit, bis der mittlere Abstand zwischen ihnen 1 cm beträgt. Hierfür müßten wir eine für irdische Verhältnisse ungeheuer große Energie aufwenden, die vergleichbar mit der Energie ist, die bei der Explosion von einigen hundert Millionen Wasserstoffbomben freigesetzt wird.

Leser: Sie sagten gerade, in einem Proton seien die Quarks etwa 10^{-13} cm voneinander entfernt. Woher weiß man das?

Autor: Die charakteristische Entfernung zwischen den Quarks hängt mit der Größe des Protons zusammen. Den Kernphysikern ist seit langem bekannt, daß das Proton kein punktförmiges Teilchen ist, sondern daß es einen Durchmesser von ungefähr 10^{-13} cm hat. Eine ganze Reihe von Experimenten hat man durchgeführt, um den Durchmesser des Protons genau zu messen. Man kann sich also das Proton als eine kleine Kugel mit dem Durchmesser von etwa 10^{-13} cm vorstellen. Auf die Frage, warum das Proton – im Gegensatz zum Elektron – überhaupt eine Ausdehnung hat, fanden die Physiker lange Zeit keine befriedigende Antwort. Erst die Theorie der Quarks und der Chromodynamik hat Licht in das Dunkel gebracht. Wir wissen heute, daß das Proton aus den drei Quarks besteht; es ist also kein elementares Teilchen. Deshalb ist es ein ausgedehntes Objekt. Sein Durchmesser beschreibt ungefähr den mittleren Abstand der Quarks im Innern des Protons.

Leser: Trotzdem verstehe ich noch nicht, wieso das Proton einen Durchmesser von gerade 10^{-13} cm hat und nicht 10^{-10} cm oder 10^{-16} cm. Was bestimmt die Größe des Protons?

Autor: Ich möchte Ihnen das Wasserstoffatom in Erinnerung rufen. Die Größe des Wasserstoffatoms wird durch die elektrische Kraft, die zwischen dem Atomkern und dem Elektron wirkt, und durch die quantenmechanische Unschärfe bestimmt. Bei der Darstellung der Atomphysik hatte ich speziell darauf hingewiesen, daß die Größe des Atoms eindeutig festgelegt ist. Im Normalfall hat das Wasserstoffatom immer einen Durchmesser von 10^{-8} cm. Es kann weder kleiner noch größer sein. Mit den Quarks verhält es sich sehr ähnlich. Die Unschärferelationen und die Farbkräfte zwischen den Quarks fixieren den Durchmesser des Protons, und zwar zu 10^{-13} cm. Jedes Proton in der Welt, ob es nun hier auf der Erde existiert oder in einer fernen Galaxie, hat den Durchmesser von 10^{-13} cm. Ebenso wie der Durchmesser des Wasserstoffatoms ist der Durchmesser des Protons eine durch die Kräfte in der Natur vorgegebene charakteristische Länge.

Warum drei Quarks? *Leser:* Eine Frage, auf die ich gern eine Antwort wüßte, ist die nach der »Dreiheit« des Protons. Warum finden sich gerade drei Quarks zusammen, um ein Proton aufzubauen? Würden nicht zwei Quarks genügen?

Autor: Nein, das geht nicht, weil die zwischen den Quarks wirkenden Kräfte das nicht zulassen. Zwei Quarks stoßen sich voneinander ab, ebenso wie sich zwei Elektronen aufgrund der zwischen ihnen herrschenden elektrischen Kraft abstoßen. Zwei Quarks können deshalb kein gebundenes System, kein Teilchen, bilden. Die zwischen den Quarks herrschenden Farbkräfte haben eine sehr merkwürdige Eigenschaft. Sie veranlassen die Quarks, sich stets zu farbneutralen Objekten zusammenzuschließen, also zu Systemen, die nach außen keine Farbe zeigen. Ein Proton besteht nicht aus drei Quarks mit beliebigen Farben, sondern aus drei Quarks, deren Far-

Abb. 7-9 Drei Farben gibt es bei den Quarks. Alle drei Farben kommen im Proton vor. Jedes der Quarks im Proton trägt eine andere Farbe. Wenn man alle drei Farben miteinander kombiniert, erhält man ein »weißes« Objekt, das Proton.

ben alle verschieden sind, also aus einem roten, einem grünen und einem blauen Quark. Eine solche Kombination der Farben kann man als weiß bezeichnen, da die Farben Rot, Grün und Blau, optisch miteinander gemischt, Weiß ergeben. Nach außen trägt das Proton also keine Farbe; es ist ein weißes Objekt (siehe Abb. 7-9). Aus diesem Grund hat das Proton als Ganzes auch keine Wechselwirkung mit den Gluonen, die ja nur mit den farbigen Objekten, also den Quarks und den Gluonen selbst, reagieren können. Ich möchte auf eine analoge Situation in der Atomphysik hinweisen. Ein Wasserstoffatom besteht aus zwei elektrisch geladenen Objekten, dem Proton und dem Elektron. Die beiden Ladungen kompensieren sich. Als Ganzes ist das

Die farbige Struktur des Protons

179

Wasserstoffatom elektrisch neutral. Ähnlich verhält es sich mit dem Proton. Es besteht aus farbigen Objekten, den drei Quarks. Als Ganzes trägt es jedoch keine Farbe, weil sich die drei Farben der Quarks gegenseitig aufheben – das Proton ist »weiß«. Wir verstehen jetzt, warum das Proton aus genau drei Quarks besteht und nicht aus zwei, vier oder mehr Quarks. Die einfachste Möglichkeit, ein »weißes« Objekt aus den Quarks aufzubauen, besteht darin, drei Quarks mit verschiedenen Farben miteinander zu kombinieren; die Dreiheit der Struktur des Protons ist also direkt mit der Dreiheit der Farben verknüpft. Zwei Quarks können niemals ein »weißes« System aufbauen. Probieren wir es. Nehmen wir ein grünes und ein blaues Quark, so fehlt uns das dritte, rote Quark, um ein farbloses System zu erzeugen; Grün und Blau, optisch gemischt, ergeben nicht Weiß. Ebenso ergeht es uns mit allen anderen Möglichkeiten. Es hilft nichts; wir benötigen drei Quarks, um ein »weißes« Objekt herzustellen.

Leser: Wie steht es aber mit den Mesonen? Diese bestehen doch aus zwei Quarks.

Autor: Vorsicht – ein Meson besteht aus einem Quark und einem Antiquark. Die Vorsilbe »Anti« ist sehr wichtig. Man kann ohne weiteres ein »weißes« Objekt herstellen, wenn man ein Quark und sein entsprechendes Antiquark zusammenfügt, zum Beispiel ein rotes Quark und sein entsprechendes Antiquark. In diesem Fall kompensieren sich die Farben, und man erhält wiederum ein »weißes« Objekt, ein Meson. Insgesamt gibt es also zwei einfache Möglichkeiten, farblose Konfigurationen zu erzeugen. Die eine besteht darin, ein Quark und ein Antiquark zu kombinieren, die andere darin, drei Quarks mit verschiedenen Farben zusammenzufü-

Antifarben im Meson

gen. Beide Möglichkeiten sind in der Natur verwirklicht, die erste zum Beispiel im π-Meson (neben dem π-Meson gibt es auch noch andere Mesonen, aber das soll uns hier nicht interessieren), die zweite im Proton. Im übrigen versteht man jetzt auch, warum es keine freien Quarks gibt. Ein solches Quark wäre kein »weißes« Objekt, sondern würde eine der drei Farben tragen. Nach den Spielregeln der Chromodynamik ist das verboten. Man würde unendlich viel Energie benötigen, um ein freies Quark zu erzeugen.

Was kostet ein freies Quark?

Leser: Wie steht es denn mit den Farbkräften zwischen den Quarks innerhalb des Protons? Wenn ich Sie recht verstehe, handelt es sich um Kräfte, die viel stärker als die elektrischen Kräfte sind.

Autor: Die Kräfte sind stärker als die elektrischen Kräfte, aber unter Umständen nicht sehr viel stärker, jedenfalls nicht, wenn wir ein Quark innerhalb des Protons betrachten. Solange die Quarks dicht beieinander sind, sagen wir 10^{-14} cm voneinander entfernt, sind die Kräfte nicht besonders stark. Sie werden erst stark, wenn man versucht, die Quarks voneinander zu trennen. Die Physiker haben einen Namen für dieses Phänomen erfunden – man nennt es asymptotische Freiheit. Wenn die Quarks nahe beieinander sind, verhalten sie sich wie freie Teilchen. Man kann sie mit Sklaven vergleichen, die aneinandergekettet sind. Solange diese sich nicht weit voneinander entfernen, können sie sich fast ungehindert bewegen. Erst wenn einer der Sklaven auf den Gedanken kommt, sich von seinen Kameraden zu entfernen, spannen sich die Ketten und halten ihn zurück. Ein Proton besteht aus drei Quarks, die durch »Ketten«, die Farbkräfte, miteinander verbunden sind. Als Ganzes kann sich ein Proton ungehindert durch den Raum bewegen. Ein Quark innerhalb des Protons kann das nicht. Es muß immer seinen beiden Partnern folgen. In der Chromodynamik werden die Farbkräfte zwischen den Quarks bei großen Abständen (also bei Abständen, die größer als etwa 10^{-14} cm sind) stärker, bis sie eine bestimmte Stärke erreicht haben; von da ab bleiben die Kräfte praktisch konstant. Dieses Phänomen, das wir schon früher erwähnten, bezeichnet man als Infrarotsklaverei. Diese Bezeichnung haben die Physiker nicht aus politischen Motiven eingeführt; in der Physik bezeichnet man große Abstände manchmal auch als infrarote Abstände.

Kein Proton ohne Infrarotsklaverei

Leser: Ganz so schlimm kann diese Infrarotsklaverei aber nun doch nicht sein, denn Sie sagten, daß die Kräfte zwischen den Quarks bei großen Abständen konstant sind. Mit ausreichender Energie könnte man ein Quark, zumindest im Prinzip, von seinen Partnern genügend weit entfernen, um es als einzelnes Objekt zu studieren. Ich gebe ja zu, daß die hierzu nötige Energie so riesig ist, daß man niemals in der Lage sein wird, ein solches Experiment durchzuführen, aber zumindest im Prinzip müßte es doch möglich sein.

Kann man Quarks voneinander trennen?

Autor: Leider muß ich Sie enttäuschen. Auch im Prinzip ist dies unmöglich, und zwar aus folgendem Grund. Betrachten wir der Einfachheit halber einmal ein Meson. Nehmen wir an, wir sind kräftig genug, das Quark und das Antiquark im Meson voneinander wegzuziehen; hierzu benötigt man vor allem viel Energie. Wenn wir die Quarks voneinander wegziehen (siehe Abb. 7-10), pumpen wir Energie in dieses System hinein. Wir wissen, daß sich Energie in Masse umwandeln kann und umgekehrt. (Ein neutrales Meson kann zum Beispiel in zwei Photonen zerfallen.) Wenn wir Energie in unser Meson »hineinpumpen«, kann es leicht passieren, daß wir gewissermaßen aus dem Nichts, aus reiner Energie, neue Quarks und Antiquarks erzeugen. Die von uns aufgebrachte Energie verwandelt sich in neue Quarks und Antiquarks. Betrachten wir einmal die Erzeugung eines Quark-Antiquark-Paars. Dieses Paar entsteht in der Mitte zwischen den von uns auseinandergezogenen Quarks. Die Kette, die die beiden ursprünglichen Quarks miteinander verbindet, zerreißt plötzlich. Das eine neu erzeugte Antiquark verbindet sich mit dem alten Quark und bildet ein Meson; ebenso wird das neu erzeugte Quark mit dem alten Antiquark zu einem Meson »verheiratet«. Damit ist unser Experiment gescheitert. Statt die beiden Quarks immer weiter voneinander zu entfernen, haben wir zwei Mesonen erzeugt. Es ist geradezu frustrierend: Immer, wenn man versucht, ein Quark von seinem Partner oder seinen Partnern zu entfernen, erzeugt man Mesonen, weiter nichts. Bei diesem Gedankenexperiment werde ich immer an Seifenblasen erinnert. Sicher haben Sie als Kind gern mit Seifenblasen gespielt.

Quarks werden erzeugt

Leser: Natürlich habe ich das; aber was haben Seifenblasen mit Quarks zu tun?

Autor: Nehmen wir einmal an, Sie haben gerade eine besonders große Seifenblase erzeugt. Jetzt nehmen Sie ein langes Messer und versuchen, die langsam zu Boden schwebende Seifenblase in zwei Hälften zu zerschneiden. Was passiert?

Quarks und Seifenblasen

Leser: Eine Seifenblase kann man nicht in zwei Hälften zerschneiden. Wenn Sie das versuchen, zerstören Sie sie. Wenn Sie Glück haben, werden bei Ihrem Teilungsversuch aus der großen Seifenblase zwei kleinere.

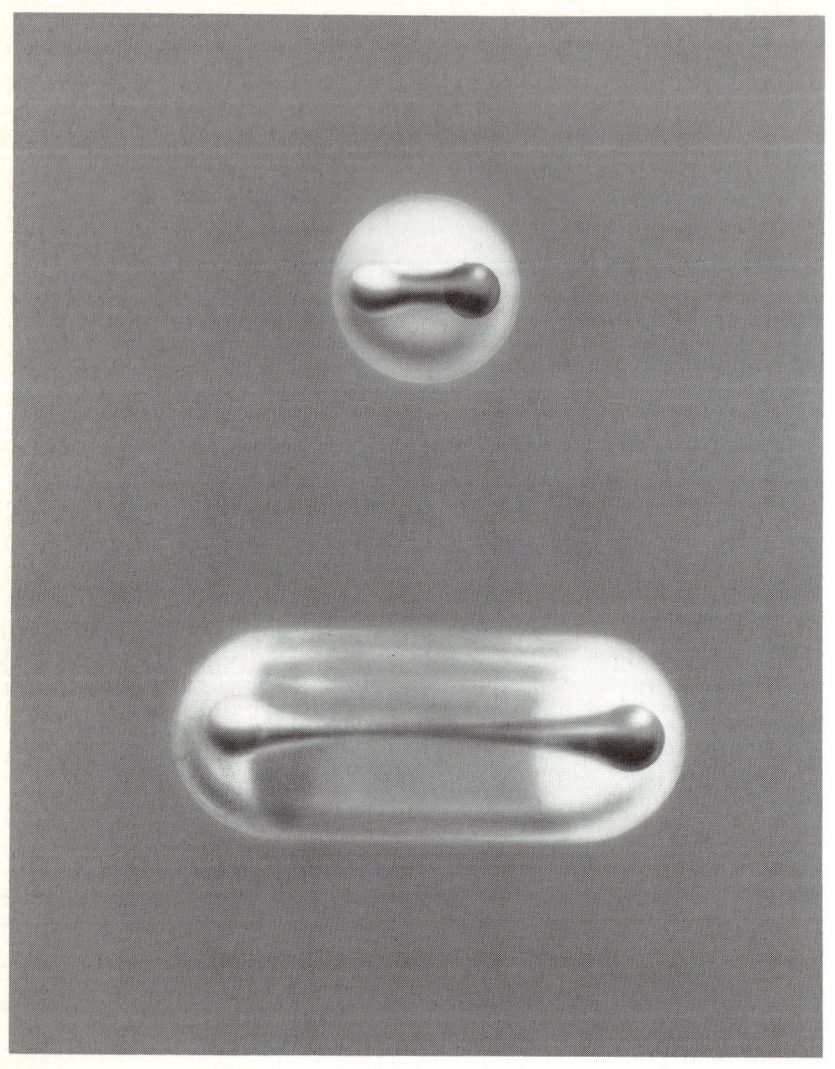

Abb. 7-10 Wenn man ein Quark und ein Antiquark voneinander weg-zieht, wird zwischen beiden Quarks ein neues Quark-Antiquark-Paar

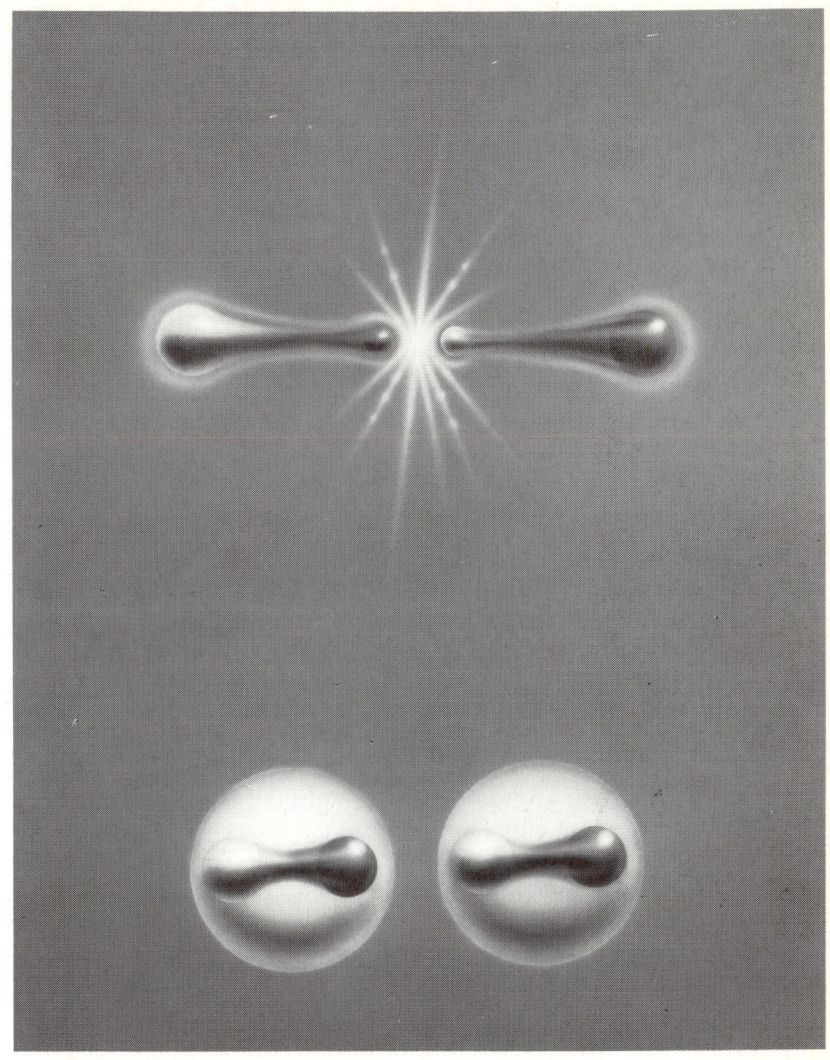

erzeugt. Man erhält zwei Mesonen, die sich leicht voneinander wegbewegen können, da zwischen beiden keine Farbkräfte wirksam sind.

Autor: Genau darauf wollte ich hinaus. Eine Seifenblase kann man nicht in zwei halbe Blasen zerteilen, höchstens in zwei oder auch mehrere kleinere Blasen. Mit den Mesonen verhält es sich ähnlich. Stellen Sie sich vor, die Mesonen sind kleine Seifenblasen. Jeder Versuch, ein Meson zu zerschneiden, wird mißlingen. Bei dieser Gelegenheit erzeugt man weiter nichts als neue Mesonen, neue Seifenblasen.

Ein Meson zerschneiden?

Leser: Diese Analogie mit den Seifenblasen ist ja ganz hübsch. Woher weiß man aber, ob es sich mit den Quarks wirklich so verhält, wie Sie gerade geschildert haben? Hat man versucht, ein Meson in zwei Hälften zu zerlegen?

Autor: Man hat etwas Ähnliches durchgeführt, und zwar mit Hilfe der Elektron-Positron-Vernichtung. Sie werden sich erinnern, daß ein Elektron und sein Antiteilchen, das Positron, sich gegenseitig vernichten.

Leser: Ja, ich erinnere mich, daß bei dieser Vernichtung immer zwei Photonen erzeugt werden.

Autor: Sie haben recht, wenn es sich um Elektronen und Positronen handelt, deren Energie relativ klein ist. Wenn aber ein Elektron und ein Positron mit sehr hoher Energie frontal aufeinanderprallen, können bei der anschließenden Vernichtung auch andere Prozesse stattfinden. Zum Beispiel kann man ein Quark und ein Antiquark sozusagen aus dem Nichts erzeugen.

Quarks aus dem Nichts

Leser: Soll das heißen, daß es die Quarks als freie Teilchen doch gibt?

Autor: Nein, das heißt es nicht. Wenn ich sage, man erzeugt ein Quark und ein Antiquark, so meine ich, daß unmittelbar nach der Vernichtung ein Quark und Antiquark erzeugt werden. Dieses Quark verbindet sich sofort mit dem Antiquark oder mit einem

weiteren bei dieser Gelegenheit erzeugten Antiquark, um ein Meson zu bilden.

Leser: Das ist ja interessant. Ein Elektron und ein Positron, auf genügend hohe Energien beschleunigt
und anschließend miteinander in Kollision gebracht,
sind also in der Lage, ein Meson oder sogar eine ganze Reihe von Mesonen zu erzeugen.

Autor: Man kann sich diesen Prozeß folgendermaßen
vorstellen. Wenn das Elektron und das Positron auf-
einanderstoßen, vernichten sie sich gegenseitig, wobei ein Quark und ein Antiquark erzeugt werden,
entweder ein ūu-Paar oder ein d̄d-Paar. Falls die
Energie des Elektron-Positron-Paars groß genug gewesen ist, fliegen die beiden neu erzeugten Quarks
praktisch mit Lichtgeschwindigkeit voneinander
weg. Sind sie weit genug voneinander entfernt, werden neue Quark-Antiquark-Paare aus dem Nichts
erzeugt, wie in Abbildung 7-10 beschrieben. Dieser
Prozeß setzt sich fort, und am Ende beobachtet man
lediglich eine Reihe von Mesonen, die aber alle **Mesonen,**
mehr oder weniger in die gleiche Richtung fliegen, **aber keine**
nämlich in die Richtung, in die das ursprünglich er- **Quarks**
zeugte Quark beziehungsweise Antiquark davonge-
flogen ist. Eine solche Konfiguration von Teilchen
bezeichnet man als einen Jet. Jets dieser Art hat man
in der Tat bei der Eletron-Positron-Vernichtung beobachtet, und zwar in klarer Weise zum erstenmal
im Jahre 1979 bei Experimenten am Hamburger
Elektron-Positron-Speicherring PETRA. Diese
Maschine ist in der Lage, Elektronen und Positronen auf eine Energie von jeweils etwa 20 GeV zu
beschleunigen. (In den USA wurde im Jahre 1980
ein ähnlicher Speicherring, genannt PEP, fertiggestellt; er befindet sich auf dem Gelände des SLAC-
Forschungszentrums in Kalifornien.) Bei der Elek-

tron-Positron-Vernichtung beobachtet man, daß oft zwei Teilchenjets erzeugt werden (siehe Abb. 7-11). Es besteht kein Zweifel, daß diese Jets durch den von uns oben beschriebenen Prozeß entstehen. Die Teilchenjets kann man als Bruchstücke der Quarks bezeichnen, als die »Fragmente« derjenigen Quarks, die bei der Elektron-Positron-Vernichtung erzeugt werden. Aus diesem Grund bezeichnen die Physiker die Erzeugung der Teilchenjets als »Fragmentierung« der Quarks. Man kann sagen, daß man mit Hilfe der Jets die Quarks auf indirekte Weise sieht.

Quarks kann man sehen

Leser: Wenn man ein Quark niemals direkt als freies Teilchen beobachten kann, so frage ich mich, ob es überhaupt gerechtfertigt ist, von der Existenz der Quarks zu reden. Wie kann etwas existieren, das man nicht in Isolierung beobachten kann?

Autor: Hier muß ich widersprechen. Was heißt überhaupt »existieren« oder »beobachten«? Auch ein Elektron hat niemand direkt mit seinem Auge gesehen. Man kann Elektronen nur indirekt beobachten, indem man die Effekte studiert, die sie verursachen: zum Beispiel die Erzeugung einer Spur in einem Teilchen-Nachweisgerät. Quarks haben die besondere Eigenschaft, daß sie nur innerhalb der Teilchen existieren, nicht in Isolierung. Aber das ist nur eine Frage der Skala, mit der wir arbeiten. Ein Physiker, der nur 10^{-15} cm groß wäre (leider gibt es ihn nicht), hätte die Möglichkeit, innerhalb des Protons herumzuspazieren. Für einen solchen Beobachter wären die Quarks genauso real wie für uns die Elektronen. Die Quarks sind ebenso Objekte der Wirklichkeit wie die Elektronen. Quarks kann man nicht isolieren, im Unterschied zu den Elektronen und Protonen. Das scheint mir ein neuer, interes-

Wie real sind Quarks?

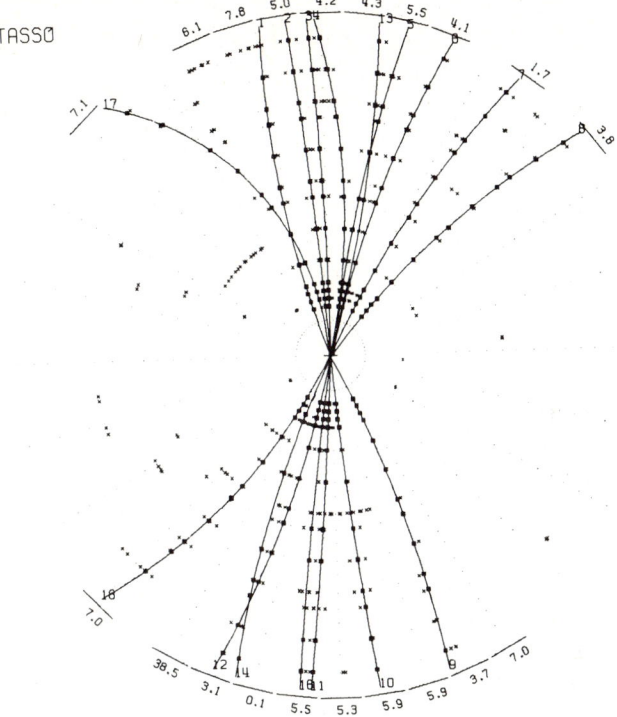

Abb. 7-11 Ein typisches Zweijetereignis in der Elektron-Positron-Annihilation, beobachtet am TASSO-Nachweisgerät des PETRA-Beschleunigers in Hamburg (Foto: DESY). Die beiden Teilchenjets sind die »Bruchstücke« des Quark-Antiquark-Paars, das bei der Elektron-Positron-Vernichtung erzeugt wird.

santer Aspekt zu sein, der die Problematik unserer naiven Vorstellung von der Teilbarkeit der Materie beleuchtet. Unsere tägliche Erfahrung lehrt, daß wir ein Objekt zerteilen können. Mit einer Axt können wir einen Holzklotz in zwei Teile zerspalten. Wie jedermann weiß, der je Holz gehackt hat, ist für diese Spaltung Energie notwendig. Die erforderliche Energie ist jedoch verschwindend gering, wenn man

sie in Relation setzt zum Energieäquivalent der
Masse des Holzklotzes, den man zerteilt, und aus
diesem Grund kann man sie vernachlässigen. Auch
die zur Zertrümmerung eines Atoms oder eines
Atomkerns notwendige Energie ist sehr klein, verglichen mit der Masse des Atoms oder des Kerns.
Bei den Quarks haben wir zum erstenmal eine Situation vor uns, in der die für die Zerlegung eines Protons oder eines Mesons in Quarks notwendige Energie vergleichbar oder größer ist als die Masse des
Teilchens. Neue Quarks beziehungsweise Antiquarks werden aus dem »Nichts« erzeugt; eine Isolierung der Quarks ist deshalb unmöglich. Damit ist
klar, daß der uns geläufige Begriff von der Teilbarkeit der Materie revisionsbedürftig ist. Die Quarks
sind die Teile eines Protons oder eines Mesons, die
man indirekt nachweisen kann – man kann sie aber
nicht aus ihrem Zusammenhang herauslösen. Sie
sind ein Teil des Ganzen und untrennbar mit letzte-
rem verbunden.

Lassen Sie mich jetzt, am Ende unserer Diskussion,
noch einmal die hauptsächlichen Gesichtspunkte
der Physik der Quarks zusammenfassen. Das Proton
und das Neutron bestehen aus drei Quarks, und
zwar aus den Quarks des Typus u (Ladung $\frac{2}{3}$) und
des Typus d (Ladung $-\frac{1}{3}$). Übrigens gibt es weitere
Quarks, die aber für die Struktur der stabilen Materie keine Rolle spielen, da die aus diesen Quarks
aufgebauten Teilchen insgesamt sehr kurzlebig sind.
Aus diesem Grund habe ich die interessante Physik
der neuen Quarks (zum Beispiel der »charm«-
Quarks), von der Sie sicherlich schon gehört haben,
nicht erwähnt. Die Quarks tragen »Farbe«. Die zwischen den Quarks wirkenden Farbkräfte haben zur
Folge, daß es in der Natur keine isolierten Quarks

gibt. Die Quarks existieren nur innerhalb der »weißen« Objekte (Proton, π-Meson usw.). Die Farbkräfte werden durch den Austausch von Gluonen erzeugt. Die Gluonen sind farbige Objekte wie die Quarks, können also auch nicht als freie Teilchen in Erscheinung treten. Am Ende möchte ich noch kurz **Kernkräfte** die Kernkräfte erwähnen, also diejenigen Kräfte, **und Quarks** welche die Protonen und Neutronen veranlassen, sich zu den Atomkernen zusammenzuschließen. Wir wissen heute, daß diese Kräfte keine elementaren Kräfte wie die elektrischen oder die Farbkräfte sind, sondern effektive Kräfte – indirekte Konsequenzen der Farbkräfte zwischen den Quarks. Es ist deshalb nicht verwunderlich, daß die Kernkräfte, die man seit Jahrzehnten in der Kernphysik studiert, sehr kompliziert sind. Vor Jahrzehnten begannen die Physiker sich für die Teilchen zu interessieren, weil sie die innerhalb der Atomkerne wirkenden Kräfte verstehen wollten. Das heute vorliegende Ergebnis ist erstaunlich: Man fand eine neue Welt – die Welt der Quarks, der Gluonen und der Farbkräfte.

8. Zerfallende Protonen und die Einheit der Physik

Materie besteht aus Quarks und Elektronen. Von nun an sollen Quarks und Elektronen eine Einheit bilden.

Sind Quarks elementar? Die Konstituenten der Atomkerne, die Protonen und Neutronen, sind keine elementaren Objekte, sondern bestehen aus den Quarks. Die Bausteine der Atomhülle, die Elektronen, sind jedoch elementar. Jedenfalls gibt es bis heute keine Hinweise, weder vom Experiment noch von der Theorie, daß die Elektronen aus noch kleineren Bausteinen zusammengesetzt sind. Für die Neutrinos und die Quarks gilt das gleiche. Es gibt keine Anzeichen für eine mögliche Substruktur der Quarks. Sollten die Elektronen, Neutrinos und Quarks aus noch kleineren Konstituenten bestehen, so müßten letztere auf einen recht kleinen Raum »zusammengedrängt« sein. Die Experimente geben an, daß zum Beispiel der Durchmesser des Elektrons nicht größer sein kann als etwa 10^{-17} cm. Das heißt, das Elektron ist entweder punktförmig, hat also überhaupt keine innere Struktur, oder sein Durchmesser ist kleiner als ein Zehntausendstel des Durchmessers des Protons. Für die Quarks und die Neutrinos erhält man ähnliche Resultate.

Die Elektron-Quark-Verwandtschaft Wir gehen in der Folge davon aus, daß die Elektronen, Neutrinos und Quarks strukturlose, also elementare Objekte sind. Die weitreichenden Spekulationen, auf die wir gleich zu sprechen kommen, beruhen auf dieser Annahme.

Sind das Elektron, das Neutrino und die beiden

Quarks u und d miteinander verwandt? Auf den ersten Blick mag diese Frage seltsam erscheinen. Immerhin gibt es zum Beispiel zwischen dem Elektron und dem u-Quark erhebliche Unterschiede. Zum Beispiel sind die elektrischen Ladungen verschieden; die Ladung des Elektrons ist -1 (in Einheiten der von Robert Millikan gemessenen elektrischen Elementarladung), die Ladung des u-Quarks ist $\frac{2}{3}$. Außerdem trägt das u-Quark eine Farbe; es ist entweder rot, grün oder blau. Das Elektron ist farblos; es wird von der starken Wechselwirkung völlig ignoriert. Man sieht, die Unterschiede zwischen dem Elektron und den Quarks sind erheblich. Trotzdem haben Physiker vor Jahren die Hypothese aufgestellt, das Elektron, das Neutrino und die beiden Quarks u und d seien eng miteinander verwandt. Es gibt verschiedene Gründe, die zu dieser Hypothese führten, die wir allerdings nicht besprechen wollen – mit Ausnahme eines einzigen, der mit der elektrischen Ladung zu tun hat.

Warum ist die elektrische Ladung des u-Quarks ausgerechnet $\frac{2}{3}$, genauer gesagt $\frac{2}{3}$ der Ladung des Elektrons oder Positrons (das Vorzeichen der Ladung lassen wir außer acht)? Gäbe es zwischen dem Elektron und den Quarks überhaupt keine engeren Beziehungen, hätte man keine Chance, diese seltsame Relation zwischen den elektrischen Ladungen zu verstehen.

Seltsame elektrische Ladungen

Für die Ladung des d-Quarks gilt ähnliches. Warum ist seine elektrische Ladung genau $\frac{1}{3}$ der Ladung des Elektrons? Die elektrische Ladung des Protons ist $+1$; sie setzt sich aus den Ladungen der drei Quarks zusammen: $+1 = \frac{2}{3} + \frac{2}{3} - \frac{1}{3}$. Wir können unsere Frage deshalb auch anders formulieren: Warum ist die elektrische Ladung des Protons genauso groß wie die elektrische Ladung des Elektrons? Nicht auszudenken, was passieren würde, wenn die elektrische Ladung des

Elektrons und des Protons nicht genau gleich wären. In diesem Fall hätten die Atome eine elektrische Ladung und würden sich voneinander abstoßen. Unsere Welt sähe völlig anders aus, da keine größeren Materieansammlungen existieren könnten. Damit ist klar: Es kann kein Zufall sein, daß die elektrischen Ladungen der Quarks $\frac{2}{3}$ beziehungsweise $-\frac{1}{3}$ sind. Was ist der tiefere Grund, der die Ladungen festlegt?

Sind Elektronen und Quarks miteinander verwandt?

Wie stellt man fest, ob es zwischen zwei verschiedenen Dingen verwandtschaftliche Beziehungen gibt? Man sucht nach gemeinsamen Aspekten. Einen haben wir gerade eben herausgestellt, die seltsamen Relationen zwischen den elektrischen Ladungen. Wir gehen jetzt noch einen Schritt weiter und betrachten einmal alle elementaren Bausteine (eingeschlossen die Farben der Quarks) und schreiben diese wie folgt auf (r, g, b steht für rot, grün, blau):

$$\begin{pmatrix} v_e & \vert & u_r & u_g & u_b \\ e^- & \vert & d_r & d_g & d_b \end{pmatrix}$$

Insgesamt haben wir es mit acht Objekten zu tun, sechs farbigen Quarks, dem Elektron und dem Neutrino. Für das Elektron, das Neutrino und die entsprechenden Antiteilchen werden wir künftig den Sammelbegriff Leptonen benutzen. (Diese Bezeichnung ist von griechisch »leptos« – leicht – abgeleitet; im Vergleich zum Proton sind die Elektronen und die Neutrinos sehr leichte Teilchen.) Die oben angegebenen acht Leptonen und Quarks bezeichnet man als die Lepton-Quark-Familie.

Die Lepton-Quark-Familie

Sehen Sie diese »Familie« einmal näher an. Was fällt Ihnen auf? Nichts Besonderes? Wir wollen einmal die Ladungen der Leptonen und Quarks aufschreiben:

$$\begin{pmatrix} 0 & \vdots & ^2/_3 & ^2/_3 & ^2/_3 \\ -1 & \vdots & -^1/_3 & -^1/_3 & -^1/_3 \end{pmatrix}$$

Sie bemerken wahrscheinlich sehr schnell, daß die Summe der elektrischen Ladungen aller Familienmitglieder null ergibt. Hier ist die einfache Rechnung:

$$-1 + 3\,(^2/_3) + 3\,(-^1/_3) = 0$$

Damit haben wir eine weitere wichtige Beziehung zwischen den elektrischen Ladungen der Leptonen und der Quarks entdeckt. Die Summe aller elektrischen Ladungen der Mitglieder der Lepton-Quark-Familie verschwindet. Dies kann kein Zufall sein. Es muß in der Natur ein Prinzip geben, das sagt: Die Summe der Ladungen muß null sein. Wir weisen darauf hin, daß die Summe der Ladungen nur dann verschwindet, wenn man die drei Farben der Quarks mit in Rechnung stellt; jedes Quark erscheint in seinen drei Farben. Ohne die Berücksichtigung der Farben wäre die Summe der Lepton- und Quarkladungen nicht null, sondern $-1 + ^2/_3 - ^1/_3 = -^2/_3$.

Um zu verstehen, warum die Summe der Ladungen null ist, nehmen die Physiker an, daß die Leptonen und Quarks durch ein großes Symmetrieprinzip miteinander verwandt sind. Hierbei sind die Leptonen und Quarks nichts weiter als verschiedene Manifestationen derselben Grundmaterie, desselben Urbauteilchens.

Beziehungen zwischen Leptonen und Quarks

Man nimmt an, daß zum Beispiel ein Elektron und ein u-Quark im Grunde dasselbe elementare Objekt verkörpern; das Elektron und das u-Quark sind nur verschiedene Erscheinungsformen dieses Objekts, des Lepton-Quark-Urteilchens. Es handelt sich hier nicht etwa um wilde Spekulationen, sondern um ernstzunehmende Theorien, die man experimentell testen kann. Insbesondere zwei Theorien, die einander ähnlich sind, haben die Physiker näher studiert. Wir wollen hier die Grundzüge dieser Theorien erwähnen, ohne Details anzugeben. Bei der ersten Theorie handelt es sich um die sogenannte SU(5)-Theorie, die 1974 von Howard Georgi und Sheldon Glashow publiziert wurde. (Beide Physiker sind am Physik-Department der Harvard-Universität beschäftigt; Glashow erhielt 1979 für seine Arbeiten den Nobelpreis.)

In der SU(5)-Theorie gibt es zwei Urbauteilchen, aus denen die Leptonen und Quarks abgeleitet werden. Die Bezeichnung SU(5) ist weiter nichts als die mathematische Bezeichnung für die Symmetrie zwischen Leptonen und Quarks, die in dieser Theorie benutzt wird.

Nur ein Urbaustein der Materie Ebenfalls im Jahre 1974 haben Peter Minkowski (heute Professor an der Universität Bern) und ich am California Institute of Technology als auch Georgi eine Theorie diskutiert, in der nur ein Lepton-Quark-Urbaustein auftritt. Man nennt sie die SO(10)-Theorie, weil in ihr eine Symmetrie vorkommt, die man in der Mathematik mit dem Symbol SO(10) bezeichnet. Eine besondere Eigenschaft der SO(10)-Hypothese ist: Alle Leptonen, Quarks und deren Antiteilchen sind miteinander verwandt; sie sind nur verschiedene Manifestationen ein und desselben Urobjekts.

In der SO(10)-Theorie kann sich das Lepton-Quark-Urteilchen auf 16 verschiedene Arten manifestieren, gleich einem Chamäleon, das die Möglichkeit hat, 16 verschiedene Farben anzunehmen. Hier sind sie:

$$(\text{Urteilchen}) = \begin{pmatrix} \nu_e & | & u_r & u_g & u_b & | & \overline{u}_r & \overline{u}_g & \overline{u}_b & | & \overline{\nu}_e \\ e^- & | & d_r & d_g & d_b & | & \overline{d}_r & \overline{d}_g & \overline{d}_b & | & e^+ \end{pmatrix}$$

Ich möchte beim Leser nicht den Eindruck erwecken, daß mit der Aufstellung einer gemeinsamen Theorie von Leptonen und Quarks alle Welträtsel gelöst sind. Viele Fragen sind noch offen. Trotzdem glaubt man, daß zumindest einige Aspekte der Natur durch Theorien wie die SU(5)- oder die SO(10)-Theorie richtig beschrieben werden. Wir wollen hier die wichtigsten Konsequenzen dieser Theorien erwähnen.

Sowohl die SU(5)- als auch die SO(10)-Theorie sagen aus: Es gibt verwandtschaftliche Beziehungen zwischen den Leptonen und Quarks. Nur sind diese Beziehungen normalerweise nicht zu bemerken; sie sind eingefroren. Erst wenn man die Leptonen und Quarks bei **Einheit** sehr hohen Energien untersucht, bemerkt man den **bei 10^{15} GeV** Zusammenhang. Die hierzu nötigen Energien kann man abschätzen. Sie sind enorm, etwa 10^{15} GeV. Diese Energie entspricht 10^{15} Protonmassen (das sind etwa 10^{-9} g Materie). Sie ist so groß, daß keine Hoffnung besteht, sie jemals mit einem Beschleuniger zu erreichen. Erst bei einer Energie von 10^{15} GeV schmelzen alle Unterschiede zwischen den Leptonen und Quarks dahin. Dann gibt es zum Beispiel keinen Unterschied mehr zwischen dem Elektron und dem u-Quark.

Infolge der Unschärferelation ist die Energie beziehungsweise der Impuls oder die Geschwindigkeit eines Teilchens mit einem entsprechenden Abstand im Raum verknüpft, der eine Grenze für die Messung des Ortes des Teilchens darstellt. Auch für die oben angegebene Energie von 10^{15} GeV gibt es einen entsprechenden Abstand, der sich leicht berechnen läßt. Man findet etwa 10^{-29} cm, eine äußerst kleine Distanz. Die von uns bereits erwähnte Plancksche Elementarlänge ist »nur« zehntausendmal kleiner als 10^{-29} cm. Bei dieser Distanz gibt es also keinen Unterschied mehr zwischen Leptonen und Quarks. Ein Elektron, von einem Abstand von nur 10^{-29} cm aus betrachtet, ist im Grunde kein individuelles Elektron mehr, sondern »nur« noch ein Lepton-Quark-Urteilchen. Zwischen Elektron, Neutrino und den Quarks kann man nicht mehr unterscheiden.

Der Leser wird hier bestürzt fragen: Wie kann das

sein, da die elektrischen Ladungen der Leptonen und
der Quarks verschieden sind? Wie steht es mit der Farbe der Quarks? Auch hierauf gibt die Theorie eine klare Antwort: Zwischen der elektrischen Ladung und
der Farbe schmelzen alle Unterschiede dahin. Die
elektrischen Kräfte als auch die Farbkräfte erweisen
sich »nur« als verschiedene Manifestationen ein und
derselben Lepton-Quark-»Urkraft«. Die elektrische
Kraft, die wir aus unserer täglichen Erfahrung kennen,
ist also verwandt mit der subnuklearen Farbkraft, die
die drei Quarks veranlaßt, ein Proton zu bilden.

Die Verwandtschaft zwischen der elektrischen Kraft
und der Farbkraft kommt deshalb zustande, weil es
außer diesen Kräften noch eine weitere Kraft beziehungsweise Wechselwirkung gibt, der wir uns jetzt zuwenden wollen. Wir werden sie die X-Wechselwirkung

nennen, weil die Physiker diejenigen Teilchen, die diese neue Kraft vermitteln, als X-Teilchen bezeichnen.

Die X-Wechselwirkung hat sehr merkwürdige
Eigenschaften. Sie ist in der Lage, ein Quark in ein
Lepton zu verwandeln, ein Quark in ein Antiquark
und ein Elektron in ein Positron. Wie ein Zauberkünstler ist sie fähig, ein Mitglied der Lepton-Quark-
Familie in ein anderes Mitglied umzuwandeln. Diese
Verwandlung geht wie folgt vor sich. Bei der Bespre-
chung der Farbkraft haben wir darauf hingewiesen,
daß sich die Farbe eines Quarks ändert, wenn es ein
Gluon aussendet oder absorbiert. Hierbei kann sich
zum Beispiel ein rotes Quark in ein grünes verwandeln. Ähnlich verhält es sich mit der X-Wechselwirkung. Wenn ein Quark ein X-Teilchen aussendet, verwandelt es sich automatisch in ein anderes Mitglied der
Lepton-Quark-Familie, zum Beispiel in ein Positron.
Hierbei überträgt das X-Teilchen die Farbe und die
notwendige elektrische Ladung. Zum Beispiel:

rotes d-Quark $(-\frac{1}{3})$ →Neutrino (0) + rotes
X-Teilchen $(-\frac{1}{3})$

(die elektrischen Ladungen sind in den Klammern angegeben). Die X-Teilchen sind also farbige Objekte
wie die Quarks. Sie tragen ebenfalls drittelzahlige
elektrische Ladungen.

Die X-Kräfte wurden von den theoretischen Physikern im Rahmen der einheitlichen Theorien der Leptonen und Quarks eingeführt, um letztere zu einer Einheit zu verschmelzen. In der SU(5)- oder SO(10)-
Theorie gibt es nur eine Lepton-Quark-Urkraft. Die
elektrischen, die Farbkräfte und die X-Kräfte sind nur
verschiedene Manifestationen dieser Urkraft.

Bis heute weiß man nicht, ob es die X-Kräfte wirklich
gibt; auf mögliche experimentelle Tests werden wir
gleich zu sprechen kommen. Die X-Kräfte sind äußerst
schwach, viel schwächer als zum Beispiel die elektrische
Kraft. Die Theorie sagt voraus, daß sie erst dann eine
vernünftige Stärke erreichen, wenn man sehr nahe an
die Leptonen und Quarks herangeht, nämlich bis zu
einem Abstand von etwa 10^{-29} cm. Erst bei einem solchen äußerst kleinen Abstand werden die X-Kräfte genauso stark wie die elektrischen oder die Farbkräfte.

Wie stark sind die X-Kräfte?

Mit den X-Kräften verhält es sich ähnlich wie mit der
Kernkraft. Letztere ist äußerst schwach und praktisch
nicht feststellbar, wenn man weiter als 10^{-13} cm von
einem Atomkern entfernt ist. Erst in unmittelbarer
Nähe des Kerns wird die Kernkraft stark. Die entsprechenden Distanzen sind allerdings sehr verschieden.
Die kritische Distanz der Kernkraft ist 10^{-13} cm, die
kritische Distanz der X-Kraft 10^{-29} cm. (Für Leser, die
etwas mehr über die Kernkraft wissen, erwähnen wir,
daß die kritische Distanz der X-Kraft etwas mit der
Masse der X-Teilchen zu tun hat. Die elektrischen und
die Farbkräfte werden durch Teilchen – Photonen,

Gluonen – vermittelt, die keine Ruhemasse haben, **Massive** nicht so jedoch die X-Kräfte. Die X-Teilchen haben **X-Teilchen** eine Masse, nämlich 10^{15} GeV. Die kritische Energie, bei der die Leptonen und Quarks zu einer Einheit verschmelzen, ist entsprechend der Einsteinschen Äquivalenz von Energie und Masse durch die Masse der X-Teilchen gegeben.)

Eine Möglichkeit, die X-Kräfte zu beobachten, bestünde darin, zwei Elektronen oder ein Elektron und ein Quark sehr nahe zueinander zu bringen, so daß der Abstand zwischen beiden nur noch 10^{-29} cm beträgt. Aufgrund der Unschärferelation würde dies jedoch heißen, daß man beide Teilchen auf sehr hohe Energien beschleunigen muß: auf Energien von der Größe von **Wie erhält** 10^{15} GeV. Man kann sich leicht klarmachen, daß dies **man** nicht zu realisieren ist, jedenfalls nicht mit den uns auf **10^{15} GeV?** der Erde zu Verfügung stehenden relativ bescheidenen Mitteln. Selbst ein Beschleuniger, den man entlang des Äquators um die Erde herum bauen würde, wäre beim heutigen Stand der Technik nicht in der Lage, Elektronen auf eine Energie von 10^{15} GeV zu beschleunigen.

Es gibt jedoch eine andere Möglichkeit, die X-Kräfte zumindest indirekt zu beobachten, und diese führt uns auf die interessanteste Konsequenz der einheitlichen Theorien von den Leptonen und Quarks: auf die Instabilität der Materie.

Unsere Welt ist voll von instabilen Teilchen, die laufend neu erzeugt werden und nach kurzer Zeit wieder zerfallen. Man denke etwa an die π-Mesonen, die durch die kosmische Strahlung in der oberen Atmosphäre gebildet werden, kurz darauf zerfallen und deren Zerfallsprodukte ständig die Erdoberfläche (unsere Körper eingeschlossen) »bombardieren«. Auch die Neutronen sind nicht stabil, sondern zerfallen nach etwa elf Minuten in Protonen, Elektronen und Neutrinos.

Warum gibt es überhaupt stabile Materie? Betrachten wir einen Diamanten. Er fühlt sich hart an, dauerhaft, wie für die Ewigkeit geschaffen. Vor Milliarden von Jahren wurde er auf der Erde gebildet. Seither hat er sich nicht viel verändert. Er besteht aus Elektronen und Quarks, die in friedlicher Koexistenz, so scheint es, auf Ewigkeit weiterexistieren.

Diamanten für die Ewigkeit?

Woran liegt es, daß mit dem Diamanten im Lauf der Zeit nichts passiert? Des Rätsels Lösung findet man in der Stabilität des Protons. Wenn wir ein Neutron genügend lange betrachten, so zerfällt es in ein Proton, ein Elektron und ein Neutrino. Bei einem Proton hingegen geschieht nichts. Wie lange man ein Proton auch betrachtet, es bleibt ein Proton und wandelt sich nicht in andere Teilchen um.

Warum eigentlich nicht? Wir wissen, daß bei jedem Elementarprozeß in der Natur sich die elektrische Ladung nicht ändern kann. Beim Neutronzerfall zum Beispiel ist die Anfangsladung null (das Neutron hat keine elektrische Ladung), die Ladung der Endprodukte ebenfalls, da sich die Ladung des Protons und des Elektrons gegenseitig aufheben. Wenn ein Proton zerfallen würde, müßte es dieses Gesetz der Erhaltung der elektrischen Ladung respektieren. Dies ist ohne weiteres möglich. Wir wollen einmal mögliche Zerfälle des Protons ansehen. Ein Proton könnte zum Beispiel in ein Positron und ein Photon zerfallen oder in ein Positron und ein π°-Meson, das seinerseits wieder in zwei Photonen zerfällt (siehe Abb. 8-1). Bei diesen Zerfällen würde sich die elektrische Ladung des Protons im Positron wiederfinden.

Zerfallende Protonen?

Man hat nach solchen Zerfällen des Protons Ausschau gehalten, ohne welche zu finden. Das Proton, so scheint es, ist ein stabiles Teilchen. Es könnte ohne weiteres in ein Positron und ein Meson zerfallen, wei-

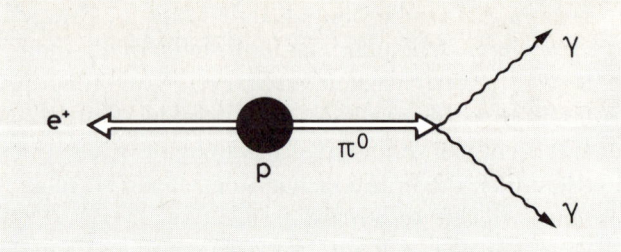

Abb. 8-1 Ein hypothetischer Zerfall des Protons. Das Proton zerfällt spontan in ein Positron und ein neutrales π-Meson, das unmittelbar nach seiner Erzeugung wiederum zerfällt, und zwar in zwei Photonen.

gert sich aber, dies zu tun. Die Experimente geben an, daß das Proton mindestens 10^{29} Jahre lang lebt.

Der Leser wird sich wahrscheinlich wundern, wie man auf ein solches Alter schließen kann, denn unsere Erde ist nur etwa fünf Milliarden Jahre alt, also $5 \cdot 10^9$ Jahre, und die Experimente wurden schließlich auf der Erde gemacht.

Das Wichtige ist, daß man bei diesen Experimenten nicht etwa ein einzelnes Proton betrachtet, sondern sehr viele Protonen. Man untersucht eine makroskopische Ansammlung von Materie, zum Beispiel einen Eisenblock, der aus etwa 10^{29} Protonen beziehungsweise Neutronen besteht. Selbst wenn die Zerfallszeit des Protons, sagen wir, 10^{30} Jahre ist, hat der Quantenphysik entsprechend ein einzelnes Proton eine kleine, wenn auch sehr winzige, Chance, bereits nach einer Stunde oder einem Jahr zu zerfallen. Nach solchen seltenen Zerfällen hält man Ausschau.

Übrigens kann man auch aus der Existenz des menschlichen Lebens bereits auf eine recht stattliche Grenze für die Lebensdauer des Protons schließen: Sie **Wie lange** ist mehr als 10^{16} Jahre. Unser Körper besteht aus etwa **lebt** 10^{28} Protonen. Wäre die Lebensdauer des Protons 10^{16} **ein Proton?** Jahre, so würde man erwarten, daß von diesen 10^{28}

Protonen etwa 10^{12} (10^{28}, dividiert durch 10^{16}) im Verlauf eines Jahres zerfallen, das sind etwa 30000 Zerfälle pro Sekunde. Da bei jedem Protonzerfall hochenergetische Teilchen, zum Beispiel Photonen, also γ-Quanten, emittiert werden, wäre der menschliche Körper einem ständigen Bombardement von Teilchen ausgesetzt, dem er nicht lange widerstehen könnte.

Die einheitlichen Theorien der Leptonen und Quarks machen eine interessante Voraussage: Das Proton zerfällt, und zwar mit einer Lebensdauer von etwa 10^{31} Jahren, also einer Lebensdauer, die nur wenig größer ist als die zur Zeit festgestellte Grenze von 10^{29} Jahren. (Der exakte Wert ist abhängig vom spezifischen Modell. Es gibt Versionen der SU(5)- und SO(10)-Theorien, bei denen das Proton eine Lebensdauer von mehr als 10^{32} Jahren hat.) **Protonen leben nicht für immer**

Den Protonzerfall kann man sich folgendermaßen vorstellen. Die oben besprochene X-Wechselwirkung ist in der Lage, Leptonen und Quarks ineinander umzuwandeln, vorausgesetzt, die miteinander reagierenden Teilchen sind voneinander nicht viel mehr als etwa 10^{-29} cm entfernt. Ein Proton besteht, wie wir wissen, aus drei Quarks. Letztere sind im allgemeinen relativ weit voneinander entfernt, im Mittel etwa 10^{-14} cm – eine Distanz, die im Vergleich zu 10^{-29} cm riesig ist. Wenn wir uns die letztgenannte Distanz als die Länge von 1 mm vorstellen, dann ist der mittlere Abstand der Quarks im Proton so groß wie der Abstand von der Sonne zur Erde. Nun kann es aber trotzdem passieren, daß zwei der Quarks im Proton bei ihrer ständigen Reise durch das Innere des Protons zufällig sehr nahe aneinander vorbeifliegen, sagen wir mit einem Abstand von 10^{-29} cm. Die Wahrscheinlichkeit, mit der das passiert, läßt sich mit Hilfe der Unschärferelationen leicht **Quarks kommen sich sehr nahe** berechnen. Im Mittel geschieht das einmal alle 10^{31} Jahre. Nach den Gesetzen der Wahrscheinlichkeit heißt dies: Von einer Menge von 10^{31} Protonen hat im Schnitt ein Proton pro Jahr die »Chance«, daß zwei seiner Quarks sich bis auf 10^{-29} cm nahe kommen. (Für denjenigen, der sich eine Vorstellung verschaffen will, wieviel Materie man braucht, um 10^{31} Protonen zur Verfügung zu haben, sei angemerkt: 10^{31} Protonen sind in ungefähr 17 Tonnen Wasser enthalten.)

Wenn sich zwei der Quarks im Proton bis auf einen Abstand von 10^{-29} cm nähern, tritt die neue X-Wechselwirkung in Aktion. Der Leser wird sich wahrscheinlich schon denken können, was nun passiert: Es findet eine Umwandlung eines der Quarks in ein Lepton, zum Beispiel in ein Positron, statt. Das Proton wandelt sich um, wobei ein Positron, manchmal auch ein Antineutrino, ausgesandt wird. Übrig bleibt im allgemeinen ein π-Meson, das ebenfalls zerfällt. Man sagt also voraus, daß das Proton oft so zerfällt, wie in Abbildung 8-1 (S. 202) beschrieben. Das Proton ist demnach nicht unsterblich, sondern hat eine Lebenszeit von ungefähr 10^{31} Jahren. Dies zumindest ist die Voraussage, die man mit Hilfe der einfachsten Theorien, der SU(5)- oder SO(10)-Theorien, macht. Die genaue Lebensdauer des Protons soll uns hier nicht so sehr interessieren. Wichtig ist, daß das Proton nicht unendlich lange lebt, sondern im Lauf der Zeit zerfällt. Auch Diamanten existieren nicht in alle Ewigkeit.

Sterbendes Proton (margin note)

Zerfallende Diamanten (margin note)

Der in Abbildung 8-1 gezeigte Zerfall des Protons in ein Positron und zwei Photonen erregt weiter unsere Aufmerksamkeit. Ein großer Teil der Masse des Protons wandelt sich bei diesem Zerfall nämlich in Photonen, also in Licht, um. Im übrigen wird das Positron aus dem Proton faktisch mit Lichtgeschwindigkeit herausgeschleudert. Dieser Zerfall ist ein eindrucksvolles

Beispiel der Gleichwertigkeit von Masse und Energie, wie sie von der Einsteinschen Theorie gefordert wird. Die beim Protonzerfall freigesetzten Energien sind enorm. Wenn es gelingen würde, alle Protonen, die in 50 Litern Wasser enthalten sind, im Verlauf eines Jahres zum Zerfall zu veranlassen, so würde die hierdurch freigesetzte Energie ausreichen, um ein Land wie die USA ein Jahr lang mit Energie zu versorgen. Natürlich handelt es sich hier um eine Utopie. Es gibt wahrscheinlich keine realistische Möglichkeit, den Protonzerfall zu beschleunigen und ihn so zur Energiegewinnung auszunutzen.

Ich will nicht unerwähnt lassen, daß es unter Umständen doch eine Möglichkeit gibt, den Protonzerfall zu beschleunigen, und zwar auf eine Art, die an die Wirkungsweise eines Katalysators in der Chemie erinnert. Die von uns erwähnten Theorien, zum Beispiel die SU(5)-Theorie, sagen voraus, daß es in der Natur neue, sehr schwere und sehr merkwürdige Objekte geben sollte, die sogenannten magnetischen Monopole. Es **Magnetische** soll hier nicht erläutert werden, was diese Teilchen ge- **Monopole** nau sind. Wichtig ist nur, daß diese Objekte sehr schwer sind (die Masse ist etwa 10^{16} GeV) und daß sie in der Lage sind, Leptonen und Quarks ineinander zu verwandeln, ohne daß Energien von der Größenordnung von 10^{15} GeV vonnöten sind. Kollidiert ein solcher Monopol mit einem Proton, so ist es um letzteres geschehen. Unweigerlich zerstrahlt es in Leptonen und Photonen (zum Beispiel wie in Abbildung 8-1 beschrieben).

Eine genügend große Anzahl von Monopolen, in einem kleinen Volumen konzentriert, würde eine ideale Materievernichtungsmaschine darstellen. Zum Beispiel könnte man kleine Mengen von Materie mit den Monopolen reagieren lassen. Auf diese Weise würde man Energie in der Gestalt von sehr harter radioaktiver Strahlung, die vor allem aus γ-Quanten besteht, erzeugen. Eine genügend große Menge Materie, mit den Monopolen zur Reaktion gebracht, würde explodieren. Der Wirkungsgrad einer solchen »Bombe« würde den Wirkungsgrad einer Wasserstoffbombe um mehr als zwei Größenordnungen übertreffen.

Man hat in vielen Experimenten nach den Monopolen gesucht, bisher ohne Erfolg. Nun ist es unmöglich, die Monopole bei Beschleunigerexperimenten zu erzeugen, so wie man etwa π-Mesonen erzeugt. Die Energie, die man zur Verfügung hat, reicht hierfür nicht aus. Es gibt nur eine Möglichkeit, die Monopole zu entdecken, und zwar durch eine genaue Untersuchung der Materie und insbesondere der kosmischen Strahlung. Man hat Gründe für die Annahme, daß beim Urknall, den wir noch genauer besprechen werden, Monopole in großen Mengen erzeugt wurden. Letztere müßten heute noch im Weltall existieren, und es sollte möglich sein, sie durch geeignete Teilchenzähler nachzuweisen. Experimente dieser Art sind im Gange. Bislang ist es jedoch nicht gelungen, einen magnetischen Monopol zu finden.

Monopole im Universum

Wir möchten betonen, daß die Dichte der Monopole im Universum nicht sehr groß sein kann. Unter keinen Umständen ist es zu erwarten, daß man in Zukunft die Möglichkeit haben wird, Monopole zur Energiegewinnung oder in Bomben zu benutzen (glücklicherweise – sollte man vielleicht hinzufügen).

Materie verschwindet

Es ist nützlich, sich vor Augen zu halten, was alles passiert, wenn das Proton tatsächlich eine Lebensdauer von 10^{31} Jahren hat. Für alle praktischen Zwecke ist es faktisch stabil. Die Erde würde zum Beispiel durch den Protonzerfall nur etwa $1/10$ g Materie pro Jahr verlieren. Die Wahrscheinlichkeit, daß ein Proton im menschlichen Körper im Laufe einer normalen Le-

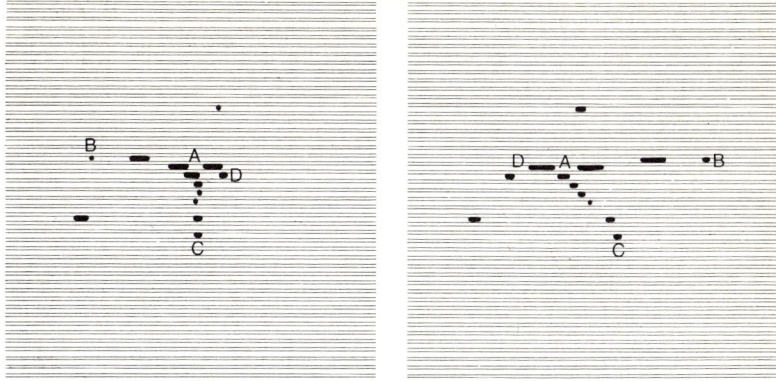

Abb. 8-2 Das im Jahre 1982 mittels eines im Montblanctunnel aufgestellten Teilchennachweisgeräts gefundene Ereignis, das den Zerfall eines Protons darstellen könnte, zum Beispiel den Zerfall $p \rightarrow \pi^+ \pi^- \mu^+$ (das μ-Teilchen ist ein Lepton, dessen Masse etwa 200 mal so groß ist wie die Elektronenmasse).

bensspanne zerfällt, ist ungefähr 10 Prozent; das heißt, nur jeder Zehnte von uns hat das »Glück«, im Lauf seines Lebens einen Protonzerfall zu »erleben«.

Seit einigen Jahren sind die Physiker dabei, die Stabilität des Protons durch detaillierte Experimente zu prüfen. Um die störenden Effekte der kosmischen Höhenstrahlung auszuschließen, führt man solche Experimente tief in der Erde durch, zum Beispiel in der Kolar-Goldmine in Südindien oder im Montblanctunnel zwischen Frankreich und Italien. Die im Tunnel des Montblanc arbeitenden italienischen Physiker fanden im Jahre 1982 ein Ereignis, das mit einiger Wahrscheinlichkeit einen Protonzerfall darstellt (siehe Abb. 8–2), aber eben nur mit einiger Wahrscheinlichkeit – absolut sicher ist man nicht.

Eine genaue Antwort wird man wahrscheinlich erst erhalten, wenn die ersten Ergebnisse der neuen, gro-

Experimente testen die Stabilität der Materie

ßen Experimente vorliegen, die zur Zeit in den USA anlaufen. Mehrere Forschergruppen untersuchen dort **Wasser wird** eine große Menge Wasser (10 000 Tonnen, die etwa **elektronisch** 10^{33} Protonen enthalten). Das Wasser befindet sich in **untersucht** einem großen Bassin 600 m unter der Erdoberfläche in der Morton-Salzmine östlich von Cleveland (siehe Abb. 8-3). Wenn eines der Protonen des Wassers zerfällt, werden sehr schnell bewegte Teilchen emittiert, zum Beispiel Photonen oder Positronen (siehe Abb. 8-4). Diese Teilchen fliegen durch das Wasser und erzeugen hierbei ein bläulich leuchtendes Licht. Diese Erscheinung – man bezeichnet sie in der Physik als Tscherenkow-Effekt – wurde zum erstenmal um die Jahrhundertwende von Marie Curie in Paris bei der Untersuchung von Radium beobachtet. Radium ist ein Element, dessen Atomkerne nicht stabil sind, sondern zerfallen (diese Zerfälle sind ähnlicher Natur wie der von uns betrachtete Zerfall des Neutrons), wobei schnell bewegte Teilchen emittiert werden. In den dreißiger Jahren wurden die seltsamen Lichterscheinungen, die man beim Radium und bei anderen »strahlenden« Elementen beobachten kann, von dem sowjetischen Physiker Pawel Alexejewitsch Tscherenkow im Detail untersucht.

Das beim Protonzerfall entstehende Tscherenkow-Licht wird beim Cleveland-Experiment von lichtempfindlichen elektronischen Zellen, den sogenannten Photomultiplikatoren, registriert. Etwa 2400 dieser Zellen hat man am Rand des großen Wasserbassins in der Morton-Salzmine installiert. In Abbildung 8-4 ist gezeigt, wie ein möglicher Zerfall des Protons in ein Positron und zwei Photonen aussieht. Das Tscheren- **Ein Proton** kow-Licht wird in einem charakteristischen Kegel aus- **erzeugt drei** gesandt. Da drei Teilchen emittiert werden, beobach- **Lichtkegel** tet man drei solche »Lichtkegel«.

208

Abb. 8-3 So sah das Wasserbassin in der Morton-Salzmine vor der Füllung mit Wasser aus. Das Bassin hat die Form eines großen Quaders mit den Kantenlängen 20 m × 27 m × 23 m. Nach der Füllung mit Wasser enthält es mehr als 10^{33} Protonen. Jedes dieser Protonen hat eine gewisse, wenn auch sehr kleine, Chance, während der Beobachtungszeit, die mehrere Jahre dauert, zu zerfallen. Hierbei wird ein bläulich leuchtendes Licht ausgesandt, das sogenannte Tscherenkow-Licht. Dies wird durch eine an der Wand des Bassins angebrachte elektronische Apparatur registriert (abgedruckt mit Genehmigung der Brookhaven-Irvine-Michigan collaboration).

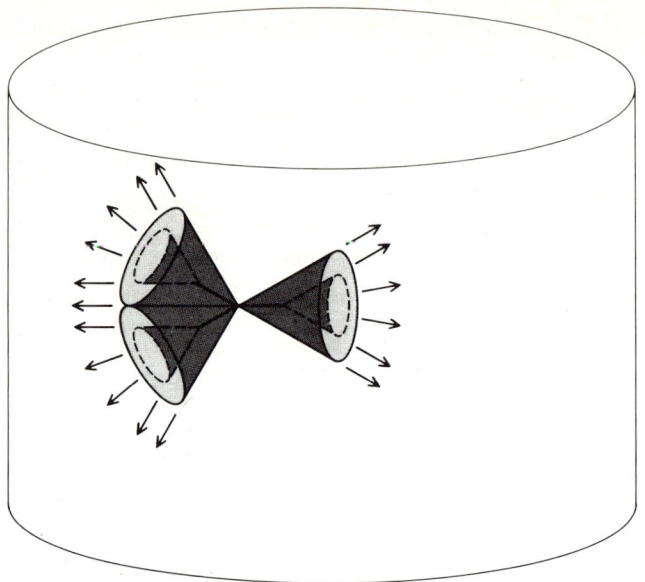

Abb. 8-4 So sollte ein Protonzerfall in ein Positron und zwei Photonen im Experiment in der Morton-Salzmine aussehen. Die drei beim Zerfall ausgesandten Teilchen erzeugen drei »Lichtkegel« von Tscherenkow-Licht, das man mit Hilfe von lichtempfindlichen elektronischen Zellen registriert.

Mit Hilfe des Experiments bei Cleveland und anderer Experimente werden die Physiker in der Lage sein, im Verlauf der achtziger Jahre den Zerfall des Protons zu beobachten, vorausgesetzt, das Proton hat eine Lebensdauer von nicht mehr als 10^{33} Jahren. Wenn die Voraussagen der einfachsten einheitlichen Theorien **Wer entdeckt** der Leptonen und Quarks stimmen und die Lebenszeit **den Proton-** des Protons ungefähr 10^{31} Jahre beträgt, müßte man in **zerfall?** Zukunft einige Dutzend Protonzerfälle pro Jahr in der Morton-Salzmine beobachten.

Nicht nur bei Cleveland ist man auf der »Jagd« nach den zerfallenden Protonen. Eine ganze Reihe weiterer

Experimente wird zur Zeit in verschiedenen Ländern durchgeführt oder ist in Vorbereitung, so zum Beispiel in der Silver King Mine in Utah (USA) und in einem Laboratorium im Baksantal des Kaukasus (Sowjetunion). Einige Physikergruppen in Frankreich, Italien und der Bundesrepublik Deutschland führen ein großes Experiment durch, das mehrere Jahre lang im Mont-Cenis-Tunnel unter dem Col de Fréjus zwischen Grenoble und Turin betrieben wird. Bei diesem Experiment beobachtet man mit Hilfe einer ausgeklügelten Elektronik etwa 1500 Tonnen Eisen.

Die Entdeckung des Protonzerfalls wird sicherlich ein bedeutsames Ereignis sein. Damit wäre klar erwiesen, daß das Proton und damit alle Atomkerne nicht in alle Ewigkeit existieren werden, sondern im Laufe der Zeit verschwinden. Die Protonen und Atomkerne **Protonen** werden plötzlich zu Objekten mit einer eigenen Ge- **haben eine** schichte, durchaus vergleichbar mit den Dinosauriern, **Geschichte** die einige Millionen Jahre lang die Erde bevölkerten und schließlich ausstarben. Was geschieht mit der Welt, wenn die Protonen nach etwa 10^{31} Jahren aussterben? Bedeutet dies das Ende des Kosmos?

Drei Jahre vor seinem Tode schrieb Goethe das Gedicht »Vermächtnis«, dessen erste Strophe lautet:

> »Kein Wesen kann zu nichts zerfallen!
> Das Ewge regt sich fort in allen,
> Am Sein erhalte dich beglückt!
> Das Sein ist ewig: denn Gesetze
> Bewahren die lebendgen Schätze,
> Aus welchen sich das All geschmückt.«

Die Einsichten der modernen Physik deuten an, daß Goethes Gedanken wahrscheinlich einer Revision bedürfen.

Sterben und Geborenwerden sind eng miteinander

verbunden. Wenn die Protonen schließlich aussterben, so darf man vermuten, daß sie irgendwann einmal, in der Frühzeit des Universums, geboren wurden. Damit schließt sich der Kreis. Die Erkenntnisse der modernen Physik sind eng verbunden mit der Kosmologie, mit der Entstehung der Welt vor ungefähr zwanzig Milliarden Jahren. Wir werden auf diese Fragen der Kosmologie in den nächsten Kapiteln zurückkommen. Vorher möchte ich aber den Leser mit einem verblüffenden Gedankenexperiment vertraut machen, einem Experiment, das sich für das Verständnis des heutigen Kosmos als sehr nützlich erweisen wird.

9. Der Zauberofen

Aus Materie wird Energie; aus Energie wird
Materie.

Wahrscheinlich haben Sie schon einmal in einer Glas-
bläserei in den glühendheißen Ofen hineingeblickt. In
solchen Öfen wird Glas auf viele hundert Grad Celsius
erhitzt, bis es schließlich schmilzt. Einen solchen Ofen
wollen wir uns jetzt einmal vergegenwärtigen. Nur soll
es sich nicht um einen richtigen Ofen handeln, sondern
um einen »Gedankenofen«, den wir auf beliebig hohe
Temperaturen erhitzen können, ohne daß die Wände
selbst zu schmelzen anfangen.

Stellen wir uns also vor, wir haben diesen Ofen zur
Verfügung, mit einer Brennkammer von, sagen wir,
100 l Rauminhalt. Bevor wir den Ofen anheizen,
herrscht natürlich in ihm die Raumtemperatur, etwa
20° C.

Was ist Temperatur? Was passiert, wenn wir einen
Körper aufheizen? Die Atome beziehungsweise Moleküle eines Körpers sind im allgemeinen nicht in Ruhe,
sondern bewegen sich ständig. Zum Beispiel schwingt
jedes Atom in der Ofenwand ständig um einen bestimmten Punkt hin und her. Die Größe dieser Schwingungen hängt mit der Temperatur zusammen. Steigt
die Temperatur, so werden die Schwingungen größer
und umgekehrt. Die Temperatur ist weiter nichts als
ein Maß für die Bewegungsenergie der einzelnen Atome oder Moleküle.

Man kann jeden Körper so weit abkühlen, daß sich

die Teilchen, aus denen er aufgebaut ist, nicht mehr bewegen. In diesem Fall sagt man: Der absolute Nullpunkt der Temperatur ist erreicht. Üblicherweise benutzt man für Temperaturangaben die Celsius-Skala. Ihr Nullpunkt fällt mit der Temperatur zusammen, bei der Wasser unter normalen Bedingungen gefriert. Dieser Punkt ist jedoch willkürlich gewählt und hat nicht **Der absolute** viel mit dem absoluten Nullpunkt zu tun. Dieser liegt **Nullpunkt** bei $-273°$ C. Die Atome eines Elements befinden sich also in Ruhe, wenn eine Temperatur von $-273°$ C vorliegt. Es ist unmöglich, noch niedrigere Temperaturen zu erreichen.

Da der absolute Nullpunkt der Temperatur offensichtlich eine besondere Rolle spielt, hat man sich darauf geeinigt, die Temperaturen von diesem Punkt an zu zählen. Man spricht dann von der sogenannten Kelvin-Skala der Temperatur, so genannt nach dem englischen Physiker Lord Kelvin. Null Grad Kelvin bedeuten also $-273°$ C (strenggenommen liegt der absolute Nullpunkt noch einen kleinen Bruchteil eines Grades unterhalb $-273°$ C, aber wir werden uns in der Folge mit dem abgerundeten Wert $-273°$ C begnügen). $293°$ K bedeuten mithin **Wasser kocht** $+20°$ C, also die übliche Raumtemperatur. Unter **bei** normalen Bedingungen kocht Wasser bei $100°$ C **373° Kelvin** oder $373°$ K. Wenn wir in der Folge von Temperatur sprechen, so ist stets die absolute Temperatur gemeint.

Wir wollen annehmen, daß wir aus unserem Ofen die Luft herausgepumpt haben. Im Ofen befindet sich also nichts, leerer Raum. Wenn ich hier »nichts« sage, so stimmt dies nur in eingeschränktem Maße. Die sich ständig bewegenden Atome der Ofenwand senden nämlich laufend elektromagnetische Strahlen aus, wie dies zum Beispiel auch ein warmer Heizkörper tut. Diese Strahlung erfüllt den Innenraum des Ofens; er ist angefüllt mit Photonen.

Es erweist sich nun (dies folgt aus den physikalischen Gesetzen der Thermodynamik), daß die Eigenschaften dieser Strahlung durch die Temperatur bestimmt sind. Je höher die Temperatur im Ofen ist, um so höher ist die mittlere Energie der Photonen. Temperatur und mittlere Energie sind einander proportional. Auch die Anzahl der Photonen hängt von der Temperatur ab. Sie nimmt mit der dritten Potenz der Temperatur, gemessen vom absoluten Nullpunkt aus, zu. Hieraus folgt, daß die Gesamtenergie des Photonengases, das unseren Ofen erfüllt, also die Summe aller Photonenenergien, mit der vierten Potenz der absoluten Temperatur ansteigt. Wenn man die Temperatur um einen Faktor Zwei erhöht, steigt die im Photonengas enthaltene Energie um einen Faktor $2^4 = 16$.

Temperatur und Strahlung

Dieses Gesetz gilt übrigens auch für die Abstrahlung eines Ofens oder eines Heizkörpers. Ein Heizkörper im Raum sendet ständig elektromagnetische Strahlung, Wärmestrahlung, aus, also Photonen. Die Wärmestrahlung des Heizkörpers nimmt mit der vierten Potenz der absoluten Temperatur zu. Man kann leicht berechnen, daß ein Heizkörper mit der Temperatur von 100° C 1,57mal soviel Energie in Form von Wärmestrahlung abgibt wie einer mit der Temperatur von 60° C: $1,57 = (100 + 273)^4 / (60 + 273)^4$.

Uns interessiert insbesondere die Energiedichte des Photonengases. Auch diese ist durch die Gesetze der Quantenphysik und der Thermodynamik bestimmt. Man findet eine Zahl, die man sich leicht merken kann. Die Energiedichte, also die Energie pro Volumeneinheit, des Photonengases in unserem Ofen beträgt bei der Temperatur von 1° K 4,72 eV/l oder 0,00472 eV/cm³. Um die Energiedichte bei einer höhe-

Energie im Vakuum

ren Temperatur zu erhalten, genügt es, die oben angegebene Zahl mit der vierten Potenz der Temperatur zu multiplizieren. Ein Beispiel: Wenn man den Ofen auf eine Temperatur von 1000° K erhitzt, besitzt das Photonengas im Inneren des Ofens eine Energie pro Liter von $4,72 \cdot (1000)^4$ eV $= 4,72 \cdot 10^{12}$ eV $= 4720$ GeV. Diese Energie entspricht der Ruheenergie beziehungsweise der Masse von fast 5000 Protonen.

Eine weitere Größe ist für unsere Betrachtungen interessant, nämlich die mittlere Energie eines Photons im Photonengas; sie ist proportional der Temperatur. Für unsere Zwecke genügt es, die folgende einfache Regel zu benutzen. Wenn man die Temperatur des Ofens um 1°C erhöht, so erhöht sich im Mittel die Energie eines Photons um 0,00008617 eV. Hat unser Ofen eine Temperatur von nur 1° K (also −272° C), so haben die Photonen im Mittel eine Energie von 0,00008617 eV. In diesem Fall handelt es sich um eine elektromagnetische Strahlung im Radiowellenbereich. Falls im Ofen eine Temperatur von 1000° K herrscht, besitzen die Photonen im Mittel eine Energie von 0,086 eV.

Mit diesen Vorbereitungen sind wir nun in der Lage, unser angekündigtes Gedankenexperiment **Ein imaginä-** durchzuführen. Hierzu nehmen wir an, daß die Wän**rer Ofen** de unseres Ofens absolut undurchdringlich sind und auch jeder Temperatur standhalten; für einen wirklichen Ofen sind diese Forderungen natürlich nicht zu realisieren.

Wir heizen jetzt den Ofen an. Lange Zeit passiert nicht viel. Die Energie des Photonengases im Inneren des Ofens nimmt ständig zu, und zwar, wie wir wissen, mit der vierten Potenz der Temperatur. Erst bei einer Temperatur von etwa sechs Milliarden Grad ($6 \cdot 10^9$ Grad) geschieht etwas Merkwürdiges. Wir erinnern uns an die Tatsache, daß bei der Vernichtung eines Positrons und eines Elektrons zwei Photonen erzeugt werden. Der gleiche Prozeß kann auch umgekehrt ablaufen; wenn zwei Photonen aufeinandertreffen, können ein Elektron und ein Positron aus dem Nichts erzeugt werden. Voraussetzung dafür ist, daß die Energien der Photonen ausreichen. Die Energie jedes Photons muß mindestens so groß sein wie die Masse des Elektrons, ausgedrückt in Energieeinheiten, also 0,511 MeV. Damit ist klar: Sobald die Photonen in unserem Ofen eine mittlere Energie von mehr als 0,5 MeV haben, werden Elektron-Positron-Paare erzeugt. Es ist leicht, die hierfür nötige Temperatur auszurechnen. Man findet etwa sechs Milliarden Grad. Bei dieser Temperatur ist **Elektronen** es aus mit der Vorherrschaft der Photonen im Ofen. **und Positro-** Von nun an müssen sie sich damit zufrieden geben, **nen werden** daß neben ihnen auch noch Elektronen und Positro- **erzeugt** nen existieren.

Übrigens ist die eben angeführte Temperatur von sechs Milliarden Grad so hoch, daß man sie heute im Universum normalerweise nicht antrifft. Im Inneren der Sterne herrschen Temperaturen von »nur« einigen Millionen Grad.

Wir wollen jetzt die Temperatur in unserem »Gedankenofen« noch weiter ansteigen lassen. Sobald die Temperatur gegenüber den erwähnten sechs Milliarden Grad genügend groß ist, bildet sich ein Gleichgewicht zwischen den Elektronen, Positronen und Photonen; das heißt, es gibt pro Raumeinheit gleich viele Elektronen, Positronen und Photonen. (Dies stimmt nur ungefähr, infolge subtiler Unterschiede zwischen den Leptonen – den Elektronen und Positronen – und den Photonen, aber das soll uns hier nicht interessieren.) Im Mittel tragen die Leptonen genausoviel Energie wie die Photonen. Ständig werden Elektronen und Positronen durch die Kollisionen zweier Photonen erzeugt; ständig vernichten sie sich in zwei Photonen. Im Mittel jedoch gibt es ebenso viele Photonen wie Elektronen und Positronen.

Wenn sich ein Elektron und ein Positron vernichten, entstehen meistens zwei Photonen, aber nicht immer. Es gibt einen subtilen Prozeß, einen Prozeß der sogenannten schwachen Wechselwirkung (das ist dieselbe Wechselwirkung, die für den Neutronzerfall verantwortlich ist – wir wollen uns mit den Details dieser Wechselwirkung, die neben der elektromagnetischen und starken Wechselwirkung in der Natur existiert, nicht befassen). Es ist die Vernichtung eines Elektrons und Positrons in ein Neutrino-Antineutrino-Paar, also der Prozeß $e^- + e^+ \rightarrow \nu_e + \bar{\nu}_e$.

Neutrinos kommen dazu Durch diesen Prozeß werden in der im Ofen befindlichen »Elektron-Positron-Photon-Suppe« ständig auch Neutrinos und Antineutrinos gebildet. Wir wollen annehmen, daß diese durch die Wände des Ofens reflektiert werden, also nicht nach außen fliegen können. (Gegenüber den sowieso schon recht unrealistischen Annahmen, die wir in bezug auf die Qualität unserer Ofenwände gemacht haben, ist diese Annahme nicht besonders schwerwiegend.) Die Folge ist, daß sich ein Gleichgewicht nicht nur zwischen den Elektronen, Positronen und Photonen herausbildet, sondern daß die Neutrinos nun auch noch als gleichberechtigte Partner mit von der Partie sind. Der Ofen ist also nunmehr gefüllt mit Elektronen, Positronen, Neutrinos, Antineutrinos und Photonen.

Unser Heizprozeß geht weiter. Die Energie der im Ofen herumfliegenden Teilchen nimmt wieder zu. Schließlich erreichen wir eine mittlere Energie der Teilchen von 1 GeV beziehungsweise eine Temperatur von etwa 10^{13} Grad. Bei dieser Temperatur ist es möglich, Proton-Antiproton oder Neutron-Anti-neutron-Paare zu erzeugen. Zwei Photonen oder ein Elektron und ein Positron kollidieren und erzeugen ein Proton-Antiproton-Paar oder auch ein Neutron-Antineutron-Paar. Prozesse dieser Art sind nicht etwa theoretische Spekulationen; sie sind in den großen Beschleunigerlabors leicht zu beobachten, zum Beispiel am PETRA-Beschleuniger in Hamburg.

Aus Strahlung wird Materie

Wenn die Temperatur in unserem Ofen auf mehr als 10^{13} Grad ansteigt, nehmen also auch die stark wechselwirkenden Teilchen, neben den Protonen und Neutronen auch die π-Mesonen, an unserem Spiel teil. Von nun an wird die Angelegenheit komplizierter, denn es gibt eine ganze Reihe solcher Teilchen. Wir wollen uns aber nicht mit den Details befassen, denn das lohnt sich nicht, wie wir gleich sehen werden. Bei noch höheren Temperaturen wird die Geschichte wieder ganz einfach.

Wir wollen also die Temperatur im Ofen weiter ansteigen lassen, auf 10^{14} Grad. Die Teilchen im Inneren des Ofens haben jetzt eine mittlere Energie von etwa 10 GeV. Bei dieser Temperatur bemerkt man etwas Überraschendes. Im Inneren des Ofens gibt es jetzt keine Protonen und Neutronen mehr, sondern neben den Photonen, Elektronen, Positronen und Neutrinos findet man Quarks und Gluonen. Die mittlere Energie der Teilchen ist so groß, daß die Protonen und Neutronen nicht mehr als selbständige Gebilde existieren können, sondern in ihre Bestandteile aufgelöst werden – in Quarks und Gluonen. Und die Dichte der Quarks und Gluonen ist so groß, daß der mittlere Abstand zwischen ihnen viel kleiner als 10^{-13} cm ist; das heißt, die Quarks, Antiquarks und Gluonen bewegen sich im Inneren des Ofens wie freie Teilchen, wie die Elektronen oder die Neutrinos. Zwischen allen Teilchen herrscht ein Gleichgewicht. Elektronen und Positronen vernichten sich zum Beispiel ständig in Photonen oder Quark-Antiquark-Paare. Letztere vernichten sich in Gluonen, in Elektron-Positron-Paare oder in Neutrino-Antineutrino-Paare. Das Resultat dieser ständig ablaufenden Prozesse ist: Es sind gleich viele Elektronen, Positronen, Neutrinos, Antineutrinos, Photonen, u-Quarks, d-Quarks und Gluonen vorhanden. (Auch hier möchte ich erwähnen, daß es subtile Unterschiede gibt, die zum Beispiel durch die Farbeigenschaften der Quarks hervorgerufen werden, aber diese machen höchstens einen Faktor Drei in den verschiedenen Teilchendichten aus. Solche Faktoren lasse ich hier außer acht, da es mir nur auf die wesentlichen Aspekte ankommt.)

Ein Plasma aus Quarks und Gluonen

Wir heizen unseren imaginären Ofen jetzt weiter auf. Bislang habe ich ein Gedankenexperiment durchgeführt, dessen Rechtfertigung nicht nur in unseren theoretischen Vorstellungen zu finden ist, sondern auch in den Experimenten, die wir in den Beschleunigerlaboratorien durchführen können. Die für meine Betrachtungen relevanten Reaktionen, zum Beispiel die Vernichtung eines Elektrons und eines Positrons in ein Quark und ein Antiquark, werden dort im Detail studiert. Wenn ich jetzt den Ofen auf Temperaturen von mehr als 10^{14} Grad erhitze, kann ich mich nicht mehr auf die Experimente stützen, sondern nur noch auf die Theorie. Aber in einem Gedankenexperiment ist dies erlaubt, und so wollen wir also fortfahren.

Für sehr lange Zeit, so sagt die Theorie, passiert nunmehr nicht viel. Bei einer Temperatur von, zum Beispiel, 10^{20} Grad haben alle Teilchen im Ofen eine mittlere Energie von etwa zehn Millionen GeV. Aber nach wie vor gibt es gleich viele Teilchen von jeder

Art. Schließlich erreichen wir eine Temperatur von 10^{28} Grad, entsprechend einer mittleren Energie von 10^{15} GeV. Wir erinnern uns: Diese Energie begegnete uns bei den einheitlichen Theorien der Leptonen und Quarks. Sie ist gegeben durch die Masse der hypothetischen X-Teilchen; durch ihre Mitwirkung werden die Leptonen und Quarks zu einer Einheit zusammengefaßt. Sobald wir die Temperatur von 10^{28} Grad überschreiten, nehmen also auch die X-Teilchen an unserem Spiel teil. Letztere tragen dazu bei, daß sich Leptonen, zum Beispiel das Elektron, in Quarks umwandeln können und umgekehrt.

X-Teilchen werden erzeugt

In unserem Ofen finden wir schließlich ein Gemisch aus Leptonen, Quarks, Photonen, Gluonen und X-Teilchen. Alle diese Teilchen kommen ungefähr gleich oft vor; ja, es ist nicht mehr möglich, zwischen den Leptonen und den Quarks oder zwischen den Photonen, Gluonen und X-Teilchen zu unterscheiden. Sowohl die ersteren als auch die letzteren bilden eine Einheit. Bei Temperaturen von mehr als 10^{28} Grad verschwindet die Individualität der Teilchen.

Ein Gemisch von Urteilchen

Es ist nützlich, sich einmal die Energiedichte in unserem Ofen bei der Temperatur von 10^{28} Grad auszurechnen. Man erhält eine Energiedichte von etwa 10^{103} GeV pro Liter, eine auch für einen Physiker nicht mehr recht faßbare Energie. Die Anzahl der in dem der Beobachtung zugänglichen Teil des Universums befindlichen Quarks und Elektronen schätzt man auf etwa 10^{80}. Würde man alle diese Teilchen in einen Raum von der Größe eines Liters hineinpressen, so wäre die entsprechende Energiedichte noch verschwindend klein gegenüber der Energiedichte, die wir in unserem am Anfang leeren Ofen bei der Temperatur von 10^{28} Grad vorfinden. Wir sehen, unser Experiment ist ein Gedankenexperiment und wird es für immer bleiben.

Trotzdem besteht für uns noch kein Grund, das Experiment abzubrechen. Wir wollen also die Temperatur weiter ansteigen lassen, und zwar bis auf etwa 10^{32} Grad. Die mittlere Energie der Teilchen beträgt dann etwas mehr als 10^{19} GeV. Wir verlassen jetzt das Gebiet der theoretischen Physik und betreten unerforschtes Neuland. Bei einer Energie von 10^{19} GeV brechen unsere normalen Vorstellungen von Raum und Zeit zusammen – dies ist zumindest die Vorhersage der Quantentheorie (siehe hierzu Kapitel 4). Wir wissen nicht, was an ihre Stelle tritt. Es ist unbekannt, was bei **Was passiert** Temperaturen von 10^{32} Grad oder mehr passiert. **bei** Wahrscheinlich kann man bei solchen Temperaturen **10^{32} Grad?** beziehungsweise Energiedichten überhaupt nicht mehr von Teilchen sprechen. Der Teilchenbegriff wie auch die Begriffe von Raum und Zeit lösen sich auf (Abb. 9-1).

Wir haben in diesem Gedankenexperiment unseren Ofen von 0° K aufsteigend bis auf 10^{32} Grad aufgeheizt. Am Anfang war der Ofen leer, am Ende ist er angefüllt mit einer äußerst intensiven Strahlung, bestehend aus Leptonen, Quarks, Photonen, Gluonen und X-Teilchen (und aus noch weiteren Teilchen, die wir in unserer Diskussion aus Gründen der Vereinfachung nicht erwähnen).

Wir können jetzt den Vorgang auch rückwärts ablaufen lassen. Ausgehend von einer Temperatur von 10^{32} Grad, kühlen wir den Ofen langsam ab, bis wir schließlich bei 0° K, also am absoluten Nullpunkt, angelangt sind. Unterhalb von 10^{28} Grad verschwinden die X-Teilchen aus dem Ofen. Übrig bleibt ein Gemisch aus Leptonen, Quarks, Photonen, Gluonen und einigen anderen Teilchen. Sinkt die Temperatur unter 10^{13} Grad, so verschwinden die Quarks und Gluonen, und nur die Leptonen und die Photonen bleiben übrig.

Temperatur
(in Grad Kelvin)

0

300

10^{10}

10^{14}

10^{28}

10^{32}

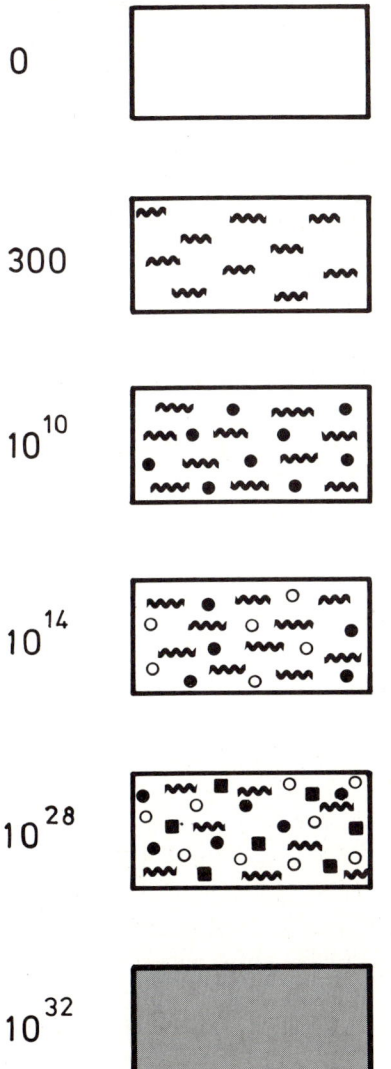

Abb. 9-1 Der Zauberofen wird aufgeheizt. Bei 0° K ist der Ofen leer. Sobald die Temperatur steigt, zum Beispiel auf 300° K (27° C), ist der Ofen mit Wärmestrahlung angefüllt: mit Photonen. Bei einer Temperatur von 10^{10} Grad besteht die Strahlung nicht nur aus Photonen, sondern auch aus Elektronen und Positronen (schwarze Punkte). Erreicht die Temperatur 10^{14} Grad, liegt ein Plasma, bestehend aus Photonen, Elektronen, Positronen, Quarks und Gluonen, vor (letztere sind durch offene Kreise gekennzeichnet). Bei der Temperatur von 10^{28} Grad gesellen sich noch die X-Teilchen dazu (kleine Quadrate). Niemand weiß, was bei 10^{32} Grad passiert. Unsere konventionellen Vorstellungen über Raum und Zeit sind nicht mehr anwendbar.

Schließlich erreichen wir den absoluten Nullpunkt der Temperatur. Am Ende sehen wir in den Ofen hinein – er ist leer. Durch die Abkühlung ist alles verschwunden. Leptonen und Quarks haben sich gegenseitig vernichtet. Die Photonen und Neutrinos, die letztlich noch übriggeblieben sind, haben sich durch die Abkühlung auf den absoluten Nullpunkt verflüchtigt.

Wir wollen noch einmal zu dem heißen Ofen (Temperatur mehr als 10^{28} Grad) zurückkehren. Bei dieser Temperatur gibt es im Ofen Leptonen, Quarks, Photonen, Gluonen und insbesondere die X-Teilchen. Wir wissen, daß die letzteren sofort nach ihrer Entstehung wieder zerfallen, zum Beispiel in Positronen und Antiquarks: $X \rightarrow e^+ \bar{d}$. Die Anti-X-Teilchen zerfallen entsprechend in Elektronen und d-Quarks: $\bar{X} \rightarrow e^- d$. Infolge dieser Vorgänge finden im Ofen laufend Umwandlungsprozesse zwischen den Leptonen, den Quarks und den X-Teilchen statt. Wir wollen sie einmal näher betrachten:

Ein Unterschied zwischen Materie und Antimaterie Man beobachtet in der Natur eine eigenartige Unsymmetrie zwischen Teilchen und Antiteilchen. Es gibt Vorgänge, bei denen sich Teilchen und Antiteilchen verschieden verhalten. Ein Effekt dieser Art wurde im Jahre 1964 von einer Forschergruppe in den USA entdeckt; die Physiker James W. Cronin und Val Logsdon Fitch erhielten im Jahre 1980 den Nobelpreis für den von ihnen gefundenen Effekt: die sogenannte CP-Verletzung. Als das Experiment im Jahre 1964 durchgeführt wurde, ahnte niemand, daß der gefundene Effekt wahrscheinlich einen der Schlüssel zum Verständnis unseres Universums beherbergt.

Wir wollen auf diese Entdeckung nicht näher eingehen, sondern erwähnen nur eine interessante Konsequenz.

Betrachten wir erneut die Zerfälle der X-Teilchen. Es gibt X-Teilchen, die sowohl in $e^+\bar{d}$ als auch in uu zerfallen können; die entsprechenden Antiteilchen zerfallen in e^-d und $\bar{u}\bar{u}$. Aufgrund des von Cronin, Fitch und anderen gefundenen Effekts erwartet man, daß sich diese Zerfälle etwas voneinander unterscheiden. Zum Beispiel könnte der Prozeß $\bar{X} \to e^-d$ etwas schneller ablaufen als der Prozeß $X \to e^+\bar{d}$. Im Extremfall könnten nur die Prozesse $\bar{X} \to e^-d$ und $X \to$ uu erlaubt sein. Ein $X\bar{X}$-Paar würde dann in e^-uud zerfallen, also in ein Elektron und drei Quarks, die bei entsprechend niedrigerer Temperatur leicht ein Proton bilden können. Damit führt der Zerfall des $X\bar{X}$-Paars direkt zur Erzeugung von Wasserstoff (Abb. 9–2).

Kann man Materie erzeugen?

Unser Ofen enthält Strahlung, die aus allen möglichen Teilchen und Antiteilchen besteht. Zum Beispiel gibt es genausoviele X-Teilchen wie $\bar{X}$-Teilchen, die wir alle zu $X\bar{X}$-Paaren zusammenfassen können. Betrachten wir den Ofen zu einem bestimmten Zeitpunkt. Kurze Zeit danach sind die X-Teilchen zum Teil bereits zerfallen. Wenn jedes $X\bar{X}$-Paar in e^-uud zerfällt, so dürfen wir erwarten, daß plötzlich mehr Quarks als Antiquarks im Ofen sind. Wir haben Quarks aus dem Nichts erzeugt, aus Energie. Haben wir also Materie erzeugt?

Die Antwort auf diese Frage ist leider negativ. Wenn man der Angelegenheit auf den Grund geht, erweist es sich, daß wir einen wichtigen Gesichtspunkt vergessen haben. Zwar zerfallen die X-Teilchen ständig im Ofen, gleichzeitig werden aber auch laufend neue gebildet. Wir haben eine Situation vor uns, die man in der Physik als thermisches Gleichgewicht bezeichnet. Wenn ein solches Gleichgewicht vorliegt, besteht eine vollkommene Symmetrie zwischen Teilchen und Antiteilchen. Insbesondere ist die Anzahl der Quarks und der

Antiquarks im Ofen immer gleich. Es gibt nur eine Möglichkeit, mehr Quarks als Antiquarks zu erzeugen: Wir müssen das thermische Gleichgewicht im Ofen stören.

Damit kommen wir zur letzten und wichtigsten Etappe unseres Gedankenexperiments. Wir heizen unseren Ofen auf mehr als 10^{28} Grad auf und versuchen, ihn möglichst schnell abzukühlen. Nun existiert **Der Ofen** dieser Ofen ja nur in unseren Gedanken. Es ist uns **explodiert** deshalb ein leichtes, den Ofen möglichst weit wegzubringen, sagen wir in den interstellaren Raum. Das empfiehlt sich insbesondere, weil unser nächstes Experiment nicht ungefährlich ist. Wir entfernen nämlich jetzt die Ofenwände und überlassen das auf etwa 10^{30} Grad aufgeheizte Plasma sich selbst.

Ein Ofen, in dessen Innerem eine Temperatur von mehr als 10^{28} Grad herrscht, muß einiges verkraften. Die Ofenwände müssen nicht nur hitzebeständig sein, sondern auch einen ungeheuren Druck aushalten.

Wenn wir plötzlich die Ofenwände entfernen, gibt es für die eingeschlossenen Teilchen kein Hindernis mehr. Das hocherhitzte Plasma fliegt auseinander, und zwar faktisch mit Lichtgeschwindigkeit – es ereignet sich eine Explosion. Eine Explosion ist ein physikalisches Ereignis, in dem kein thermisches Gleichgewicht mehr herrscht. Die im Ofen zusammengedrückten Teilchen fliegen nach allen Richtungen voneinander weg; jedes Teilchen ist sich selbst überlassen. Insbesondere zerfallen nach kurzer Zeit alle X- und $\overline{\text{X}}$-Teilchen; neue werden kaum mehr erzeugt – das thermische Gleichgewicht ist zerstört. Nachdem diese Zerfälle beendet sind, machen wir uns die Mühe, alle Quarks und Antiquarks zu zählen. Das Ergebnis ist nach unserer Vorbemerkung keine Überraschung: Es sind natürlich mehr Quarks als Antiquarks vorhanden.

Nach der Explosion unseres Ofens zerfallen alle instabilen Teilchen. Die Quarks und Antiquarks verbinden sich im Lauf der Zeit und bilden entweder Mesonen, die aber ihrerseits wieder zerfallen, oder Protonen beziehungsweise Neutronen und deren Antiteilchen (die Neutronen zerfallen allerdings ebenfalls wieder in Protonen und Leptonen). Im Endeffekt gibt es jedoch mehr Quarks als Antiquarks, das heißt mehr Protonen als Antiprotonen. Wenn wir uns die Mühe machen und die Asche, die nach der Explosion im Weltraum verbleibt, aufsammeln, werden die Antiprotonen sich mit den entsprechenden Protonen vernichten. Übrig bleiben einige Protonen, die sich mit herumfliegenden Elektronen zu Wasserstoffatomen verbinden.

Damit ist es uns gelungen, aus dem »Nichts«, aus **Wasserstoff** reiner Energie, Materie herzustellen. Es handelt sich **aus Nichts** hier um die Umkehrung des Protonzerfalls, den wir bereits besprochen haben. Beim Protonzerfall wandelt sich Materie in Strahlung um. Hier haben wir eben das Umgekehrte durchgeführt – aus Strahlung wurde Materie (siehe Abb. 9-3).

Damit sind wir am Ziel angelangt. Unser Ausgangspunkt war ein leerer Ofen, den wir auf Temperaturen von mehr als 10^{28} Grad erhitzt haben. Bei der anschließend erfolgten Explosion hat sich Materie gebildet: Wir erhalten Wasserstoffatome.

Die Materie, die wir im Kosmos vorfinden, besteht zum überwiegenden Teil aus Wasserstoff. Was liegt näher, als diesen Wasserstoff als das Überbleibsel einer Explosion zu interpretieren, einer Explosion, bei der am Anfang Temperaturen von mehr als 10^{28} Grad ge-

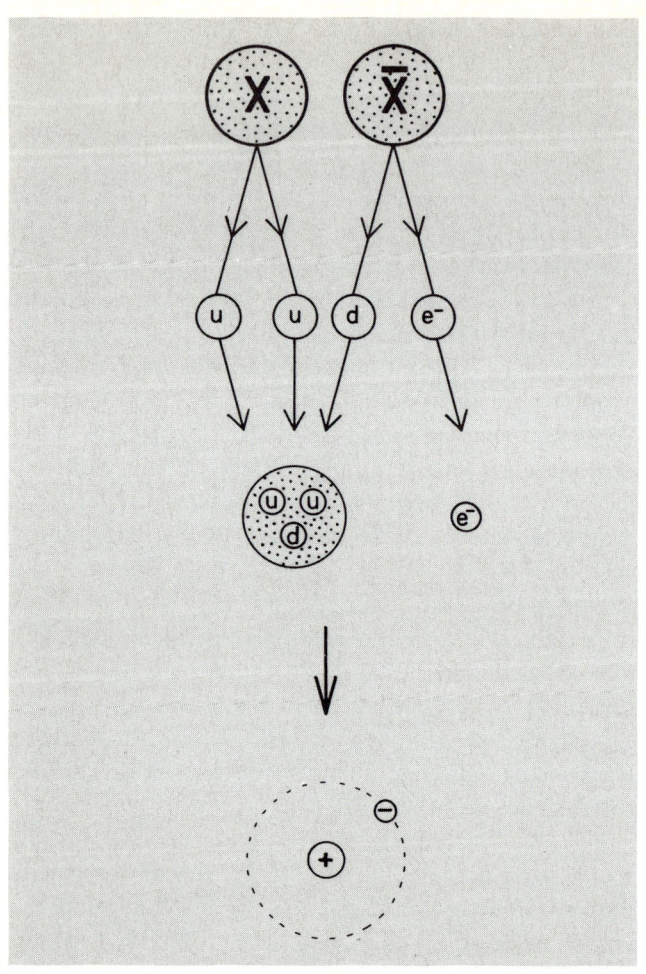

Abb. 9-2 Die Umwandlung eines X$\overline{\text{X}}$-Paars in drei Quarks (uud) und ein Elektron. Der Zerfall dieses Teilchenpaars liefert damit zum Beispiel Wasserstoff, das den Hauptteil der Materie im Universum darstellt.

herrscht haben? Sind die Galaxien, Sterne, Planeten und menschlichen Körper aus der Asche einer solchen Urexplosion aufgebaut?

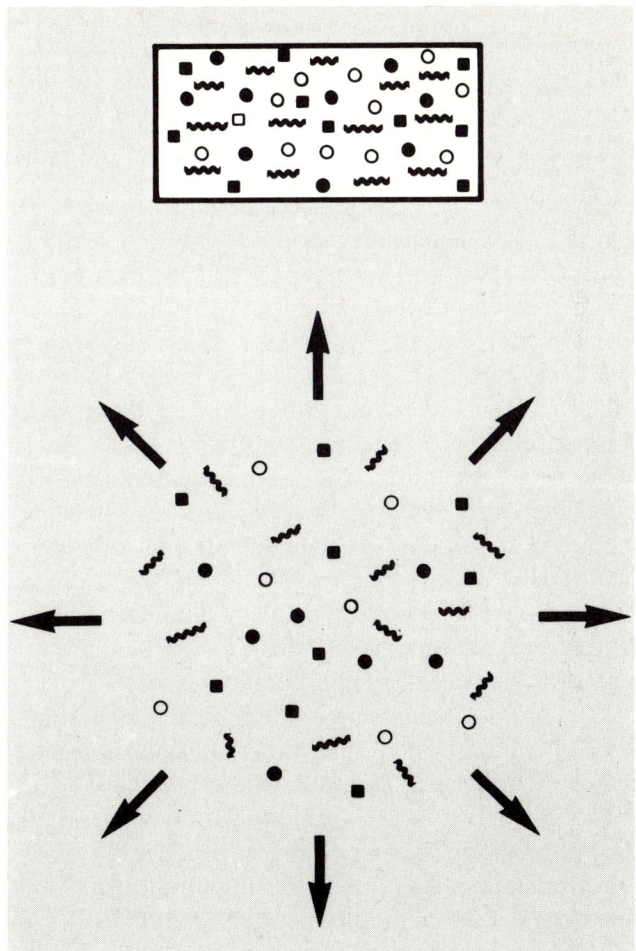

Abb. 9-3 Der auf mehr als 10^{28} Grad aufgeheizte Ofen explodiert. Die »Asche« dieser Explosion enthält mehr Quarks als Antiquarks beziehungsweise mehr Protonen als Antiprotonen. Die Materie im Universum ist wahrscheinlich das Resultat einer solchen Explosion.

10. Das überschaubare Universum

»Alles ist winzig im Vergleich mit dem Kos-
mos, und sich darüber zu verdrießen heißt
Größe mit Status verwechseln.«
Timothy Ferris[14]

Heutzutage ist für einen erwachsenen Menschen die
ganze Erde überschaubar, ja klein geworden. Ein Globus reicht aus, um jedermann klarzumachen, wo er
sich auf diesem Erdball befindet.

Dank des Einsatzes mächtiger Teleskope können
wir heute etwas Ähnliches über das Universum sagen.
Nach einigen Jahrzehnten intensiver astronomischer
Forschung haben wir heute einen Globus des gesamten
unserer Beobachtung zugänglichen Universums vor
uns. Der erste Eindruck, den uns dieser Globus vermittelt, ist der der Bescheidenheit. Obwohl heute
überschaubar geworden, ist das Universum riesig in
Hundert unseren menschlichen Maßstäben. Hundert Milliar-
Milliarden den Sterne gibt es in unserer Milchstraße; mindestens
Galaxien ebenso viele Galaxien beherbergt der Kosmos.

Nur drei Galaxien sind von der Erde aus mit dem
bloßen Auge zu sehen. Eine dieser Galaxien haben wir
schon mehrfach erwähnt, den Andromedanebel. Hinzu kommen die beiden Magellanschen Wolken, kleine
Galaxien, die man nur am Himmel des Südens beobachten kann. Sie sind uns relativ nahe, nur wenig mehr als
hunderttausend Lichtjahre von der Erde entfernt. Unsere Milchstraße, die Andromedagalaxie, die beiden
Magellanschen Wolken und eine ganze Reihe kleine-
rer Galaxien bilden unser näheres Zuhause im galaktischen Ozean, die sogenannte lokale Gruppe. Die Aus-

dehnung der lokalen Gruppe kann man ungefähr mit dem Abstand zwischen unserer Galaxie und dem Andromedanebel identifizieren; sie beträgt also etwa zwei Millionen Lichtjahre.

Mit Hilfe der großen Teleskope ist es den Astronomen in den vergangenen fünfzig Jahren gelungen, einige Milliarden Lichtjahre weit in den Kosmos vorzudringen. Tausende von Galaxien hat man näher studiert. Die Gesamtzahl der im für uns sichtbaren Teil des Kosmos befindlichen Galaxien wird auf mehr als hundert Milliarden geschätzt.

Noch vor wenigen hundert Jahren konnten sich nur ganz wenige Menschen ein Bild von der gesamten Erde machen. Für die meisten war die Oberfläche unseres Planeten schlicht unermeßlich, jenseits des Vorstellungsvermögens. Das hat sich heute geändert. Die Erde ist klein geworden. Reisen in entfernte Länder sind kein besonderer Luxus mehr. Fernsehen und Rundfunk bringen uns die ferne Welt ins Haus.

In jüngster Zeit hat sich eine ähnliche Entwicklung bezüglich des gesamten Kosmos ergeben. Wir sind **Kosmos als** heute in der Lage, uns den Kosmos als eine Einheit **Einheit** vorzustellen. Die Struktur des Universums im Großen wird zur Zeit intensiv erforscht, und wir können heute bereits eine Art Karte des Universums vorlegen.

Wenn man auf der Erde größere Strecken im Auto oder auch zu Fuß zurücklegt, ist es üblich, die Distanzen in Kilometern anzugeben. Jedermann weiß, wie groß etwa ein Kilometer ist.

Wenn wir die Struktur des Kosmos untersuchen, zum Beispiel die Verteilung der Galaxien, ist natürlich ein Kilometer keine besonders sinnvolle Längeneinheit. Aber auch die von uns bereits oft gebrauchte Einheit Lichtjahr ist hierfür nicht besonders sinnvoll. Sie eignet sich lediglich, um die Struktur unserer Galaxie zu studieren, denn der typische Abstand zwischen zwei Sternen in der Galaxie ist von der Größenordnung eines Lichtjahres.

Die Galaxien sind voneinander jedoch im Mittel viel weiter als ein paar Lichtjahre entfernt (der Abstand zwischen unserer Galaxie und der Andromedagalaxie beträgt etwa zwei Millionen Lichtjahre). Aus diesem Grunde möchte ich eine weitere Längeneinheit einführen, die ich kurz als MLJ bezeichne – eine Million Lichtjahre (übrigens ist 1 MLJ gleich $9,46 \cdot 10^{18}$ km). Wenn ich in der Folge die Struktur des Universums bespreche, versuchen Sie bitte nach Möglichkeit immer in Längen von MLJ zu denken – Sie werden sehen, wie einfach der Kosmos dann aussieht.

Eine neue Maßeinheit

In Einheiten von MLJ gemessen, erscheint der Kosmos nicht besonders groß. Wir werden später sehen, daß der unserer Beobachtung zugängliche Teil des Universums eine Größe von etwa 20000 MLJ hat. Stellen Sie sich 1 MLJ als 1 mm vor (wir werden dies noch oft tun). Das der Beobachtung zugängliche Universum hat dann einen Durchmesser von 20 m. Es ist also vergleichbar den Dimensionen eines allerdings ungewöhnlich hohen Saales mit den Maßen $20\,\text{m} \times 20\,\text{m} \times 20\,\text{m}$. Wir wollen die Gleichsetzung $1\,\text{MLJ} \mathrel{\hat{=}} 1\,\text{mm}$ als kosmische Längenskala bezeichnen.

In Einheiten von MLJ ist natürlich unsere Galaxie kaum noch zu sehen – sie gleicht einem Sandkorn von der Größe von 0,1 mm. Der Abstand unserer Galaxie von der Andromedagalaxie ist 2 MLJ, also 2 mm.

Ein Blick auf den klaren nächtlichen Sternenhimmel genügt, um zu sehen, daß die hundert Milliarden Sterne unserer Milchstraße nicht gleichmäßig am Himmel verteilt sind, sondern zum größten Teil im Band der Milchstraße konzentriert sind. Wie steht es mit den Galaxien? Sind diese auch in gewissen Regionen des

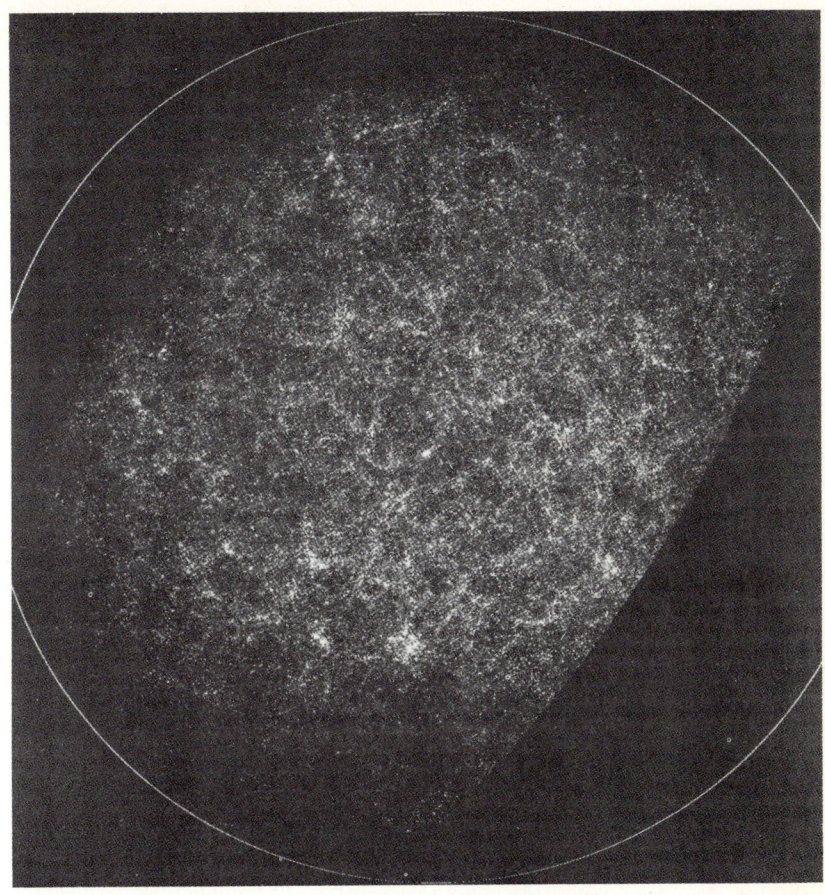

Abb. 10-1 Das Universum im Großen. Gezeigt ist die Verteilung von etwa einer Million Galaxien in der nördlichen galaktischen Hemisphäre, also der Hälfte des Himmels. Je weißer ein Gebiet erscheint, um so mehr Galaxien wurden in dem betreffenden Gebiet gezählt. In der Mitte des angegebenen Kreises (der sogenannte galaktische Äquator) beobachtet man eine größere Ansammlung von Galaxien: den sogenannten Comahaufen. Auffällig ist die schlierenförmige Verteilung der Galaxien (entworfen von P. J. E. Peebles, Princeton).

Himmels stärker konzentriert als in anderen Regionen? Gibt es bemerkenswerte Strukturen in der Verteilung der Galaxien?

In Abbildung 10-1 ist die Verteilung der Galaxien in einem Ausschnitt des Himmels, der sogenannten nördlichen galaktischen Hemisphäre, gezeigt. Nicht alle beobachtbaren Galaxien wurden in diese Karte aufgenommen, sondern nur Galaxien von einer gewissen Leuchtstärke an; insgesamt sind es etwa eine Million Galaxien. Je heller ein Gebiet markiert ist, desto mehr Galaxien wurden dort gezählt. Wenn man Abbildung 10-1 näher betrachtet, bemerkt man folgendes:

1. Die Galaxien sind nicht vollkommen homogen verteilt. Es gibt helle und dunkle Gegenden. Man wird an die schlierenförmige Verteilung erinnert, die man erhält, wenn man Wasserfarbe in einem Glas Wasser auflöst. Man beobachtet Gebiete, in denen es eine deutliche Ansammlung von Galaxien gibt, zum Beispiel im Zentrum von Abbildung 10-1 den sogenannten **Coma- und** ten Comahaufen (siehe Abb. 10-2). Unsere eigene lo-**Virgohaufen** kale Gruppe von Galaxien gehört ebenfalls zu einem größeren Haufen von Galaxien, dem sogenannten Virgohaufen, einer Ansammlung von mehreren tausend Galaxien, die man im Sternbild der Jungfrau beobachtet und dessen Zentrum von der Erde etwa 60 MLJ (6 cm in der kosmischen Skala) entfernt ist (siehe Abb. 10-3).

2. Trotz der beobachteten Fluktuationen in der Dichte der Galaxien, die man im Universum beobachtet, sieht man keine sehr auffälligen Strukturen in der Verteilung der Galaxien.

Man könnte daraus den Schluß ziehen, daß im Mittel die Galaxien im Universum etwa gleich verteilt sind, wie zum Beispiel die Mücken in einem Mückenschwarm. Zwar gibt es Raumgebiete, die besonders

234

Abb. 10-2 Ein Blick auf das Zentrum des Comahaufens von Galaxien. Hier sind nur wenige der insgesamt weit mehr als tausend Galaxien des Comahaufens zu sehen. Wenn sich die Erde inmitten einer der Galaxien im Comahaufen befinden würde, so wäre der Nachthimmel eindrucksvoller als der unsrige – viele der nahen Galaxien könnten wir mit dem bloßen Auge beobachten. Der Comahaufen ist von der Erde etwa 300 MLJ (30 cm in unserer kosmischen Skala) entfernt (Foto: Palomar-Observatorium).

235

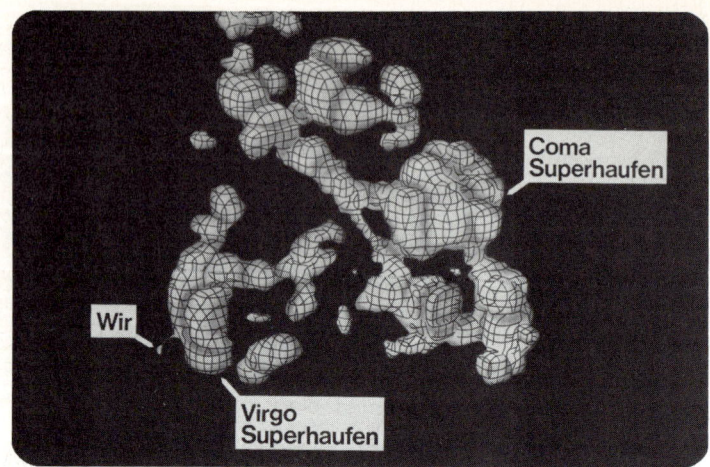

Abb. 10-3 Ein Bild der Materieverteilung in unserer kosmischen Umgebung, die von dem galaktischen Virgo-Superhaufen und dem Coma-Superhaufen dominiert wird. (Aus einer Fernsehserie des Autors (»Mikrokosmos« – WDR Köln 1985)).

viele Galaxien aufweisen, in anderen Gebieten sind es dafür weniger. Auch findet man im Kosmos ausgedehnte Raumgebiete, die leer sind, also keine Galaxien enthalten – Löcher, die manchmal einen Durchmesser von 100 MLJ haben. Diese Löcher haben in unserer kosmischen Längenskala etwa die Größe eines Fußballs. Wenn wir von solchen Fluktuationen einmal absehen, kann man folgern, daß im Universum die Galaxien mehr oder weniger gleich verteilt »herumschwimmen«.

Nehmen wir an, dies sei so. Dann liegt der Schluß nahe: Alle Galaxien, alle Orte im Universum sind gleichberechtigt. Es gibt keine besonders ausgezeichneten Gebiete. Jeder Punkt im Universum ist gleichberechtigt – es gibt eine »galaktische Demokratie«.

Galaktische Demokratie

Wir wollen uns in die Lage eines Astronomen versetzen, der sehr weit von uns entfernt ist – sagen wir, 500 MLJ – und den Kosmos mit Hilfe weitreichender Teleskope studiert. Dieser Beobachter wird ein ähnliches Bild von der Verteilung der Galaxien erhalten, wie es in Abbildung 10-1 (S. 233) skizziert ist. Erst beim Vergleichen der Details werden sich Unterschiede ergeben. Befindet sich der Beobachter zum Beispiel im Comahaufen, dann wird er nicht die eigentümliche Konzentration von Galaxien beobachten, die sich im Zentrum von Abbildung 10-1 befindet; er ist ja mittendrin.

Wir sind jetzt in der Lage, das folgende Prinzip zu formulieren, das von den Astronomen als »kosmologisches Prinzip« bezeichnet wird. Es besagt: Jeder Beobachter im Universum ist gleichberechtigt. Von jedem beliebigen Punkt im All aus betrachtet, sieht das Universum gleich aus. Angewandt auf unsere Erde bedeutet das kosmologische Prinzip: Unser eigener, in der lokalen Gruppe angesiedelter Ort zeichnet sich durch

Ein kosmologisches Prinzip

nichts vor jedem anderen Punkt aus – ein Eingeständnis menschlicher Bescheidenheit.

Das kosmologische Prinzip, so bescheiden es klingt, hat sich als sehr bedeutsam erwiesen. Es steht am Anfang der modernen Kosmologie, die sich im Verlauf der ersten Hälfte unseres Jahrhunderts entwickelte. Ihre Stütze waren die Ergebnisse astronomischer Forschungen an den neu errichteten amerikanischen Observatorien, insbesondere dem Observatorium auf dem Mount Wilson bei Pasadena und dem auf dem Mount Palomar nordöstlich von San Diego.

Hubble und Humason Einer der ersten Astronomen, die sich mit der Erforschung des Weltraums außerhalb unserer Galaxie beschäftigten, war Edwin Hubble. Zusammen mit seinem unermüdlichen Mitarbeiter Milton Humason, einem ehemaligen Maultiertreiber, wandte sich Hubble den bislang unerforschten Tiefen des Weltalls zu, unmittelbar nach seiner Ankunft in Pasadena im Jahre 1919. Hubble war es auch, der dafür sorgte, daß das neue Mount-Wilson-Observatorium nicht nur mit guten Beobachtungsgeräten ausgestattet wurde, sondern auch mit physikalischen Meßgeräten. Insbesondere wollte Hubble alte Messungen des amerikanischen Astronomen Vesto Slipher überprüfen, für die er sich besonders interessierte. Worum handelte es sich?

Diskrete Energien Wir betrachten das Licht einer Neonröhre. Es entsteht, weil in den Atomen des Neons laufend Elektronen zwischen verschiedenen Energiezuständen hin und her springen und hierbei Licht aussenden: Photonen, die eine ganz bestimmte Energie haben (sie liegt im Bereich von etwa 1 eV). Die Energien der ausgestrahlten Photonen lassen sich leicht messen. Deshalb kann ein Physiker, der mit geeigneten Meßgeräten ausgestattet ist, auch bei großer Entfernung eine Neonröhre von einer anderen Lichtquelle, zum Beispiel

238

einer Kerze, unterscheiden. Er mißt die Energie der eintreffenden Photonen. Nur wenn diese mit der Energie übereinstimmt, die üblicherweise die von Neonatomen ausgestrahlte Photonen besitzen, handelt es sich um eine Neonröhre.

Stellen Sie sich folgendes kleines Experiment vor. Sie erzeugen einen kräftigen Wasserstrahl, zum Beispiel im Garten mit dem Wasserschlauch. Der Wasserstrahl trifft Sie voll auf den Körper; Sie spüren die Kraft, die er auf Sie ausübt. Jetzt laufen Sie in Richtung des Strahls. Die Kraft des Wassers (die Energie des Wassers) wird größer, weil das Wasser mit einer größeren Geschwindigkeit (mit größerer Energie) auf Ihren Körper trifft. Anschließend kehren Sie um und laufen dem Wasserstrahl davon. Die Kraft des Wasserstrahls läßt nach, denn die Geschwindigkeit des Wassers relativ zu Ihnen wird kleiner.

Das Experiment, das wir eben für einen Wasserstrahl durchgeführt haben, können wir auch mit Hilfe eines Lichtstrahls durchführen. Auch ein Lichtstrahl übt, wenn er auf Ihren Körper trifft, eine Kraft aus. Nur ist diese Kraft äußerst winzig und nicht spürbar. Wir behelfen uns deshalb auf andere Weise. Wir messen die Energie der Photonen des Lichtstrahls. Ein Gerät dieser Art, ein Spektrometer, läßt sich leicht beschaffen. Der Einfachheit halber benutzen wir einen Lichtstrahl, der von einer Neonröhre erzeugt wird. **Kräftige Lichtstrahlen**

Wir untersuchen zuerst das Neonlicht, wenn wir selbst und die Lichtquelle in Ruhe sind. Anschließend bewegen wir uns auf die Lichtquelle zu. Wir bemerken, daß die Energie der Photonen zunimmt. Je schneller wir uns bewegen, um so größer wird die Energie der Photonen. Dies äußert sich in einer Verschiebung der Farbe des Lichts. Die Farbe verschiebt sich zum blauen Bereich des sichtbaren Lichts (die

Photonen des blauen Lichts haben eine größere Energie als die Photonen des roten Lichts). Dieser Effekt entspricht dem oben besprochenen Größerwerden der Kraft des Wasserstrahls, wenn wir uns in Richtung des Strahls bewegen.

Bewegen wir uns von der Lichtquelle weg, dann erhalten wir den entgegengesetzten Effekt. Die Energie der Photonen wird geringer; die Farbe des Lichts wird rötlich. Die gleichen Erscheinungen beobachten wir, wenn wir in Ruhe verbleiben und sich die Lichtquelle auf uns zu oder von uns weg bewegt. Im ersten Fall wird die Energie der Photonen größer, im anderen Fall kleiner.

Damit ist es möglich, die Geschwindigkeit der Lichtquelle zu messen – einfach durch eine genaue Messung der Energie der ankommenden Photonen. **Wie schnell sind Galaxien?** Auf ähnliche Weise läßt sich die Geschwindigkeit einer Galaxie oder eines Sterns feststellen. Man untersucht die Energien der von der Galaxie ausgestrahlten Photonen und kann aufgrund der Resultate die Geschwindigkeit vergleichsweise genau bestimmen.

Am Anfang dieses Jahrhunderts begann der amerikanische Astronom Slipher, das Licht der fernen Spiralnebel zu untersuchen. Er entdeckte den Effekt, der in der Folge als die »Rotverschiebung« in die Annalen der Astronomie eingegangen ist. Das Licht der fernen Spiralnebel war zum rötlichen Bereich hin verschoben. Es sah also so aus, als würden die Spiralnebel von uns forteilen.

Mehr als zehn Jahre später begann Hubble, sich mit dem von Slipher entdeckten Effekt zu beschäftigen. Im Jahre 1929 schließlich machte er seine Entdeckung, die für die weitere Entwicklung der Kosmologie richtungweisend war. Hubble fand heraus, daß nicht nur die weit entfernten Galaxien sich alle von uns weg bewegen, sondern daß sie dies auch um so schneller tun, je weiter sie von uns entfernt sind. Die hierbei beobachteten Geschwindigkeiten waren nicht etwa klein. So stellten Hubble und Humason in der Folge fest, daß Galaxien im Sternbild Ursa Major I (Großer Bär) sich mit einer Geschwindigkeit von 42 000 km/sec von uns weg bewegen, also mit ⅐ der Geschwindigkeit des Lichts.

Hubble wies nach, daß die Fluchtgeschwindigkeit der Galaxien einem einfachen Gesetz genügt, das sich durch einen Parameter, den sogenannten Hubble-Parameter H, beschreiben läßt. Der heute allgemein akzeptierte Wert dieses Parameters liegt zwischen 15 und 30 km/sec je MLJ. Da von vielen Astronomen der niedrigere Wert von 15 bevorzugt wird, werden wir in der Folge diesen Wert benutzen.

Das Hubble-Gesetz sagt aus: Befindet sich eine Galaxie in einer Entfernung von 1 MLJ, so bewegt sie sich mit der Geschwindigkeit von 15 km/sec von uns fort. Bei einer Entfernung von 2 MLJ ist die Fluchtgeschwindigkeit doppelt so groß: 30 km/sec. Allgemein ist die Fluchtgeschwindigkeit gegeben durch das Produkt von Hubble-Konstante und Entfernung in MLJ.

Eine Galaxie, die 100 MLJ entfernt ist, müßte sich demnach mit einer Geschwindigkeit von $15 \cdot 100 = 1500$ km/sec von uns fort bewegen. Die oben erwähnten Galaxien mit einer Fluchtgeschwindigkeit von 42 000 km/sec sind demnach $42 000 : 15 = 2800$ MLJ, also 2,8 Milliarden Lichtjahre, von uns entfernt (2,8 m in kosmischen Dimensionen). So einfach ist das Hubble-Gesetz.

Schwieriger wird es, wenn wir es interpretieren. Welchen Grund haben die Galaxien, sich ausgerechnet von uns weg zu bewegen, und zwar um so schneller, je weiter weg sie sind? Wie steht es mit dem kosmologischen Prinzip der galaktischen Demokratie? Ist unsere Galaxie etwas Besonderes, da alle anderen Galaxien von ihr weg fliegen?

Zur Beruhigung mag beitragen, daß das Hubble-Gesetz nicht für sehr kleine Abstände, das heißt für Abstände von nur einigen Millionen Lichtjahren, gilt. Der Andromedanebel ist von uns 2 Millionen Lichtjahre entfernt. Entsprechend dem Hubble-Gesetz müßte er sich mit 30 km/sec von uns weg bewegen. Tatsächlich bewegen sich die Andromedagalaxie und unsere eigene Galaxie mit einer Geschwindigkeit von etwa 300 km/sec aufeinander zu. Wahrscheinlich ist dies eine Folge der zwischen ihnen wirkenden Gravitationskraft.

Die lokale Gruppe der Galaxien bewegt sich mit einer Geschwindigkeit von etwa 500 km/sec vom großen Virgohaufen weg. Hubbles Gesetz würde eine Geschwindigkeit von etwa 1000 km/sec verlangen; es liegt also hier eine beträchtliche Abweichung von diesem Gesetz vor, dessen Ursache vermutlich die vom Virgohaufen ausgehende Gravitationswirkung ist. Das Hubble-Gesetz gilt allgemein erst für Galaxien, die weiter als etwa 100 MLJ voneinander entfernt sind.

Wie soll man das Hubble-Gesetz interpretieren? Wieder nehmen wir Zuflucht zu einem Gedankenexperiment. Nehmen wir an, der Erdball würde binnen einer Stunde doppelt so groß werden. Alle Distanzen auf der Erdoberfläche werden innerhalb einer Stunde doppelt so groß wie vorher. Die Entfernung zwischen München und Wien ist also nach Ablauf dieser Stunde nicht 500, sondern 1000 km und die zwischen Rom und Paris nicht 1600, sondern 3200 km. Welchen Eindruck hat nun ein Beobachter in München, der während der Stunde der Ausdehnung ständig die Entfernungen zwischen München und andern Orten mißt? Er beobach-

Der Erdball wird aufgeblasen

242

tet, daß alle Orte sich von München weg bewegen; Wien zum Beispiel hat eine Fluchtgeschwindigkeit von 500 km/h, Helsinki (vor der Ausdehnung 2000 km von München entfernt) gar eine von 2000 km/h, denn nach der Ausdehnung ist Helsinki 4000 km von München entfernt. Der in München stationierte Beobachter findet einen Ausdehnungsparameter (einen Hubble-Parameter) von einem Kilometer pro Stunde je Kilometer Entfernung. Alle Orte auf der Erdoberfläche bewegen sich von ihm weg, und zwar um so schneller, je weiter sie von ihm weg sind.

Welchen Eindruck hat nun ein entsprechender Beobachter in Paris? Auch er findet, daß sich jedermann von ihm weg bewegt, und zwar mit einer Geschwindigkeit, die durch dasselbe Hubble-Gesetz beschrieben wird wie das in München gefundene. Rom zum Beispiel flieht von Paris mit einer Fluchtgeschwindigkeit von 1600 km/h. Kurzum, jeder auf der Erdoberfläche stationierte Beobachter findet das gleiche Phänomen – alles bewegt sich von ihm weg, und zwar um so schneller, je weiter der entsprechende Ort entfernt ist. Demzufolge ist kein Beobachter ausgezeichnet; alle Beobachtungsorte sind gleichberechtigt – es herrscht ein »geologisches« Prinzip ganz analog zum kosmologischen Prinzip.

Jeder flieht vor jedem

Wir verallgemeinern unsere soeben erworbene Erkenntnis auf das Weltall, auf das Fliehen der Galaxien. Man kann letztere deuten als eine Fortbewegung aller Galaxien voneinander. Das Weltall der Galaxien dehnt sich aus – die Galaxien fliegen voneinander weg. Wenn sie dies tun, dann müssen sie ursprünglich einmal eng beieinander gewesen sein. Zu welcher Zeit? Wenn wir annehmen, daß sich die Fluchtgeschwindigkeit im Laufe der Zeit nicht oder nur sehr wenig ändert, können wir den fraglichen Zeitpunkt leicht bestimmen. Eine Galaxie, die 1 MLJ von uns entfernt ist, schwebt nach dem Hubbleschen Gesetz mit einer Geschwindigkeit von 15 km/sec davon. Wann ist jene Galaxie von uns abgereist? Man braucht nur die Entfernung (1 MLJ = $9{,}46 \cdot 10^{18}$ km) durch die Fluchtgeschwindigkeit von 15 km/sec zu teilen und kommt auf eine Zeit von $6{,}3 \cdot 10^{17}$ Sekunden beziehungsweise 20 Milliarden Jahren. Der Hubble-Parameter gibt also direkt an, wie lange die »Expansion« der Galaxien gedauert hat. Falls die Fluchtgeschwindigkeit sich im Laufe der Zeit nicht oder nur wenig geändert hat, waren alle Galaxien vor 20 Milliarden Jahren eng beieinander.

Es begann vor 20 Milliarden Jahren

Die Zeitskala von 20 Milliarden Jahren ist interessant, ist sie doch vergleichbar mit den Zeiten, die man für das Alter der Sterne und der Erde bestimmt. Unsere Erde ist etwa 4 Milliarden Jahre alt. Das Alter der Galaxie bestimmt man auf etwa 15 Milliarden Jahre. Sagt also der Hubble-Parameter etwas über den Zeitpunkt der Geburt des Universums aus?

Aufschluß über diese Frage vermögen eventuell die seltsamsten Objekte zu geben, die man bislang im Universum gefunden hat, die Quasare. Was sind Quasare?

Die Lichtmenge, die eine typische Galaxie, zum Beispiel unsere eigene, aussendet, ist ungefähr bekannt. Je weiter eine Galaxie von der Erde entfernt ist, um so schwächer leuchtet sie. Aus diesem Grunde ist es nicht möglich, normale Galaxien zu beobachten, die viel weiter als etwa 1000 MLJ von uns entfernt sind. Um so größer war die Überraschung der Astronomen, Objekte zu finden, die sehr viel weiter als 1000 MLJ von uns entfernt sind und deren Fluchtgeschwindigkeit mehr als 250 000 km/sec betragen kann: die Quasare.

Rätselhafte Quasare

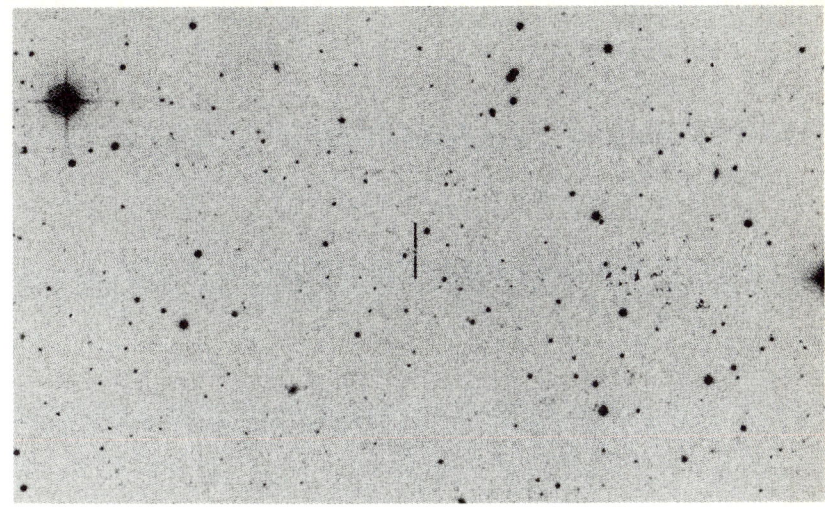

Abb. 10-4 Eines der entferntesten Objekte, die man im Weltraum gefunden hat. Bei dem durch die vertikalen Striche gekennzeichneten Objekt handelt es sich nicht um einen Stern, sondern um einen Quasar (Nr. OQ 172). Mehr als 15 Milliarden Jahre hat das Licht gebraucht, um von diesem Quasar zur Erde zu gelangen. Als das Licht ausgesandt wurde, war das Universum nur etwa ein Viertel so groß wie heute. Mittlerweile ist dieser Quasar längst verglüht und hat sich in eine »zivilisierte« Galaxie verwandelt, die vielleicht sogar denkende Wesen beherbergt. Unsere eigene Galaxie hat unter Umständen kurz nach ihrer Entstehung auch eine Quasarzeit erlebt (Foto: Mount-Palomar-Observatorium, Pasadena).

Die Quasare sind sehr weit entfernte, relativ schwach leuchtende Objekte, die eine sehr große Rotverschiebung ihres Lichts zeigen. Wenn man jedoch die große Entfernung der Quasare von der Erde in Rechnung zieht, findet man, daß sie eine enorme Leuchtkraft haben. Manche von ihnen sind mehr als tausendmal heller als unsere eigene Galaxie (siehe Abb. 10-4). Damit ist ausgeschlossen, daß Quasare sehr stark leuchtende Sterne sind. Was sind sie? Es ist heute allgemein akzeptiert, daß es sich bei den Quasaren um sehr weit entfernte Galaxien handelt, genauer gesagt, um die sehr stark leuchtenden Kerne solcher Galaxien.

Die enorme Leuchtkraft der Quasare kann man nur so deuten, daß in den Kernen, in den Zentren dieser Galaxien, gewaltige Explosionen stattfinden – Prozesse, bei denen sich riesige Mengen von Materie in Strahlungsenergie umwandeln. Die einfachste Interpretation dieser Energieerzeugung ist schon abenteuerlich **Schwarze** genug: Wahrscheinlich handelt es sich bei den Quasa- **Löcher in** ren um Galaxien, in deren Zentrum sich ein großes **den** Schwarzes Loch befindet. Letzteres saugt die umge- **Quasaren?** bende Materie auf, große Staub- und Gaswolken und ganze Sternsysteme. Dabei werden gewaltige Mengen an Energie in Form von Licht und anderer elektromagnetischer Strahlung (zum Beispiel Röntgenstrahlen oder Radiowellen) ausgesandt. Diesem Umstand verdanken wir es, daß wir die Quasare überhaupt sehen können.

Man kann leicht abschätzen, daß ein Quasar sich eine derartige Energieverschwendung nicht lange leisten kann, jedenfalls nicht über Milliarden Jahre hinweg. Irgendwann ist sein Massenvorrat, also auch sein **Woher** Energievorrat, erschöpft. Wird er schließlich von der **kommt** Energiekrise eingeholt, sinkt die Leuchtkraft auf ein **die Energie?** normales Maß. Diese einfache Idee vermag zu erklären, warum die Quasare so weit von uns entfernt sind. In der Nähe der Erde gibt es keine Quasare. Einen Quasar, der »nur« 200 MLJ von der Erde entfernt ist, könnte man mit dem bloßen Auge sehen. Wäre die Andromedagalaxie ein Quasar, so könnten wir ein spektakuläres Schauspiel am Himmel beobachten.

Wahrscheinlich handelt es sich bei den Quasaren um eine frühe Stufe in der Entwicklung der Galaxien, um ihre Pubertätsphase. Die Quasare, die wir heute im Teleskop beobachten, existieren heute nicht mehr als diejenigen Objekte, die wir sehen. Das Licht war einige Milliarden Jahre unterwegs. Wenn wir Quasare beobachten, dann blicken wir in die Frühgeschichte des Universums zurück. Wir sehen das Weltall, wie es vor vielen Milliarden Jahren gewesen ist. Der in Abbildung 10-4 (S. 245) gezeigte Quasar existierte vor etwa 15 Milliarden Jahren als eine sehr stark leuchtende Galaxie. Was aus ihm heute geworden ist, wissen wir nicht. Als das Licht, das wir heute beobachten, von ihm ausgestrahlt wurde, war das Universum etwa fünf Milliarden Jahre alt und nur ein Viertel so groß wie heute.

Quasare – Relikte aus der Frühzeit des Kosmos

Vielleicht war unsere eigene Galaxie in ihrer Pubertätsphase ebenfalls ein Quasar, dessen Licht mittlerweile 15 Milliarden Jahre durch das Weltall geeilt ist, um heute auf das Auge eines fernen Beobachters zu treffen, dessen eigene Galaxie wir in unseren Teleskopen als hell strahlenden Quasar beobachten.

Die These, daß Quasare Galaxien in ihrer Pubertätsphase sind, wird gestützt durch die Tatsache, daß man zwar bislang fast 2000 Quasare studiert hat, aber keinen Quasar gefunden hat, der älter als 18 Milliarden Jahre ist. Wir dürfen also annehmen, daß man mit den fernen Quasaren gewissermaßen den Rand des Universums sieht. Wenn man versucht, noch weiter ins All hinauszublicken, also das Universum in noch früheren Zeiten zu beobachten, wird man keine Galaxien mehr finden, da es zu jenen Zeiten noch keine Galaxien im üblichen Sinne gab. Wir erreichen das Kindesalter des Kosmos, dem wir uns im nächsten Kapitel zuwenden wollen.

11. Das explodierende Universum

»Im Anfang schuf Gott den Himmel und die
Erde. Die Erde war wüst und leer, Finsternis
lag über der Urflut, und der Geist Gottes
schwebte über den Wassern. Da sprach Gott:
Es werde Licht! Und es ward Licht.«

Altes Testament, 1. Moses 1,1-3

In den Jahren 1912 bis 1916 schuf Albert Einstein seine
Theorie der Gravitation: die allgemeine Relativitätstheorie. Sie gehört ohne Zweifel zu den bedeutendsten
Entdeckungen menschlichen Geistes. Raum und Zeit,
so hatte Isaac Newton einst gelehrt, existierten unabhängig und unbeeinflußbar von der Materie – sie waren absolute Größen, gewissermaßen von Gott gegeben.

Einsteins Theorie räumte mit dieser Vorstellung
Newtons gründlich auf. Entsprechend der allgemeinen
Relativitätstheorie gibt es keinen absoluten Raum und
keine absolute Zeit. Sowohl Raum als auch Zeit sind
Die Einheit nicht von der Materie zu trennen; die Struktur von
von Raum, Raum und Zeit hängt von der Materie ab. Raum und
Zeit und Zeit sind ein flexibles Kontinuum, das sich an die vor-
Materie handene Materie, sei es eine Galaxie oder nur ein kleiner Planet, anschmiegt. Raum, Zeit und Materie bil-
den eine Einheit. Die Schwerkraft ist eine Konsequenz
dieser Einheit, eine neben anderen.

Nur so viel sei hier zur allgemeinen Relativitätstheorie gesagt, denn für das Verständnis kosmologischer
Fragen ist eine genaue Kenntnis dieser Theorie nicht
unbedingt notwendig. Wohl aber sollte man die haupt-
sächliche Konsequenz der Einsteinschen Theorie sich
merken: Raum und Zeit sind keine absoluten Größen,
sondern beeinflußbar von der Materie.

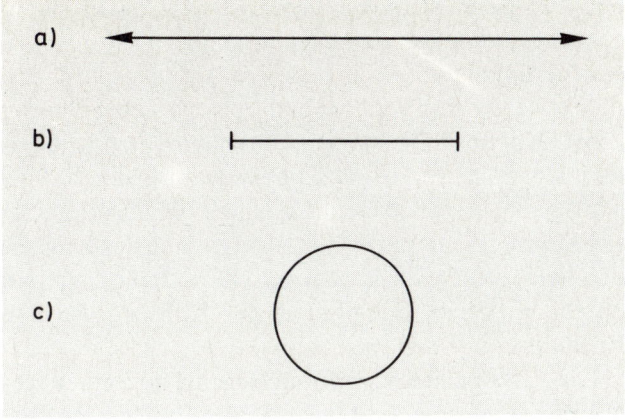

Abb. 11-1 Eine unendlich ausgedehnte Gerade bezeichnet man als einen eindimensionalen, unendlich großen Raum (a). Eine begrenzte Gerade (b) ist ein eindimensionaler, endlich großer Raum – endlich und begrenzt. Eine Kreislinie (c) ist ein eindimensionaler Raum, der endlich ist, aber unbegrenzt. Ein eindimensionaler Wanderer, der in seinem Raum spazierengeht, kommt nach genügend langer Zeit an seinen Ausgangspunkt zurück.

Einstein selbst war in den Jahren des Ersten Weltkriegs und kurz danach nicht besonders an kosmologischen Fragen interessiert, und so kam es, daß ein anderer die für die weitere Entwicklung der Kosmologie entscheidende Entdeckung machte: der russische Mathematiker Alexander Friedmann in Leningrad. Friedmann dachte über die Struktur des Universums im Großen nach. Ist es unendlich groß oder vielleicht endlich?

Wir betrachten wieder einmal die Erdoberfläche und mißbrauchen sie für ein Gedankenexperiment (siehe auch Abb. 11-1). Die Erdoberfläche hat die Form einer Kugeloberfläche. Sie ist ein zweidimensionaler »Raum« (die zwei Dimensionen sind charakterisiert durch die Richtung Ost–West und Nord–Süd); er ist endlich groß, aber unbegrenzt. Wenn wir auf der **Endlich, aber unbegrenzt**

249

Erdoberfläche in irgendeiner Richtung loslaufen, so erreichen wir nirgends ein Ende, sondern kehren nach genügend langer Zeit zu unserem Ausgangspunkt zurück (Ozeane und andere Hindernisse lassen wir außer acht). Auf unserem Marsch führen wir einen Kilometerzähler mit. Wenn wir schließlich an unseren Ausgangspunkt zurückkehren, lesen wir die zurückgelegten Kilometer ab und wissen den Umfang des Kreises, den wir zurückgelegt haben. Diese Länge, geteilt durch 2π,. ergibt den Radius des Kreises, also den Erdradius.

Die Erdoberfläche ist ein Beispiel für einen gekrümmten »Raum« von zwei Dimensionen, der endlich, aber unbegrenzt ist. Für uns ist dies natürlich keine besonders tiefe Einsicht, denn wir wissen genau, was eine zweidimensionale Kugeloberfläche ist. Wir selbst leben in einem dreidimensionalen Raum. Auf der Erdoberfläche gibt es für uns nicht nur die Dimensionen Ost–West und Nord–Süd, sondern auch die dritte Dimension Oben–Unten.

Nehmen wir an, es gäbe zweidimensionale Lebewesen, seltsame, amöbenhafte Kreaturen, für die die dritte Dimension nicht existiert und die auf der zweidimensionalen Ost-West-Nord-Süd-Erdoberfläche dahinvegetieren. Diese Lebewesen gehen jetzt daran, den Raum, in dem sie leben, zu studieren. Mit Erstaunen werden sie feststellen, daß ihre Welt endlich ist, aber unbegrenzt. In welche Richtung sie auch davonlaufen, immer kehren sie nach genügend langer Zeit zum Ausgangspunkt zurück.

Krümmung in drei Dimensionen Wir wollen uns eine analoge Situation im Dreidimensionalen vorstellen, einen dreidimensionalen gekrümmten Raum. Das wäre ein Raum ohne sichtbare Grenzen, aber von endlicher Größe. Nehmen wir an, wir leben in einem solchen Raum. Wie können wir feststellen, daß der Raum endlich ist? Wir schicken eine Expedition los, die die Aufgabe hat, mit einer Rakete immer in dieselbe Richtung zu fliegen. Kommt diese Rakete nach entsprechend langer Zeit wieder zu ihrem Ausgangspunkt zurück, so leben wir in einem endlichen Raum. Den von der Rakete zurückgelegten Weg können wir als den Umfang eines Kreises interpretieren. Geteilt durch 2π, erhält man so den Krümmungsradius des Raums.

Alexander Friedmann untersuchte die Struktur einfacher »krummer« Räume (wie zum Beispiel das oben beschriebene Analogon einer Kugeloberfläche), indem er Einsteins Theorie benutzte. Er fand ein überraschendes Ergebnis. Ein zeitlich unveränderlicher Raum, also ein in der Zeit nicht veränderliches, ein statisches Universum, war nicht möglich. Entweder wurde der Raum im Laufe der Zeit größer oder kleiner. Der erste Fall, das Größerwerden des Universums, würde gut mit dem beobachteten Fliehen der Galaxien voneinander zusammenpassen.

Friedmanns Kosmologie

Friedmann unterschied zwei verschiedene Fälle. Im ersten Fall bläht sich das Universum langsam auf, erreicht schließlich eine bestimmte Größe und zieht sich anschließend wieder zusammen wie ein Luftballon, den man aufbläst, bis er seine maximale Größe erreicht hat, und aus dem man dann die Luft wieder herausläßt. Dieser Fall liegt vor, wenn die Dichte der Materie im Universum größer ist als ein bestimmter kritischer Wert, der von der Ausdehnungsgeschwindigkeit des Universums, also vom Hubble-Paramater (siehe S. 241) abhängt. Das Universum ist demnach endlich groß, aber unbegrenzt. Man spricht von einem geschlossenen Weltall.

Ist die Dichte der Materie weniger als der erwähnte kritische Wert, der uns noch näher beschäftigen wird,

Wie groß ist das Weltall? so hat die Expansion des Universums kein Ende. Der Raum ist in diesem zweiten Fall unendlich groß, so wie der gewöhnliche dreidimensionale Raum. Die Abstände in diesem Universum werden ständig größer; das heißt, die Galaxien eilen voneinander weg, und zwar für immer. Eine Rückkehr ist nach dieser Theorie nicht möglich. Man spricht von einem offenen Universum.

Man kann sich die beiden von Friedmann gefundenen Fälle folgendermaßen plausibel machen. Wenn wir eine Rakete auf der Erdoberfläche senkrecht nach oben schießen, dann können wir, was das weitere Schicksal dieser Rakete betrifft, zwei Möglichkeiten unterscheiden. Entweder erreicht die Rakete nach dem Abbrennen des Treibstoffs eine genügend hohe Geschwindigkeit (mehr als etwa 11 km/sec), um der Schwerkraft der Erde zu entfliehen und in den Weltraum hinauszufliegen, oder sie erreicht diese Geschwindigkeit nicht. Im zweiten Fall steigt die Rakete bis auf eine maximale Höhe und fällt anschließend wieder auf die Erdoberfläche zurück.

Dieser Fall entspricht dem des endlich großen Universums, das sich bis zu einer maximalen Größe ausdehnt und sich anschließend wieder zusammenzieht. Entweicht die Rakete für immer in den Weltraum, so entspricht dies dem unendlich großen Universum, das sich für immer »ausdehnt« – die Galaxien fliegen für alle Zeiten voneinander weg.

Die meisten Eigenschaften der beiden Friedmannschen Weltmodelle lassen sich auf recht einfache Weise verstehen. Sowohl beim geschlossenen als auch beim offenen Weltmodell hat das Universum einen Anfang – **Die Zeit hat einen Anfang** den Zeitpunkt, an dem die Expansion des Raums begann. Wir werden sehen, daß es ein sehr feuriger Anfang war – das Universum war zu jenem Zeitpunkt sehr heiß.

Wir können uns diesen Anfang nur als eine große Explosion vorstellen – als den Urknall, den »big bang«. Wie bei jeder Explosion wurde auch beim Urknall Materie auseinandergeschleudert. Die Folgen dieser Explosion beobachten wir heute im Auseinanderfliehen der Galaxien. Friedmanns Theorie sagt voraus, daß sich das »Voneinanderwegeilen« der Galaxien im Laufe der Zeit verlangsamt.

Die Verlangsamung der Galaxienflucht können wir leicht verstehen, wenn wir das oben erwähnte Beispiel der Rakete noch einmal ins Spiel bringen. Eine Rakete, die senkrecht aufsteigt und deren Brennstoff versiegt, wird im Laufe der Zeit langsamer, ebenso wie ein Stein, der senkrecht nach oben geworfen wird. Sowohl die Rakete als auch der Stein müssen gegen die Schwerkraft »ankämpfen« und verlieren deshalb laufend Bewegungsenergie – sie werden langsamer. Auch die Materie, die beim Urknall auseinandergeschleudert wird, ist der Gravitationskraft ausgesetzt. Alle Galaxien im Weltall ziehen sich gegenseitig an. Diese Anziehung hat zur Folge, daß die Galaxien im Laufe der Zeit langsamer werden, denn jede Galaxie muß gegen die Anziehungskräfte der anderen Galaxien ankämpfen. Hierbei verliert sie Bewegungsenergie.

Galaxien werden langsamer

Die Anziehungskräfte, die die Galaxien wechselseitig beeinflussen, hängen davon ab, wie viele Galaxien pro Raumeinheit vorhanden sind. Sind es sehr viele Galaxien, so sind diese Kräfte unter Umständen so groß, daß alle Galaxien im Laufe der Zeit zum Stillstand kommen, allerdings nur für einen relativ kurzen Zeitpunkt, um sich dann wieder aufeinanderzu zu bewegen, aufeinanderzu»fallen«. In diesem Fall ist das Weltall endlich groß (siehe Abb. 11-2).

Ein endlich großes Weltall?

Ist die Materie im Universum jedoch recht dünn verteilt, so gelingt es nicht, die Galaxien zur Umkehr zu

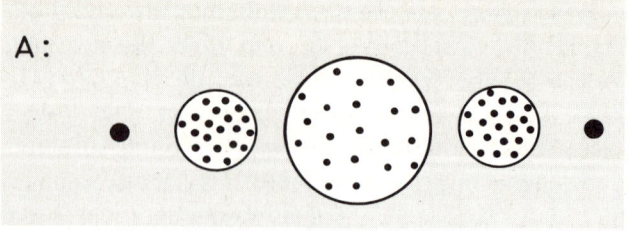

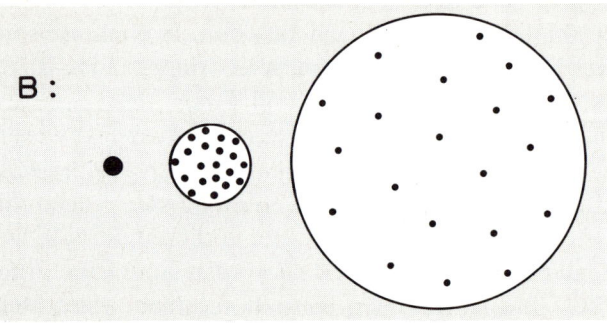

Abb. 11-2 Zwei Möglichkeiten für die Dynamik des Universums.
A: Das Universum bläht sich auf, erreicht eine maximale Größe und fällt anschließend wieder in sich zusammen. Dies geschieht, falls die Materiedichte im Weltraum größer als die kritische, durch den Hubble-Parameter bestimmte Dichte ist. Es handelt sich um ein geschlossenes Weltall.
B: Das Universum expandiert für immer. Die Materiedichte ist geringer als die kritische Dichte. Das Weltall ist offen, unendlich groß.
Unser Kosmos befindet sich zur Zeit in einer Expansionsphase. Es ist nicht klar, ob ein offenes oder geschlossenes Weltall vorliegt.

bewegen; für immer eilen sie voneinander weg, ganz in Analogie zur Rakete, die sich aus dem Schwerefeld der Erde weg bewegt; wir haben eine offene Welt vor uns.

Zur Zeit beobachten wir im Kosmos, daß die Galaxien voneinander wegfliegen. Ob nun das Universum geschlossen ist oder offen – in jedem Fall erwartet man, daß die Galaxienflucht sich im Laufe der Zeit verlangsamt. Die Fluchtgeschwindigkeiten der Galaxien werden vom Hubble-Parameter beschrieben. Daraus folgt, daß der Hubble-Parameter im Laufe der Zeit abnehmen muß. Früher muß er größer als heute gewesen sein. Der Hubble-Parameter ist also keine unveränderliche Größe, sondern hängt von der Zeit ab, die seit dem Urknall verstrichen ist. Aus diesem Grund habe ich diese Größe auch Hubble-Parameter genannt. Die meisten Astronomen sprechen nicht ganz korrekt von der Hubble-Konstanten. **Hubbles Parameter ändert sich**

Trotz intensiver Forschung ist es bis heute nicht möglich gewesen, eine zeitliche Abhängigkeit des Hubble-Parameters festzustellen. Wenn überhaupt, nimmt der Hubble-Parameter im Laufe der Zeit nur sehr wenig ab (in Übereinstimmung mit der theoretischen Berechnung, deren Grundlage die allgemeine Relativitätstheorie ist).

Wie groß ist der kritische Wert der Materiedichte im Universum, also der Wert, der bestimmt, ob das Universum geschlossen oder offen ist? Er ist bestimmt durch den Hubble-Parameter und die Naturkonstante der Gravitation. Diese ist sehr genau bekannt, während der Hubble-Parameter, wie wir wissen, mit einer Unsicherheit vom Faktor Zwei behaftet ist. Wenn wir den von uns bevorzugten Wert des Hubble-Parameters von 15 km/sec pro MLJ benutzen, erhalten wir für die kritische Dichte einen Wert von $4{,}5 \cdot 10^{-30}\,\mathrm{g/cm^3}$. Dies ist keine besonders große Materiedichte. Sie entspricht etwa drei Wasserstoffatomen pro Kubikmeter. **Kritische Dichte**

Wie steht es nun mit der Materiedichte im Weltraum? Wir leben innerhalb einer Galaxie. Wenn wir die uns in Form von Sternen sichtbare Materie innerhalb unserer Galaxie abschätzen, erhalten wir eine mittlere Materiedichte von etwa $10^{-23}\,\mathrm{g/cm^3}$ (etwa 10 Millionen Wasserstoffatome pro Kubikmeter). Diese Dichte ist natürlich sehr viel größer als die mittlere

Materiedichte im Weltraum, denn wir müssen die großen leeren Räume zwischen den Galaxien noch in Rechnung stellen. Wenn man dies durchführt, erhält man schließlich einen Wert von ungefähr $10^{-31}\,\mathrm{g/cm^3}$, also nur einige Prozent des kritischen Wertes – enttäuschend wenig.

Offenes oder geschlossenes Weltall Können wir hieraus schließen, daß es im Weltraum nicht genügend Materie gibt, um ein geschlossenes Universum zu erhalten? Ist unser Kosmos offen?

Wir wissen bis heute nicht, ob ein solcher Schluß gerechtfertigt ist. Es gibt im Weltraum eine ganze Menge Materie, die nicht in der Gestalt von Sternen oder Galaxien sichtbar ist, zum Beispiel Gaswolken. Es ist nicht bekannt, ob in den gewaltigen Räumen, die die Galaxien voneinander trennen, größere Mengen von Gas vorhanden sind. Es könnte auch sein, daß es noch andere, bislang verborgene, Arten von Materie gibt. Wir werden im Kapitel über die ferne Zukunft des Universums auf diese Frage zurückkommen. Vorläufig müssen wir die Frage nach der Endlichkeit oder Unendlichkeit des Weltalls offenlassen.

Wir möchten abschließend darauf hinweisen, daß der unserer Beobachtung zugängliche Teil des Kosmos in jedem Fall endlich ist, also auch dann, wenn das Weltall unendlich sein sollte. Der Grund hierfür liegt in der Endlichkeit der Zeit, die seit dem Urknall verstrichen ist. Wenn seit dem Anfang 20 Milliarden Jahre vergangen sind, können wir auf der Erde nur das Licht ferner Objekte empfangen, das höchstens 20 Milliarden Jahre unterwegs gewesen ist. Mit anderen Worten: Eine Galaxie, die 40 Milliarden Lichtjahre entfernt ist, können wir nicht sehen, da das Licht einer solchen Galaxie noch nicht bis zur Erde vorgedrungen ist.

12. Nachhall der Schöpfung

> »Noch weniger begreift man, daß dieses gegenwärtige Universum sich aus einem Anfangszustand entwickelt hat, der sich jeder Beschreibung entzieht und seiner Auslöschung durch unendliche Kälte oder unerträgliche Hitze entgegengeht.«
>
> *Steven Weinberg* [15]

Amerikanische Firmen sind, wenn es um Grundlagenforschung geht, weitaus großzügiger als europäische. So sind zum Beispiel bei den Bell Telephone Laboratories viele Wissenschaftler beschäftigt, von denen nur erwartet wird, daß sie Grundlagenforschung betreiben, also Forschung, die nur geringe oder auch gar keine Verbindung zu jenen Dingen hat, die von der Firma produziert werden.

Anfang der sechziger Jahre wurden von den Bell Telephone Laboratories zwei junge Radioastronomen eingestellt, Arno Penzias von der Columbia-Universität in New York und Robert Wilson vom California Institute of Technology in Pasadena. Die Aufgabe von Penzias und Wilson war, eine große Antenne, die man bei Homdel (New Jersey) errichtet hatte und die wie ein riesiges Hörrohr aussah, so herzurichten, daß man sie für die Radiokommunikation mit dem ersten Telstar-Satelliten benutzen konnte. Nebenbei wollten Penzias und Wilson die Antenne »mißbrauchen«, um die Radiostrahlung der Milchstraße zu erforschen. Sowohl für dieses Projekt als auch für die Verbesserung der Radioverbindungen zum Satelliten war es notwendig, die Empfindlichkeit der Antenne und des komplizierten Empfangsapparates zu studieren (siehe Abb. 12-1).

Im Frühjahr 1964 bemerkten Penzias und Wilson

Eine Antenne für Penzias und Wilson

257

Abb. 12-1 Robert Wilson (links) und Arno Penzias zusammen mit ihrem elektronischen »Hörrohr«, mit dem sie im Jahre 1965 die kosmische Hintergrundstrahlung entdeckten (Foto: Bell Telephone Laboratories).

einen seltsamen Effekt. Bei einer Wellenlänge von 7,35 cm beobachteten sie ein relativ starkes Radiorauschen mit seltsamen Eigenschaften. Normalerweise waren die Radiosignale, die sie mit ihrer Antenne auffingen, abhängig von der Richtung – nicht so jenes eigenartige Rauschen. Aus allen Richtungen des Himmels, so schien es, kamen jene eigenartigen Radiowellen mit der Wellenlänge von 7,35 cm. Die empfangene Radiostrahlung (es handelte sich hier um eine Strahlung im Mikrowellenbereich) ähnelte der Strahlung, die von einem Körper mit der Temperatur von 3 Grad Kelvin ausgestrahlt wird. Wo kommt diese Strahlung her? Ist das Weltall angefüllt mit elektromagnetischer Strahlung, also mit Photonen?

Ein Rauschen aus allen Richtungen

Einer von Friedmanns Studenten in Leningrad war George Gamow. Im Jahre 1933 verließ er die Sowjetunion zu einem, wie er später sagte, »mehr als dreißigjährigen Urlaub von Sowjetrußland«, um in den USA zu arbeiten. Gamows Interesse galt insbesondere der sich neu entwickelnden Kernphysik und der Astrophysik. Er war es, der zum erstenmal die Idee äußerte, daß das Universum einst viel heißer gewesen sei als heute – die Idee vom »heißen Urknall«. Im Jahre 1948 (ausgerechnet am 1. April) erschien in der amerikanischen Zeitschrift »Physical Review« ein bemerkenswerter Artikel über den Urknall. Die Verfasser waren Ralph Alpher, ein Mitarbeiter von Gamow, Hans Bethe, ein aus Deutschland stammender prominenter Kernphysiker, und Gamow. In Wirklichkeit handelte es sich um eine Arbeit von Alpher und Gamow; Bethe hatte mit ihr nichts zu tun. Gamow fügte Bethes Namen hinzu, weil nach seiner Meinung ein so wichtiger Artikel über den Anfang der Welt Autoren haben sollte, deren Namen gleichsam mit Alpha, Beta, Gamma begannen, den ersten drei Buchstaben des griechischen Alpha-

Die Theorie von α, β und γ

bet. (Das war einer von Gamows Scherzen, vor denen keiner seiner Kollegen sicher war.)

In der αβγ-Theorie wurde davon ausgegangen, daß der Urzustand des Universums ein sehr heißes Gemisch von Kernteilchen gewesen ist. Der Urknall bestand in einer sehr schnellen Explosion dieses Plasmas. Die Atome, die wir heute auf der Erde und im Weltall vorfinden, so Gamows Idee, sind nichts weiter als die Asche jener Explosion.

Heute ist die αβγ-Theorie längst veraltet, abgesehen von einem wichtigen Resultat, das speziell von Gamow, zusammen mit seinen Mitarbeitern Alpher und Robert Herman, in mehreren Arbeiten erwähnt, aber seltsamerweise nicht sonderlich betont wurde (ebenso in Gamows bekanntem Buch »The Creation of the Universe«). Wenn das Universum einst sehr heiß gewesen ist, dann war es angefüllt mit einer sehr großen Menge von Photonen. Diese Photonen müßten heute noch vorhanden sein in Form einer homogenen, isotropen Radiostrahlung, die das ganze Universum erfüllt. Diese Strahlung würde der Mikrowellenstrahlung entsprechen, die ein Körper mit der Temperatur von etwa 10° K ausstrahlt.

Nachhall des Urknalls Heute wissen wir, daß die von Penzias und Wilson entdeckte merkwürdige Radiostrahlung nichts weiter ist als jener Nachhall der kosmischen Urexplosion, wie er von Gamow, Alpher und Herman vorausgesagt wurde. Detaillierte Berechnungen, die später (teilweise vor der Entdeckung von Penzias und Wilson) von Robert Dicke und von P. J. E. Peebles und anderen in Princeton durchgeführt wurden, haben dies bestätigt.

Penzias und Wilson haben zur Zeit ihrer Entdeckung die astrophysikalischen Voraussagen nicht ernst genommen. Ihnen wurde die Wichtigkeit ihrer Entdeckung erst klar, als sie am 21. Mai 1965 einen Artikel des

Abb. 12-2 George Gamow in den fünfziger Jahren bei der Konstruktion eines Modells des DNA-Moleküls (Foto: R. J. Gamow, University of Boulder, Colorado).

bekannten Wissenschaftsjournalisten Walter Sullivan in der »New York Times« lasen. Er begann mit den Worten: »Wissenschaftler von den Bell Telephone Laboratories haben ... das Echo jener Explosion beobachtet, durch die das Universum geboren wurde.«*

Im Jahre 1978 erhielten Penzias und Wilson für ihre Entdeckung den Nobelpreis für Physik. Für Gamow, dem ein Teil des Preises gebührt hätte, kam diese Auszeichnung zu spät. Er starb am 20. August 1968 in Boulder, Colorado (Abb. 12-2).

---

* Walter Sullivan in »The New York Times«, 21. 5. 1965: »Scientists at the Bell Telephone Laboratories have observed what a group at Princeton University believes may be remnants of an explosion that gave birth to the universe.«

Die von Penzias und Wilson entdeckte Strahlung, oft Drei-Grad-Kelvin-Strahlung genannt, wurde seit ihrer Entdeckung in vielen Experimenten, darunter auch Satellitenexperimenten, erforscht. Es handelt sich um eine Strahlung, wie sie von einem Körper emittiert wird, der die Temperatur von 2,7° K besitzt, also einem recht kalten Körper. Ein solcher Körper emittiert nicht nur Strahlung mit einer Wellenlänge von etwa 10 cm, wie von Penzias und Wilson beobachtet, sondern auch elektromagnetische Strahlung mit einer Wellenlänge von 1 mm und weniger; am stärksten ist die Strahlung mit einer Wellenlänge von 1 mm. Leider wird diese Strahlung fast völlig von der Erdatmosphäre absorbiert. Aus diesem Grunde muß man kostspielige Ballon- oder Satellitenexperimente durchführen, um diesen Teil der Weltraumstrahlung zu beobachten.

Unsichtbare Strahlung Glücklicherweise ist unser Auge nicht in der Lage, die kosmische Radiostrahlung zu sehen. Sonst wäre unser Nachthimmel nicht dunkel, sondern taghell durch das ständig auf die Erde auftreffende Echo des Urknalls.

Die Photonen der kosmischen Radiostrahlung haben eine winzige Energie; zum Beispiel haben die von Penzias und Wilson gefundenen Photonen, die der Radiostrahlung mit einer Wellenlänge von 7,35 cm entsprechen, eine Energie von nur 0,00002 eV. Die Photonen des sichtbaren Lichts, also die Photonen, die von unseren Augen registriert werden, haben Energien im Bereich von einigen Elektronenvolt.

Ein Behälter mit Photonen Man kann sich das Universum als einen großen Behälter vorstellen, der mit Photonen der kosmischen Radiostrahlung angefüllt ist (und natürlich auch mit Galaxien). Nehmen wir an, dieser Behälter dehnt sich aus. In diesem Fall wird auch die Wellenlänge der elektromagnetischen Strahlung »ausgedehnt«, was zur Folge hat, daß die Energie der Photonen abnimmt und in gleicher Weise die Temperatur, die man der Strahlung zuschreiben kann. Die elektromagnetische Strahlung, die wir heute im Universum beobachten, ist also nichts weiter als die »gedehnte« Version jener heißen Strahlung, die kurz nach dem Urknall vorhanden war. Das würde bedeuten, daß die Temperatur der Strahlung im Verlauf der Entwicklung des Universums ständig gesunken ist. Früher, als der Kosmos etwa hunderttausendmal so klein war wie heute, hatten die Photonen der kosmischen Hintergrundstrahlung Energien im Bereich von 1 eV; sie waren also sichtbar (allerdings gab es zu jener Zeit, vor fast 20 Milliarden Jahren, noch niemand, der diese Strahlung hätte sehen können). Noch heute sinkt die Energie der Photonen im Weltall und damit die Temperatur des Photonensees ständig. Nach einer Milliarde Jahren werden unsere Nachfahren (falls es solche gibt) eine kosmische Hintergrundstrahlung mit einer Temperatur von 2,5° K messen, nicht mehr 2,7° K, wie heute registriert wird.

Nicht nur die Energie der Photonen, sondern auch die Dichte der Photonen ist im Laufe der Expansion des Universums ständig gesunken. Die heute den Kosmos ausfüllende Strahlung mit einer Temperatur von 2,7° K hat eine Photonendichte von fast genau 500 000 Photonen je Liter, eine recht stattliche Zahl, wenn man sie mit der Anzahl der Kernteilchen vergleicht, **10 Milliarden** also der Anzahl der Protonen und Neutronen im Uni- **Photonen auf** versum. Wie wir im letzten Kapitel gesehen haben, be- **ein Proton** nötigt man für ein geschlossenes Universum mindestens drei Nukleonen je Kubikmeter, demnach 0,003 Nukleonen je Liter. Die Materie, die man als Sterne und Galaxien beobachtet, macht aber nur etwa 2 % der kritischen Dichte aus, also im Mittel $6 \cdot 10^{-5}$ Nukleonen je Liter. Damit erhält man das Verhältnis:

$$\frac{\text{Anzahl der Photonen}}{\text{Anzahl der Nukleonen}} = \frac{500\,000}{6 \cdot 10^{-5}} \approx 10^{10}$$

Im Mittel gibt es nach dieser Gleichung im Universum pro Nukleon 10^{10} (10 Milliarden) Photonen, eine leicht zu merkende und – wie wir später sehen werden – sehr wichtige Zahl. Allerdings ist das oben angegebene Verhältnis nur auf etwa einen Faktor zehn bekannt, da unsere Kenntnis der Materiedichte recht lückenhaft ist. Mit einiger Sicherheit kann man sagen, daß im Universum auf ein Nukleon etwa 1 bis 10 Milliarden Photonen entfallen.

Gütezeichen des Universums Das Verhältnis Photonen/Nukleonen ist eine für unser Universum charakteristische Zahl, sozusagen sein Gütezeichen. Da bei der Expansion des Kosmos kaum Photonen neu erzeugt noch vernichtet werden und auch die Zahl der Nukleonen unverändert bleibt, ist dieses Verhältnis zeitlich konstant, zumindest seit jener Zeit, als die Temperatur unter 1000 Grad sank, also seit der Frühzeit des Kosmos.

In Kapitel 9 haben wir gesehen, daß man Materie erzeugen kann, indem man ein heißes Plasma sehr schnell abkühlt. Die Beobachtungen der Expansion des Universums und des Photonensees lassen vermuten, daß der Kosmos in seiner Frühzeit sehr heiß gewesen sein muß. Daher können wir vermuten, daß die Materieerzeugung auf ähnliche Weise vonstatten ging, wie wir sie beim Zauberofen beschrieben haben. Wir wollen uns jetzt dem heißen Anfang des Kosmos zuwenden.

13. Der achtfache Weg der kosmischen Entwicklung

> »Es ist eine Entwicklung vom Einfachen zum Komplexen, vom ungeordneten Chaos zu hochgradig differenzierten Einheiten, vom Unorganisierten zum Organisierten.«
>
> *Victor Weisskopf*[16]

Nach unseren Vorbereitungen sind wir jetzt in der Lage, die Evolution des Universums unmittelbar nach seiner Geburt zu beschreiben. Die ersten Sekunden nach dem Urknall waren zweifellos sehr abwechslungsreich, voll von Ereignissen. Verglichen mit dieser Zeit muß das heutige Universum fast langweilig erscheinen.

Ähnlich wie bei der Beschreibung der Abkühlung des Ofens (Kapitel 9) wollen wir die Evolution des Universums in verschiedene Epochen einteilen. Die meisten dieser Epochen sind, gemessen an unseren Maßstäben, äußerst kurz, nur Bruchteile einer Sekunde.

Ein heißes Beginnen

Ausgangspunkt war die Urexplosion, die wir in der Folge als den Nullpunkt unserer Zeitskala einführen wollen und bei der entsprechend den Extrapolationen der Physiker eine unendlich große Temperatur herrschte. Bei der Diskussion der Materieerzeugung in Kapitel 9 habe ich darauf hingewiesen, daß bis heute nicht klar ist, wie sich Materie bei Temperaturen von mehr als 10^{33} Grad verhält, da bei den dann vorliegenden Energiedichten unsere normalen Vorstellungen von Raum und Zeit zusammenbrechen. Nun, man kann leicht abschätzen, daß in der Zeit zwischen der Urexplosion und den 10^{-43} Sekunden danach die Temperatur des Universums höher als 10^{33} Grad gewesen ist. Wie sollen wir den Zustand des Universums zu jener Zeit beschreiben? Gab es damals überhaupt eine Zeit?

Wenn man etwas nicht versteht, so schweigt man besser darüber. Diesem Grundsatz folgend, schlagen manche Astrophysiker vor, den Zustand des Universums vor den ersten 10^{-43} Sekunden nicht zu diskutieren und als den eigentlichen Beginn der Entwicklung des Universums jenen Zeitpunkt zu betrachten, bei dem die Temperatur unter 10^{32} Grad gefallen ist. Ich werde mich diesem Vorschlag nicht anschließen – in dem Vertrauen, daß es in der Zukunft gelingen wird, auch das Geheimnis der ersten 10^{-43} Sekunden zu lüften: im Rahmen einer einheitlichen Theorie der Materie und der Gravitation.

Das Geheimnis der ersten 10^{-43} Sekunden

Was wird benötigt, um die Entwicklung des Universums kurz nach dem Urknall zu beschreiben? Wenn wir das kosmologische Prinzip (siehe Kapitel 10) akzeptieren (und es besteht kein Grund, an der approximativen Gültigkeit dieses Prinzips zumindest während der ersten Sekunden und Minuten des Universums zu zweifeln), können wir diese Entwicklung berechnen. Im Grunde handelt es sich beim frühen Universum um ein recht einfaches Gebilde, dessen Zustand im wesentlichen durch die Angabe eines einzigen Parameters charakterisiert ist: durch die Angabe der Temperatur. Wenn man die Temperatur weiß, kann man berechnen, welche Arten von Teilchen im Universum eine Rolle spielen, wie oft diese Teilchen vorkommen und so weiter. Die Situation ähnelt, wie bereits angedeutet, sehr dem in Kapitel 9 beschriebenen Ofen. Nur besteht zwischen dem Ofen und dem Universum ein wesentlicher Unterschied. Der Ofen hatte ein bestimmtes Volumen, während das Volumen des Universums nicht fixiert ist. Beim Universum handelt es sich um ein endlich oder auch unendlich großes System, das sich in der Anfangsphase schnell ausdehnt. Die Ausdehnungsgeschwindigkeit hängt von der Energiedichte, also von der jeweiligen Temperatur, ab und von der Gravitation, die die einzelnen Teile des Universums aufeinander ausüben.

Bei sehr hohen Temperaturen, bei Temperaturen von mehr als etwa 10 000 Grad, werden die Verhältnisse recht einfach. Das Quadrat des Abstands zwischen zwei Raumpunkten im Universum vergrößert sich zum Beispiel kurz nach der Urexplosion proportional zur Zeit. Wartet man doppelt so lange wie vorher, wird der Abstand viermal so groß. Der Hubble-Parameter ist dabei umgekehrt proportional zur Zeit: Die Expansionsgeschwindigkeit nimmt also relativ schnell ab.

Wir wollen jetzt die schnell aufeinanderfolgenden Epochen in der Entwicklung des Universums betrachten.

1. Epoche: die mysteriösen ersten 10^{-43} Sekunden
Vom Urknall bis 10^{-43} Sekunden nach dem Urknall war die Temperatur des Universums größer als 10^{32} Grad. Details über diese erste Epoche sind unbekannt.

2. Epoche: 10^{-43} Sekunden bis 10^{-33} Sekunden. Materie wird aus Energie erzeugt
Diese Epoche beginnt nach Ablauf der ersten 10^{-43} Sekunden. Zu Beginn dieser Epoche ist die Temperatur etwa 10^{32} Grad. Das Universum ist mit einer »Ursuppe« von allen möglichen Teilchensorten angefüllt: unter anderem Quarks, Elektronen, Neutrinos, Photonen, Gluonen, X-Teilchen. Die Temperatur des Universums wird schnell niedriger. Nach Ablauf von 10^{-33} Sekunden sinkt die Temperatur unter 10^{28} Grad. Die **Ursprung der Materie**

X-Teilchen zerfallen und hinterlassen in dem hocherhitzten Plasma mehr Quarks als Antiquarks. Die überschüssigen Quarks bilden den Grundstoff, aus denen sich später die Galaxien, Sterne und Planeten zusammensetzen werden.

Ein wichtiger Parameter sei hier erwähnt: das Verhältnis der »überschüssigen« Quarks (also die Anzahl der Quarks minus die Anzahl der Antiquarks) und der Anzahl der Photonen. Dieses Verhältnis wird sich, wie wir später sehen werden, als sehr wichtig erweisen. Es hängt von den Details der X-Teilchen-Zerfälle ab und läßt sich abschätzen; typische Werte liegen im Bereich zwischen 10^{-8} und 10^{-10}. Zur Berechnung dieses Verhältnisses benötigt man genaue Informationen über die Wechselwirkungen der X-Teilchen, die wir leider nicht haben. Deshalb können wir zur Zeit das gesuchte Verhältnis noch nicht exakt berechnen – nur eine grobe Abschätzung der Größenordnung ist möglich.

Wir betonen, daß der »Überschuß« der Quarks sehr geringfügig ist. Am Ende der 2. Epoche besteht das Universum aus einem sehr heißen Plasma, das Quarks, Antiquarks, Photonen und andere Teilchen **Über-** enthält. Es gab damals ungefähr so viele Quarks be-**schüssige** ziehungsweise Antiquarks wie Photonen. Aus diesem **Quarks** Grunde ist die Anzahl der »überschüssigen« Quarks, · verglichen mit der Anzahl aller Quarks beziehungsweise Antiquarks, sehr klein, etwa von der Größenordnung 10^{-9}. Auf eine Milliarde Quarks beziehungsweise Antiquarks entfällt nur ein »überschüssiges« Quark. Der von den X-Teilchen hinterlassene »Überschuß« von Quarks spielt zunächst überhaupt keine Rolle.

3. Epoche: 10^{-33} Sekunden bis 10^{-6} Sekunden. Quarks kühlen sich ab

In dieser Epoche bestand das Universum aus einem heißen Plasma, bestehend vornehmlich aus Quarks, Gluonen, Leptonen und Photonen, das sich von 10^{28} Grad bis auf weniger als 10^{14} Grad abkühlt. Nachdem das Universum diese Epoche durchlaufen hat, besitzen die Teilchen der »Ursuppe« eine mittlere Energie von etwa 1 GeV (dies entspricht einer Temperatur von 10^{13} Grad). **Das Quark-Zeitalter**

4. Epoche: 10^{-6} Sekunden bis 10^{-3} Sekunden. Übertritt ins Protonenzeitalter

Sobald die mittlere Energie der Quarks und Gluonen unter 1 GeV sinkt, setzt eine massenhafte Vernichtung der Quarks und Antiquarks und der Gluonen ein. Zum Beispiel können sich ein Quark und ein Antiquark zusammenfinden und sich gegenseitig vernichten, wobei zwei Photonen oder auch ein Elektron-Positron-Paar erzeugt werden. Ebenso können sich zwei Gluonen in zwei Photonen umwandeln. Würde es im Universum genauso viele Quarks wie Antiquarks geben, wäre das Schicksal der Quarks und Antiquarks besiegelt. Keines würde das nach Ablauf der ersten 10^{-6} Sekunden einsetzende Massensterben überleben; alle Quarks und Antiquarks würden sich gegenseitig vernichten (so wie wir es bei der langsamen Abkühlung des Ofens in Kapitel 9 beschrieben haben). Nun wird der von den Zerfällen der X-Teilchen herrührende Überschuß der Quarks wichtig. Jeweils eines von ungefähr einer Milliarde Quarks findet kein entsprechendes Antiquark, um mit ihm gemeinsam gewissermaßen Selbstmord zu verüben. Die verbleibenden Quarks haben sich damit abzufinden, daß sie in einem immer kälter werdenden Universum ausharren müssen. **Quarks sterben fast aus**

Wir wissen, daß auf die Quarks sehr starke Kräfte wirken, sobald der Abstand zwischen ihnen genügend groß ist. Es sind die chromodynamischen Kräfte. Ihnen ist es zu verdanken, daß die Quarks sich jeweils zu dreien zusammenfinden und ein Kernteilchen, entweder ein Proton oder ein Neutron, bilden. Dieser Prozeß ist nach Ablauf der ersten Millisekunde (10^{-3} Sekunden) abgeschlossen.

Quarks bilden Kernteilchen

Wie sieht das Universum zu dieser Zeit aus? Es besteht aus einem dichten Gas von Elektronen, Positronen, Photonen und Neutrinos (so dicht gepackt, daß etwa 10^{36} Teilchen pro Kubikzentimeter existieren). Hinzu kommen die Protonen und Neutronen – ungefähr 10^{27} pro Kubikzentimeter. Im Mittel sind die Kernteilchen jetzt 10^{-9} cm voneinander entfernt (diese Entfernung entspricht einem Zehntel der Ausdehnung des Wasserstoffatoms).

Noch wird die Dynamik des Universums von den Elektronen, Photonen und so weiter bestimmt, die eine mittlere Energie von 30 MeV haben, und nicht von den Kernteilchen. Letztere tragen nur sehr wenig, etwa ein Millionstel, zur Energiedichte im Universum bei.

5. Epoche: 10^{-3} Sekunden bis 100 Sekunden. Das strahlende Universum

Während dieser Epoche kühlt das Universum bis auf eine Milliarde Grad ab. Eine Reihe von verschiedenen Prozessen spielt sich dabei ab.

a) Bislang standen die Neutrinos in ständiger Wechselwirkung mit der restlichen Materie. Das Universum war so vollgepackt, daß selbst die nur sehr schwach wechselwirkenden Neutrinos leicht Gelegenheit fanden, bei ihrer mit Lichtgeschwindigkeit stattfindenden Reise durch den Raum eine Wechselwir-

Neutrinos ziehen sich zurück

kung einzugehen. Nach Ablauf der ersten Sekunde ändert sich dies jedoch. Zwar ist das Universum noch sehr dicht gepackt, aber nicht mehr dicht genug, um regelmäßige Zusammenstöße der Neutrinos mit den Elektronen und so weiter zu garantieren. Von nun an kapseln sich die Neutrinos vom Rest der Materie ab und führen gewissermaßen ein Eigenleben – man spricht von einer Entkopplung der Neutrinos.

b) Zu Anfang der 5. Epoche gab es im Universum gleich viele Protonen wie Neutronen, denn letztere haben sich aus den u- und d-Quarks gebildet; da es zu Anfang genauso viele u- und d-Quarks gab, muß die Anzahl der Protonen und Neutronen folglich gleich sein. Nun ist die Masse eines Neutrons etwas größer als die Masse eines Protons (um etwa 1,3 MeV). Sobald die mittlere Energie der Teilchen (bzw. die Temperatur im Universum) auf einen Wert absinkt, der dem Energieäquivalent der Neutron-Proton-Massendifferenz vergleichbar ist, wandeln sich viele Neutronen in Protonen um, und zwar durch Prozesse, an denen Elektronen, Positronen und Neutrinos beteiligt sind (es handelt sich um Reaktionen, die sehr ähnlich dem Neutronzerfall sind). Das Resultat: Es gibt in Zukunft weniger Neutronen als Protonen. Nach Ablauf der 5. Epoche finden wir im Universum etwa 75 Prozent Protonen und 25 Prozent Neutronen vor. Wir betonen, daß für das Absinken der Anzahl der Neutronen nicht der Neutronzerfall verantwortlich gemacht werden kann. Am Ende der 5. Epoche ist das Universum nur 100 Sekunden alt. Neutronen haben eine typische Lebensdauer von 11 Minuten. Demzufolge sind nach Ablauf der ersten 100 Sekunden nur wenige Neutronen zerfallen.

Die Neutron-Proton-Balance

c) Der wichtigste während der 5. Epoche stattfindende Prozeß ist die Vernichtung der Elektronen und

Positronen; er ist allerdings erst einige Minuten nach Ablauf der 5. Epoche beendet. Sobald die mittlere Energie der Elektronen und Positronen weniger als die Masse dieser Teilchen (in Energieeinheiten ausgedrückt) beträgt, setzt, ebenso wie früher bei den Quarks, ein Massensterben der Elektronen und Positronen ein. Elektron-Positron-Paare vernichten sich, wobei vornehmlich Photonen erzeugt werden. Nur verhältnismäßig wenige Elektronen überleben dieses **Das Ende der** Massensterben, und zwar diejenigen, die wir später als **Positronen** die Bausteine der Atomhüllen wiederfinden werden. Die Gesamtladung des Universums muß null sein. Nur unter dieser Bedingung ist sichergestellt, daß es für jedes Proton im Weltall auch ein entsprechendes Elektron gibt.

Wenn die 5. Epoche zu Ende ist, sieht das Universum folgendermaßen aus: Es besteht aus einer etwa eine Milliarde Grad heißen Photonen- und Neutrino-»Suppe« (ins Detail gehende Rechnungen ergeben, daß die Neutrinos etwas kühler sind als die Photonen, aber dieser Unterschied ist für unsere qualitativen Betrachtungen belanglos). Außerdem gibt es im Universum Protonen und Neutronen. Die meisten Elektronen und Positronen haben sich während des Ablaufs der 5. Epoche vernichtet. Für jedes Proton im Universum existiert jedoch ein Elektron, so daß, wie oben erwähnt, die elektrische Gesamtladung null ist.

6. Epoche: 100 Sekunden bis 30 Minuten. Aus Neutronen wird Helium

Nach Ablauf von ungefähr drei Minuten sinkt die Temperatur des Universums unter 900 Millionen Grad. **Helium wird** Mittlerweile hat sich auch die Anzahl der Neutronen **gekocht** im Universum weiter verringert. Die Nukleonen setzen sich jetzt aus etwa 87 Prozent Protonen und 13 Pro-

272

zent Neutronen zusammen. Ziemlich oft geschieht es nunmehr, daß ein Proton und ein Neutron zusammenstoßen und anschließend relativ lange zusammenbleiben – sie bilden einen Bindungszustand, das sogenannte Deuterium. Bei diesem Prozeß wird überschüssige Energie durch Photonen abgestrahlt.

Nun ist Deuterium ein relativ schwach gebundenes System. Leicht kann man es wieder in seine Bestandteile, ein Proton und ein Neutron, zerlegen, indem man die hierzu notwendige Energie zuführt. Ist die Temperatur im Universum höher als eine Milliarde Grad, besteht praktisch keine Chance, daß das Deuterium längere Zeit am Leben bleibt. Durch die laufend stattfindenden Kollisionen mit anderen Teilchen, vornehmlich den Photonen, wird es sofort nach seiner Entstehung wieder zerstört. Daran ändert sich erst etwas, wenn die Temperatur unter 900 Millionen Grad sinkt. Die Energie der Teilchen reicht jetzt im allgemeinen nicht mehr aus, das Deuterium sogleich wieder zu zerstören.

Die Deuteriumteilchen stoßen ständig miteinander zusammen. Zwei Deuteriumteilchen können sich auf diese Weise leicht zu einem Heliumkern zusammenfinden, einem Atomkern, der aus zwei Neutronen und zwei Protonen besteht. Dieser Atomkern ist ungewöhnlich stabil – man muß schon eine gehörige Portion **Stabiles** Energie aufwenden, um ein Proton oder ein Neutron **Helium** aus einem Heliumkern herauszureißen (etwa neunmal soviel Energie wie die Energie, die man benötigt, um das Deuteriumteilchen zu spalten).

Die Stabilität des Heliumkerns ist sehr bedeutsam. Ihr ist es zu verdanken, daß kurze Zeit nach dem Einsetzen der Heliumsynthese praktisch alle Neutronen eingefangen werden und sich in der Folge als Bestandteile von Heliumkernen wiederfinden. Zu Anfang dieses Prozesses setzte sich die von den Kernteilchen gebildete Materie aus 87 Prozent Protonen und 13 Prozent Neutronen zusammen. Heliumkerne bestehen aus zwei Protonen und zwei Neutronen. Es ist nicht schwer zu berechnen, daß nach der Heliumsynthese die Materie zu 77 Prozent als Wasserstoff vorliegt und zu 23 Prozent als Helium. Sowohl die Radiostrahlung als auch die Bildung von Helium sind also direkte Zeugen der Frühgeschichte des Universums, einer Zeit, in der das Universum viel heißer als heute war.

7. Epoche: 30 Minuten bis 1 Million Jahre. Atome werden gebildet, die Photonen emanzipieren sich
Nach Ablauf der ersten halben Stunde geschieht zunächst nicht viel. Das Universum kühlt sich weiter ab. Es finden laufend Zusammenstöße zwischen den Elektronen, Protonen, Heliumkernen und Photonen statt. Nach etwa 300 000 Jahren tritt jedoch das Universum in eine neue Phase ein: in das atomare Zeitalter. Der Kosmos hat sich nunmehr so abgekühlt, daß die Protonen und Heliumkerne in der Lage sind, herumfliegende Elektronen einzufangen, und zwar mit Hilfe der elektrischen Anziehungskraft. Es bilden sich Atome: Wasserstoff- oder Heliumatome.

Das Privatleben der Photonen Atome sind elektrisch neutral. Da Photonen nur mit elektrisch geladenen Objekten eine Wechselwirkung eingehen, findet jetzt eine Entkopplung der Strahlung und der übrigen Materie im Kosmos statt. Viel früher haben sich bereits die Neutrinos im Universum selbständig gemacht; jetzt wiederholen die Photonen den gleichen Emanzipationsprozeß. Nach Ablauf der ersten 300 000 Jahre beginnen die Photonen ein Eigenleben zu führen. Das einzige, was mit ihnen nunmehr passiert, ist ihre ständige Abkühlung durch die Expansion des Kosmos; die Photonen verlieren Energie.

Heute, nach Ablauf von etwa 20 Milliarden Jahren, haben die Photonen sich bis auf 2,7°K abgekühlt. Die von uns beobachtete kosmische Radiostrahlung ist nichts anderes als die »gekühlte« Version jener intensiven elektromagnetischen Strahlung, die sich nach Ablauf der ersten 300000 Jahre selbständig gemacht hat.

Am Ende der 7. Epoche besteht die Materie im Universum aus Wasserstoff- und Heliumatomen; wir finden aber auch eine intensive elektromagnetische Strahlung und eine Neutrinostrahlung vor. Von nun an ist die Materie sich selbst überlassen. Von ihrer Zusammensetzung und den Kräften zwischen den Materieteilchen hängt es ab, was in Zukunft aus ihr wird.

8. Epoche: 1 Million Jahre bis 20 Milliarden Jahre. Materie ballt sich zusammen. Galaxien, Sterne, Planeten und Lebewesen entwickeln sich
Nach der Entkopplung der Photonen vom Rest der Materie im Universum treten wir in die noch heute vorliegende Phase des Universums ein: in die sogenannte materiedominierte Phase. Die Expansion des Universums wird nunmehr von der Materie bestimmt, die in Form von Wasserstoff- und Heliumatomen vorliegt, und nur noch in geringem Maße von der Photonen- und Neutrinostrahlung.

Die Urknallhypothese sagt voraus, daß der Hauptteil der aus Quarks und Elektronen bestehenden Materie im Universum in Gestalt von Wasserstoff und Helium vorliegt. Für unsere Erde, die nur einen verschwindend kleinen Beitrag zur Materie des Universums liefert, gilt dies natürlich nicht – die Erde ist das Ergebnis eines langen Entwicklungsprozesses. Wenn wir jedoch die Materiezusammensetzung in unserer

In der Hauptsache Wasserstoff und Helium

Galaxie untersuchen, erhält man ein Resultat, das sehr gut mit der Voraussage der Urknalltheorie übereinstimmt. Etwa 22 Prozent der Materie liegen in Form von Helium vor, etwa 77 Prozent als Wasserstoff. Alle anderen Elemente liefern nur einen kleinen Beitrag von der Größenordnung 1 Prozent. Ungefähr 0,8 Prozent der Masse unserer Galaxie wird von Sauerstoff gebildet, dem häufigsten Element nach dem Helium. Eisen, das häufigste Metall, trägt etwa 0,1 Prozent zur Masse der Galaxie bei.

Allein diese Zahlen machen deutlich, daß es mit dem Element Helium etwas Besonderes auf sich hat. Es ist auch auffällig, daß die Häufigkeiten aller Elemente, mit Ausnahme von Wasserstoff und Helium, großen Schwankungen unterworfen sind – sie sind abhängig vom untersuchten Sterntyp, vom Alter des Sterns und so weiter. Helium und Wasserstoff treten jedoch in allen Regionen der Galaxie mit ungefähr konstanter Häufigkeit auf. Die einzige Erklärung für dieses Phänomen ist die Annahme, daß das Helium viel älter als die Galaxie ist. Wasserstoff und Helium waren der Urstoff, aus denen sich alle Sterne der Galaxie gebildet haben. Nur die Urknallhypothese vermag zu erklären, warum es so viel Helium im Universum gibt – und warum das Helium im Kosmos gleichmäßig verteilt ist.

Strukturen treten auf Das Hauptmerkmal der heutigen, der 8. Epoche der kosmischen Entwicklung ist Struktur – eine neue Eigenschaft des Kosmos, die es bisher, bis zum Ende der ersten Jahrmillion, nicht gab. Während der ersten sieben Epochen gab es wenig Abwechslung im Kosmos. Die Energie und die Materie waren praktisch gleich verteilt; das Universum war mit gleichförmiger Strahlung gefüllt. Daß überhaupt eine zeitliche Entwicklung stattfand, konnte man nur an der Expansion des Kosmos erkennen und am ständigen Sinken der Temperatur.

Zu Beginn der 8. Epoche bestand das Universum aus einem relativ heißen Gas von Wasserstoff- und Heliumatomen. Heute, kurz vor Ende des zweiten Jahrtausends menschlicher Zeitrechnung, etwa 20 Milliarden Jahre beziehungsweise 10^{18} Sekunden nach dem Urknall, findet man im Weltall Galaxien, Sterne, Planeten und so komplizierte Strukturen wie uns selbst. Die 8. Epoche können wir deshalb als die Epoche der Strukturen bezeichnen (siehe Abb. 13-1).

Etwa eine Milliarde Jahre nach dem Urknall entwikkelten sich aus ursprünglichen kleinen Dichteschwankungen der Materie größere Regionen, in denen die Materie stärker konzentriert ist als anderswo. Durch ihre Gravitationskraft wirkten diese Materieansammlungen auf die Materie der Umgebung. Die Folge war: Noch mehr Materie konzentrierte sich in den dichten Regionen. Große Materiewolken aus Wasserstoff und Helium glitten durch das sich immer weiter ausdehnende Weltall.

Diese Wolken verdichteten sich im Laufe der Zeit – eine Folge der Massenanziehung innerhalb der Materiewolken. Die meisten dieser Gaswolken begannen sich immer stärker um eine Achse zu drehen, wie ein Eisläufer, der eine Pirouette dreht und dabei die Arme eng an den Körper preßt.

Aus diesen Wasserstoff- und Heliumwolken entwikkelten sich große, rotierende Materieansammlungen, die Vorläufer der Galaxien. Innerhalb der Gaswolken fand eine weitere Verdichtung der Materie statt. Es bildeten sich relativ kleine kugelförmige Strukturen. Die Gravitationskraft verdichtete diese Materie immer mehr, bis schließlich die ersten thermonuklearen Reaktionen stattfanden – die Verschmelzung von Was-

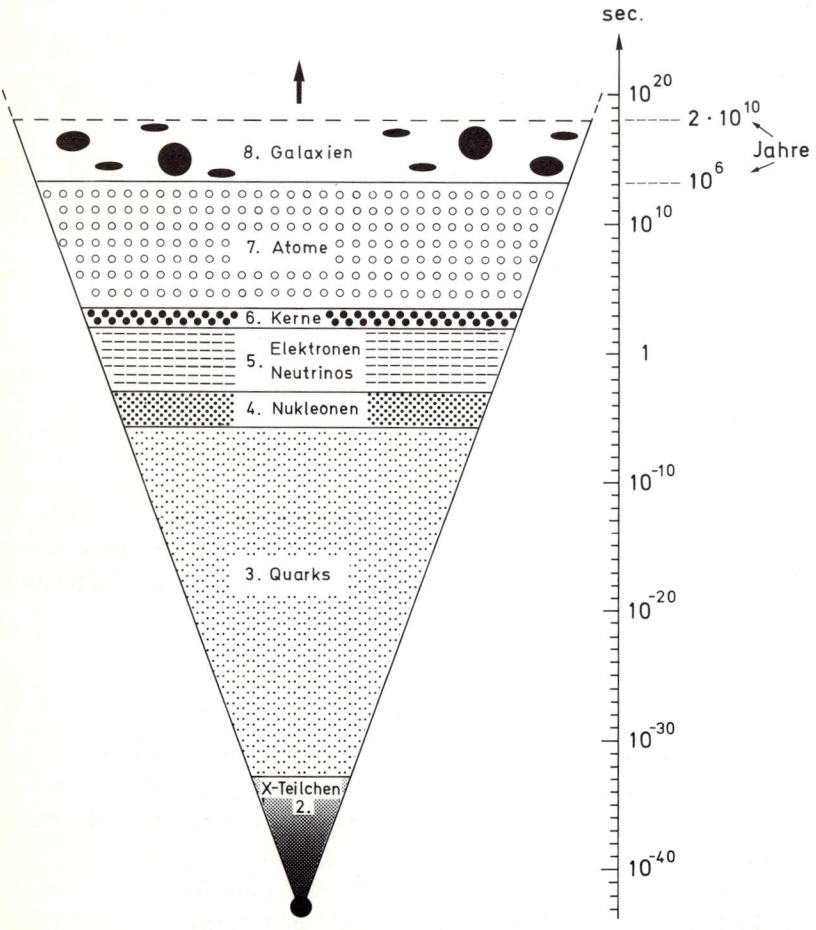

Abb. 13-1 Ein schematisches Bild der Entwicklung des Kosmos. Acht Epochen der kosmischen Evolution kann man unterscheiden, von den ersten 10^{-43} Sekunden nach der Urexplosion bis zur heutigen Epoche, die durch das Vorhandensein von Galaxien gekennzeichnet ist.

278

serstoff- und Heliumkernen zu anderen Atomkernen: **Es wurde**
Die ersten Sterne erleuchteten das Dunkel des interga- **Licht**
laktischen Raums.

Diese Entwicklung, die vor etwa 15 Milliarden Jahren begann, wird nun für lange Zeit kennzeichnend für den Kosmos sein. Sie zeichnet sich aus durch laufende Veränderung, durch die immerwährende Geburt von neuen Strukturen, aber auch durch den ständigen Verfall, das Absterben überlebter Strukturen. Es ist interessant zu sehen, daß selbst so große Strukturen wie die Galaxien einen Entwicklungsprozeß durchlaufen. Kurz nach ihrer Geburt enthalten sie viele massereiche Sterne, die besonders hell leuchten. Aus diesem Grunde emittieren die jungen Galaxien mehr Strahlung als die älteren – manche von ihnen existieren für kurze Zeit als Quasare.

Die ersten Schritte des Kosmos am Anfang der 8. Epoche waren recht kraftvoll. Die ersten Sterne lebten nicht sehr lange. Die meisten beendeten ihr relativ kurzes Dasein in gewaltigen Explosionen, den sogenannten Supernova-Explosionen. Bei dieser Ge- **Kosmos in**
legenheit wurde neues Material für künftige Sternfor- **der Pubertät**
mationen bereitgestellt: Kohlenstoff, Sauerstoff, Eisen, die schweren Elemente. Viel später werden die Planeten der Sonne und wir selbst von den frühen Supernova-Explosionen profitieren. Ein großer Teil der Materie, aus der die Erde besteht, und auch unsere **Die Asche**
eigenen Körper, ist die Asche der frühen Supernova- **der**
Explosionen. Ohne diese Asche könnten wir nicht **Supernovas**
existieren.

Vor etwa 4,6 Milliarden Jahren bildete sich der Planet Erde aus Gas und Staub des interstellaren Raums. Weniger als eine Milliarde Jahre danach, vor etwa 4 Milliarden Jahren, entwickelten sich die ersten primitiven Lebewesen in den Ozeanen jener Zeit aus komplexen Molekülen, die in den Ozeanen ständig gebildet wurden, aber auch durch das zu jener Zeit mit voller Energie auf die Erdoberfläche auftreffende ultraviolette Licht der Sonne ständig wieder zerstört wurden. Durch immerwährende Evolution, gekennzeichnet durch den dauernden Wechsel von Geburt und Tod, entstanden vor etwa 3 Milliarden Jahren die ersten größeren Zellstrukturen.

Vor 1 Milliarde Jahren, 3,6 Milliarden Jahre nach Entstehung der Erde, wandelte sich die Oberfläche unseres Planeten. Die heutige vornehmlich aus Sauerstoff und Stickstoff bestehende Atmosphäre bildete sich in Wechselwirkung mit der organischen Materie, die sich immer mehr ausbreitete, insbesondere mit den Algen der Ozeane. Die Atmosphäre ist zum größten Teil das Produkt der biologischen Evolution; sie ist ein Teil unserer biologischen Umwelt und als solche verwundbar. Relativ geringfügige lokale Veränderungen der Erdoberfläche, zum Beispiel das Abholzen des tropischen Regenwaldes, können sich verheerend auf die Atmosphäre als Ganzes auswirken.

Ungefähr vor 600 Millionen Jahren, zur Zeit des Kambrium, fand auf der Erde eine regelrechte Explosion des Lebens statt. Plötzlich entwickelten sich sehr viele Arten: Weichtiere, Muscheln, Schwämme, Seesterne, Fische, die ersten Pflanzen und Insekten. Vor 200 Millionen Jahren begann die Entwicklung der Dinosaurier. Dieser Prozeß fand vor etwa 60 Millionen Jahren im Massensterben dieser Tiere ein plötzliches Ende – ein Phänomen, das unter Umständen die Folge einer planetaren Katastrophe war, zum Beispiel eines Zusammenstoßes der Erde mit einem kleineren Himmelskörper.

Aussterben der Dinosaurier

Das Aussterben der Dinosaurier begünstigte die Entwicklung der Säugetiere; sie erreichte schließlich ihren Höhepunkt in der Entwicklung des Menschen. Dieser Prozeß begann vor etwa 3,5 Millionen Jahren und ist bis heute nicht abgeschlossen.

Die Dinosaurier beherrschten die Erdoberfläche mehr als 100 Millionen Jahre lang. Demgegenüber tritt der Mensch erst seit einigen tausend Jahren als Beherrscher seiner Umwelt auf. Wird er fähig sein, so lange wie die Dinosaurier zu existieren?

14. Das Ende der Welt

»Die Erde gibt es seit etwas mehr als einer Milliarde Jahren. Was die Frage nach ihrem Ende betrifft, so rate ich: abwarten und zusehen.«

Albert Einstein[17]

Wir haben im vorigen Kapitel gesehen, daß Physik und Astrophysik in der Lage sind, die Entwicklung des Universums seit dem Urknall zu beschreiben. Heute befindet sich der Kosmos in der achten Stufe seiner Entwicklung. Wie wird es weitergehen? Voraussagen **Unsichere** für die Zukunft sind immer fragwürdig, da unsicher. **Zukunft** Mit der weiteren Entwicklung des Kosmos ist es nicht anders. Man ist heute nicht in der Lage, eine eindeutige Antwort zu geben, sondern kann nur verschiedene Möglichkeiten aufzeigen, genauer gesagt zwei Alternativen.

Wir wissen, daß das Universum expandiert und daß sich die fernen Galaxien von uns wegbewegen. Der Hubble-Parameter sagt aus, wie schnell sich diese Expansion vollzieht – eine Expansion, die ihre Erklärung im Urknall, der Explosion am Anfang, findet. Die fernen Galaxien bewegen sich nicht voneinander fort, weil sie jemand mit Gewalt wegtreibt, sondern die Materie wurde vor etwa 20 Milliarden Jahren auseinandergeschleudert – eine Folge der Urexplosion.

Infolge der Massenanziehung zwischen den Galaxien wird deren Fluchtbewegung im Laufe der Zeit langsamer. Ist diese Verlangsamung so groß, daß die Galaxien schließlich zum Stillstand kommen und anschließend aufeinander zufallen werden? Oder wird sich die Expansion des Universums in alle Ewigkeit fortsetzen? Dies sind die beiden Fragen, deren Beantwortung wir zunächst versuchen wollen.

Die Verlangsamung der Fluchtgeschwindigkeiten der fernen Galaxien hängt insbesondere von der Masse ab, die im Universum vorhanden ist. Es ist leicht, die Massendichte des Universums zu berechnen, die nötig **Kritische** wäre, um das Auseinanderfliehen der Galaxien **Masse** schließlich aufzuhalten. Wir nannten diese Massendichte die kritische Massendichte; ihr Wert hängt nur vom Hubble-Parameter ab. Man erhält eine Dichte von etwa $4,5 \cdot 10^{-30}$ g/cm³ (dies entspricht etwa drei Wasserstoffatomen pro Kubikmeter, s. S. 255).

Damit stellt sich die Frage: Ist die im Universum vorliegende Massendichte größer oder kleiner als die kritische Dichte? Nur das Experiment, also die Beobachtung, kann hier die Antwort geben. Wir haben bereits erwähnt, daß die mittlere Massendichte in unserer Galaxie etwa 10^{-23} g/cm³ ist. Wenn wir die intergalaktischen Räume mit einbeziehen, erhält man eine mittlere Massendichte im Kosmos von nur 10^{-31} g/cm³, einen Wert, der ungefähr um einen Faktor 100 unter dem kritischen Wert liegt. Allerdings gibt **Wieviel** es im Universum auch dunkle Gaswolken und andere **dunkle** Formen von Materie, die sich nicht in Form von leuch- **Materie?** tender Sternmaterie manifestieren. Aber auch deren Massendichte läßt sich durch verschiedene Methoden abschätzen. Die »dunkle« Materie, so findet man, könnte ebensoviel – vielleicht sogar etwas mehr – wie die leuchtende Sternmaterie zur Massendichte beitragen. Jedoch ist es nicht möglich, durch Einbeziehung der »dunklen« Materie die Massendichte in die Nähe der kritischen Dichte zu bringen. Die Massendichte des Kosmos ist damit höchstens ein Zehntel der kritischen Massendichte, wahrscheinlich sogar weniger.

Wir wollen zunächst einmal annehmen, daß die

eben gemachte Schlußfolgerung richtig ist und die kosmische Massendichte tatsächlich viel geringer als die kritische Dichte ist. Welche Zukunft hätte in diesem Fall der Kosmos vor sich?

Zunächst würde nicht viel passieren. Einige, sogar viele Milliarden Jahre lang wird es nach wie vor Galaxien und Sterne geben. Nur langsam werden die Galaxien dunkler. Die Kernreaktionen in den Sternen lassen langsam nach, bis schließlich die Sterne verlöschen. Der Kosmos wird kalt und dunkel.

Materie stirbt aus Während dieser Zeit geht der Zerfall der Materie in Strahlung unaufhörlich vor sich. Immer mehr und mehr Kernmaterie zerfällt. Schließlich, nach etwa 10^{32} Jahren, hat sich ein großer Teil der Materie aufgelöst. Nach 10^{40} Jahren gibt es praktisch keine Quarks, also keine Kernmaterie mehr. Die Atome sind ausgestorben.

Nicht ausgestorben sind jedoch jene merkwürdigen Objekte, die wir bereits diskutiert haben, die Schwarzen Löcher. Nach der allgemeinen Relativitätstheorie sind Schwarze Löcher statische Gebilde, Singularitäten im Raum-Zeit-Gewebe der Welt, die sich im Laufe der Zeit nicht verändern – sie sind unsterblich. Wären sie dies in der Tat, so würden die Schwarzen Löcher die einzigen Gebilde des Kosmos sein, die letztlich übrigbleiben.

Schwarze Löcher sind warm Wir wissen heute, daß auch das Leben der Schwarzen Löcher nicht ewig dauert. Schwarze Löcher sind nicht nur schwarz in dem Sinne, daß sie Materie in beliebigen Mengen »verschlingen« können (wie ein schwarzer Körper, der Licht in sich aufnimmt und dabei in Wärme verwandelt); die Quantentheorie sagt aus, daß die Schwarzen Löcher »warm« sind, das heißt, sie strahlen ständig elektromagnetische Strahlung ab, verlieren hierdurch einen Teil ihrer Masse und werden immer heißer. Schließlich erreicht die Temperatur so hohe Werte, daß nicht nur Photonen abgestrahlt werden, sondern auch Elektron-Positron-Paare und letztlich auch Quark-Antiquark-Paare, die sich zu Mesonen oder Proton-Antiproton- beziehungsweise Neutron-Antineutron-Paaren arrangieren.

Am Ende des Lebens eines Schwarzen Lochs steht eine Explosion. Das Schwarze Loch verdampft und gibt dabei die in ihm eingefangene Masse in Gestalt von Strahlung (Photonen, Elektronen und Positronen usw.) an das Universum zurück.

Die Lebenszeit eines Schwarzen Lochs ist sehr lang, gemessen an den Zeitdimensionen, mit denen wir es bisher zu tun hatten. Ein Schwarzes Loch, dessen Masse drei Sonnenmassen entspricht, lebt etwa 10^{66} Jahre. **Langlebige** Massivere Schwarze Löcher leben entsprechend länger. **Schwarze** Zum Beispiel hat ein Schwarzes Loch, dessen **Löcher** Masse der Gesamtmasse unserer Galaxie entspricht, eine Lebenszeit von etwa 10^{100} Jahren. Damit ist es klar: Die Schwarzen Löcher leben zwar nicht ewig, aber immerhin viel länger als die sonstige Materie im Kosmos.

Die letzte, die neunte Epoche in der Lebensgeschichte des Universums sieht dann folgendermaßen aus. Das sich immer weiter ausdehnende Universum ist angefüllt mit einer kälter werdenden Strahlung, bestehend aus Photonen und Neutrinos. Ein im Kosmos befindlicher Beobachter hätte nicht viel zu sehen. Für ihn wäre das Weltall weiter nichts als ein finsterer, unwirtlicher Raum. Nur ab und zu würde er ein Aufflakkern in den Weiten des Raums beobachten – das Explodieren von Schwarzen Löchern. Bei diesen Explosionen werden beachtliche Mengen von Elektronen und Positronen, aber auch von Protonen und Antiprotonen ausgestrahlt. Letztere fliegen in das Weltall hinaus. Aber auch sie werden nicht für immer existieren.

Nach etwa 10^{32} Jahren haben sich die Protonen wieder in Positronen, Neutrinos und Photonen umgewandelt. Hin und wieder wird ein im Weltall herumfliegendes Positron mit einem Elektron zusammentreffen und in Photonen zerstrahlen.

Man erwartet nicht, daß es im Kosmos Schwarze Löcher gibt oder in Zukunft geben wird, deren Masse wesentlich größer als die Masse einer Galaxie ist. Etwa nach 10^{100} Jahren werden also auch die Aschereste der Explosionen von Schwarzen Löchern verschwunden sein. Dann erst ist der Kosmos endgültig zur Ruhe gekommen. Angefüllt mit kaum wahrnehmbarem, immer kälter werdendem »Licht« und einer schwachen Strahlung aus Neutrinos, Elektronen und Positronen, tritt er seine Reise in die Ewigkeit an.

Voraussetzung für die oben beschriebene Entwicklung war – wir erinnern uns – die Annahme, daß die im Kosmos beobachtete Materiedichte kleiner als die kritische Dichte ist. Allerdings habe ich bei meinen Betrachtungen eine Möglichkeit bisher außer acht gelassen. **Verborgene Materie?** Könnte es sein, daß es im Universum weit mehr Materie gibt als die Materie, die wir in Form von Sternen, Galaxien und so weiter beobachten – Materie, die nicht in der Gestalt von Protonen und Neutronen auftritt, sondern in Gestalt von anderen Teilchen?

Erneut wollen wir die Neutrinos betrachten, jene seltsamen neutralen Teilchen, die mit normaler Materie fast keine Wechselwirkung eingehen. Wir haben immer angenommen, daß die Neutrinos masselose Teilchen sind, wie die Photonen – aus einem einfachen Grund. Bis heute ist es den Experimentalphysikern nicht gelungen, einen eindeutigen Nachweis für eine Masse der Neutrinos zu erbringen. In allen Experimenten verhalten sich die Neutrinos wie masselose Teilchen. Allerdings läßt sich nicht ausschließen, daß die Neutrinos doch eine geringe Masse haben. Nur müssen diese Massen sehr klein sein – Massenwerte von der Größenordnung 10 eV stehen zur Diskussion, also Massen, die etwa 50 000mal kleiner sind als die Elektronmasse (10 eV entsprechen übrigens etwa $2 \cdot 10^{-32}$ Gramm).

Der Leser mag jetzt denken: Was soll eine so lächerlich kleine Masse für das Neutrino schon ausrichten? **Sind Neutri-** Sollte es für das Universum nicht gleichgültig sein, ob **nos massiv?** das Neutrino masselos ist oder eine kleine Masse von 10 eV hat?

Wir werden gleich sehen, daß dem nicht so ist. Gehen wir zurück zur 5. Epoche in der Entwicklung des Universums. Der aufmerksame Leser wird sich vielleicht erinnern. Diese Epoche begann nach der ersten Mikrosekunde und dauerte etwa 100 Sekunden. Wir haben bereits erwähnt, daß sich in jener Zeit die Neutrinos vom Rest der Materie abkapselten. Wechselwirkungen zwischen den Neutrinos und den anderen Teilchen im Weltall, etwa den Protonen oder Elektronen, gab es seither kaum noch. Die Neutrinos führen nach Ablauf der ersten Sekunden nach dem Urknall ein Eigenleben, wie die Photonen dies einige Zeit später auch führen werden.

Falls die Neutrinos exakt masselos sind, verhalten sie sich ähnlich wie die Photonen. Das Universum würde homogen mit Neutrinos und mit Photonen angefüllt sein. Im Mittel gibt es im Kosmos etwa 500 Photonen pro Kubikzentimeter. Die Theorie des Urknalls sagt aus, daß die Anzahl der Neutrinos pro Raumeinheit von derselben Größenordnung ist. Eine genauere Rechnung ergibt, daß das heutige Universum etwa 400 Neutrinos und Antineutrinos pro Kubikzentimeter enthält.

Neben einem Photonensee gibt es also auch einen

**Der Neutri-
nosee kühlt
sich ab**
Neutrinosee. Die Expansion des Kosmos bewirkt, daß
sich die Neutrinos ebenso »abkühlen« wie die Photonen; das heißt, im Laufe der Zeit nimmt die Energie
der Neutrinos immer mehr ab. Man erwartet, daß die
mittlere Energie der Neutrinos im Weltall fast genauso
groß ist wie die der Photonen (strenggenommen ist die
Neutrinoenergie etwas geringer als die Photonenenergie, aber der Unterschied ist geringfügig und für unsere qualitativen Betrachtungen ohne Bedeutung).

Falls die Neutrinos masselos sind, spielt der Neutrinosee des Universums für die Materiedichte praktisch
keine Rolle, ebenso wie der Photonensee. Ganz anders ist die Lage jedoch, wenn die Neutrinos eine –
wenn auch sehr kleine – Masse haben. Das Entscheidende ist: Es gibt sehr viele Neutrinos im Universum,
viel mehr als Protonen, Neutronen und Elektronen.
Wenn die Neutrinos also eine Masse haben, könnten
sie erheblich zur Materiedichte im Universum beitragen.

Eine kleine Rechnung ergibt den folgenden Beitrag
der Neutrinos zur Massendichte im Universum:
$6 \cdot 10^{-31}$ g/cm^3 · Neutrinomasse (in eV). Wenn die Neutrinomasse also 10 eV wäre, würden wir $60 \cdot 10^{-31}$
g/cm^3 erhalten beziehungsweise $6 \cdot 10^{-30}$ g/cm^3, also
nur etwas weniger als die kritische Massendichte und
natürlich viel mehr als die Dichte der normalen Kernmaterie.

**Wieviel
Masse
steckt in den
Neutrinos?**
Haben die Neutrinos eine Masse von 10 eV, dann
trägt der Neutrinosee mehr als zehnmal soviel zur Materiedichte bei als die Galaxien – ein verblüffendes Resultat. Ist die Neutrinomasse mehr als 50 eV, so wäre
die Massendichte im Universum größer als die kritische Massendichte. Die Expansion des Kosmos würde
also im Laufe der Zeit zur Ruhe kommen, gebremst
durch die Gravitationswirkung des Neutrinosees.

Damit erweist sich das Problem der Neutrinomasse als ein zentrales Problem. Sind Neutrinos masselos, oder haben sie eine kleine Masse? Wie groß sind die Neutrinomassen? Physiker in aller Welt sind heute dabei, sich mit dieser Frage zu beschäftigen.

Zum Problem der Neutrinomassen möchte ich hier folgende Punkte erwähnen:

a) Die Theorie des Elektromagnetismus, also die Theorie der elektromagnetischen Phänomene, insbesondere des Lichts, sagt aus, daß die Photonen, die Teilchen des Lichts, keine Masse tragen – in Übereinstimmung mit dem Experiment. Kein solches Argument existiert für die Neutrinos. Unsere modernen Theorien der Leptonen und Quarks behaupten nicht, daß die Neutrinos masselos sein müssen. In manchen einheitlichen Theorien der Leptonen und Quarks erweist es sich sogar, daß die Neutrinos nicht masselos sein können, sondern eine Masse tragen (zum Beispiel in der bereits erwähnten SO(10)-Theorie). Leider sind die bislang entwickelten Theorien nicht spezifisch genug, um die Neutrinomassen eindeutig vorauszusagen. Es ist jedoch bemerkenswert, daß grobe Abschätzungen der Neutrinomassen Werte in der Größenordnung 1 eV bis 30 eV ergeben, also Massenwerte, die aus kosmologischen Gründen sehr interessant sind.

b) Wir haben bereits erwähnt, daß sowjetische Physiker im Jahre 1979 die Ergebnisse eines in Moskau durchgeführten Experiments publizierten, aus denen man eine Neutrinomasse von etwa 20 eV herleiten kann. Allerdings gibt es berechtigte Gründe, an der Richtigkeit dieser Interpretation des Experiments zu zweifeln.

c) Kernkraftwerke strahlen einen beträchtlichen Teil der bei Kernreaktionen gewonnenen Energie in

Abb. 14-1 Der Schweizer Kernreaktor bei Gösgen, dessen Neutrinostrahlung nach Effekten einer Neutrinomasse untersucht wurde. Unten rechts sieht man die Baracke mit dem Neutrinonachweisgerät (Foto: Schweizerisches Institut für Nuklearforschung, Villigen).

Form von nutzloser Neutrinostrahlung ab. Falls die Neutrinos eine Masse haben, erwartet man, daß die Neutrinostrahlung der Kernreaktoren geringfügig davon beeinflußt wird (man spricht von sogenannten **Oszillierende** Neutrino-Oszillationen). Zu Beginn der achtziger Jah-**Neutrinos** re hat eine Forschergruppe unter Leitung des deutschen Physikers Rudolf Mößbauer und des amerikanischen Physikers Felix Boehm die Neutrinostrahlung des Schweizer Kernreaktors bei Gösgen untersucht (siehe Abb. 14-1). Man fand keinerlei Hinweise auf eine Neutrinomasse, andererseits kann man aber eine Masse von 20 eV auch nicht eindeutig ausschließen.*

---

* Der Vollständigkeit halber sei erwähnt, daß es neben dem in Moskau und Gösgen untersuchten Neutrino noch andere Neutrinos gibt: die sogenann-

Vermutlich wird es noch einige Zeit dauern, bis man weiß, ob die Neutrinos eine Masse im Bereich von einigen Elektronenvolt besitzen oder nicht.

d) Wir wissen, daß viele Galaxien nicht als Einzelgänger im Universum existieren, sondern Teil eines Galaxienhaufens sind. Einige der großen Galaxienhaufen, zum Beispiel den Comahaufen, hat man genauer studiert. Hierbei stieß man auf ein Problem, das mittlerweile als das Problem der »fehlenden Materie« (»missing matter problem«) in die Geschichte der Astrophysik eingegangen ist. Worum handelt es sich?

Fehlende Materie

Die Galaxien innerhalb eines Haufens üben aufeinander eine Massenanziehung aus – eine Konsequenz des Gesetzes von der Gravitation. Die Galaxien des Haufens bewegen sich mit teilweise recht großen Geschwindigkeiten relativ zueinander. Würde man plötzlich die Massenanziehung abschalten, so würden die Galaxien des Haufens nach kurzer Zeit auseinanderfliegen. Der Haufen würde sich also bald auflösen.

Die Gravitation kann aber nur dann für den Zusammenhalt eines Galaxienhaufens Sorge tragen, wenn genügend Materie im Haufen vorhanden ist. Dies scheint jedoch im allgemeinen nicht der Fall zu sein. Genaue Beobachtungen ergaben bereits zu Beginn der siebziger Jahre, daß bei allen Galaxienhaufen, die man näher studiert hatte, Materie fehlte. Die Galaxien der Haufen reichten nicht aus, um ein Zusammenballen

---

ten Myon-Neutrinos und die τ-Neutrinos. Da man nicht weiß, welches Neutrino (wenn überhaupt) zur kosmischen Massendichte am meisten beiträgt, ist es nicht möglich, aus Reaktorexperimenten eine eindeutige Antwort auf die Frage nach dem Beitrag der Neutrinos zur Massendichte zu erhalten. Trotzdem sind diese Experimente sehr interessant, denn der Nachweis einer Masse für die von Reaktoren ausgesandten Neutrinos hätte weitreichende Konsequenzen.

der Haufen zu garantieren. Manche Galaxienhaufen enthalten nur ein Zehntel soviel Materie, wie für den Zusammenhalt des Haufens benötigt wird. 90 Prozent der Materie fehlen also. Wo steckt sie?

Falls Neutrinos eine Masse haben, bietet sich eine elegante Lösung dieses Problems an – eine Lösung, die mittlerweile von vielen Astrophysikern sehr ernst genommen wird. Ich sprach oben vom Neutrinosee des Universums, in Analogie zum Photonensee. Wie steht es mit diesem Neutrinosee, wenn die Neutrinos eine Masse haben? Sind in diesem Fall die Neutrinos ebenso homogen im Universum verteilt wie die Photonen, gibt es also etwa 400 pro Kubikzentimeter?

Bei der Ausdehnung des Universums verlieren die Neutrinos ständig Energie. Solange die Energie der Neutrinos im Vergleich zur Masse groß ist, bewegen sie sich faktisch mit Lichtgeschwindigkeit. Dies ändert sich jedoch, wenn die Energie kleiner als die Masse wird. Ist die Neutrinomasse etwa 10 eV, so passiert dies einige Milliarden Jahre nach dem Urknall kurz vor der Bildung der Galaxien. Plötzlich verringert sich die Geschwindigkeit der Neutrinos. Die Folge ist: Aufgrund des Gesetzes der Gravitation ballen sich die Neutrinos zu riesigen Neutrinowolken zusammen. Die Neutrinos sind im Kosmos also nicht mehr homogen verteilt, sondern es gibt Regionen relativ großer Neutrinodichte und solche, die praktisch leer sind. Die aus**Kosmische** gedehnten, sehr massiven Neutrinowolken wirken wie **Staubsauger** riesige Staubsauger, die die übrige Materie im Kosmos, die Protonen, Neutronen und Elektronen, »aufsaugen«. Nach dieser Vorstellung ist ein Galaxienhaufen eine große Neutrinowolke, in der die Galaxien wie Fische in einem Aquarium »herumschwimmen« (siehe Abb. 14-2). Die fehlende Materie »sitzt« also in den Neutrinos. Detaillierte Rechnungen ergeben, daß eine

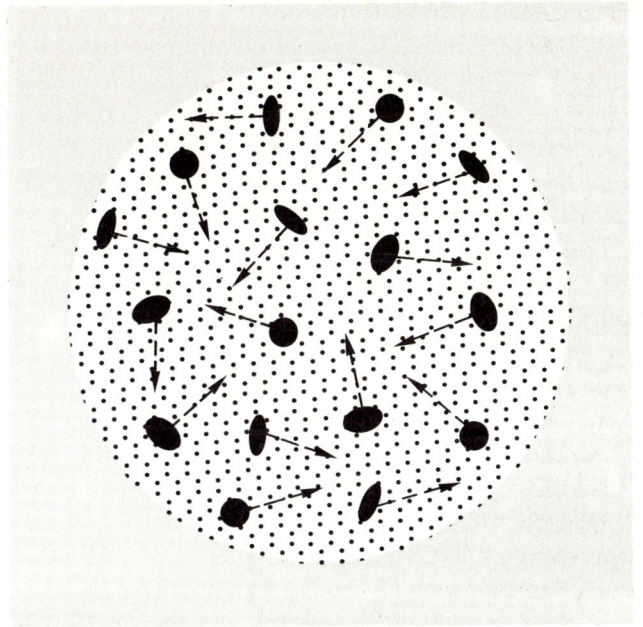

Abb. 14-2 Die Galaxien eines Haufens bewegen sich innerhalb des Haufens mit teilweise recht großen Geschwindigkeiten (angedeutet durch die gestrichelten Pfeile). Die Gravitation ist die Ursache für das Zusammenbleiben der Galaxien. Ohne sie würde sich der Haufen nach kurzer Zeit auflösen. Detaillierte Untersuchungen ergeben, daß die Materie der Galaxien nicht für den Zusammenhalt des Haufens ausreicht. Falls Neutrinos eine Masse haben, dann könnte ein Galaxienhaufen eine »Wolke« massiver Neutrinos sein, in der die Galaxien »herumschwimmen«. Die fehlende Materie würde von den Neutrinos beigetragen (hier durch Punkte dargestellt).

Neutrinomasse von etwa 5 eV bis 10 eV benötigt wird, um den gewünschten Effekt zu erhalten. Man kann die Neutrinodichte innerhalb der Galaxienhaufen abschätzen und findet etwa 10^7 Neutrinos pro Kubikzentimeter, eine ganz beachtliche Dichte.

Ich möchte bei dieser Gelegenheit daran erinnern, daß auch unsere eigene Galaxie zu einem Galaxienhaufen gehört. Die Vermutung liegt nahe, daß in dem

Die Erde im Neutrinosee Raumgebiet, in dem wir uns befinden, etwa zehn Millionen Neutrinos pro Kubikzentimeter existieren. Unsere Erde – wir selbst – schwimmt also in einem riesigen Neutrinosee – eine fast beklemmende und für Experimentalphysiker frustrierende Vorstellung. Es ist eine Herausforderung an die physikalische Meßtechnik, den »See« der Neutrinos nachzuweisen.

Falls die Neutrinos eine Masse von etwa 10 eV haben, muß man einen merkwürdigen Schluß ziehen. Der größte Teil der Materie im Universum wird von den Neutrinos gebildet. Die normale Materie – die Galaxien, Sterne und Planeten – trägt verhältnismäßig wenig zur allgemeinen Massendichte bei – sie ist gewissermaßen der »Schmutz«, der die reine, unsichtbare Neutrinomaterie »verunreinigt«.

Hiermit wollen wir unseren kleinen Ausflug in das Gebiet der massiven Neutrinos beenden. Wie man sieht, eröffnen sich ganz neue Perspektiven, falls die Neutrinos tatsächlich massiv sind und eine Masse von etwa 10 eV haben. Beträgt die Neutrinomasse weniger als 1 eV, dann spielen allerdings die massiven Neutrinos keine bedeutende Rolle in der Astrophysik.

Falls die Neutrinos eine Masse in der Nähe von einigen Elektronenvolt haben, sieht die Zukunft des Kosmos etwas anders aus als oben beschrieben (immer unter der Annahme, daß die Massendichte des Kosmos weniger als die kritische Massendichte ist und der Kosmos sich für immer ausdehnt). Nach dem Aussterben der Quarks, also der Atomkerne, und der Elektronen und Positronen verbleiben im Kosmos noch die Photonen und die Neutrinos. Massive Neutrinos haben jedoch die Möglichkeit, sich in Photonen umzuwandeln. Wenn ein Neutrino und ein Antineutrino zufällig nahe aneinander vorbeifliegen, besteht die – wenn auch sehr kleine – Möglichkeit, daß sich beide Teilchen gegenseitig vernichten, und zwar in zwei Photonen. Die Wahrscheinlichkeit für diesen Prozeß läßt sich berechnen. Sie hängt von der Neutrinomasse ab. Je kleiner die Masse ist, um so kleiner die Wahrscheinlichkeit der Vernichtung. Ist die Neutrinomasse in der Nähe von 10 eV, so erwartet man, daß es etwa 10^{50} Jahre dauert, bis auch die Neutrinos aus dem Universum sich davongemacht haben. Nach 10^{55} Jahren gibt es im Kosmos neben den Schwarzen Löchern nur noch Photonen und geringe Mengen an Elektronen und Positronen.

Auch die Neutrinos sterben aus

Nichts verdeutlicht mehr den einmaligen, historischen Charakter des heutigen Universums. Kurz nach dem Urknall hat sich die heute im Universum vorhandene Materie aus Strahlung gebildet. Nach 10^{55} Jahren ist von ihr nichts weiter übriggeblieben als elektromagnetische Strahlung, also Licht und einige Elektronen und Positronen. Es ist allerdings keineswegs ausgeschlossen, daß die Massendichte der Neutrinos größer als die kritische Dichte ist. Diese Annahme wird zwar nicht von den zur Zeit besten astrophysikalischen Meßdaten bezüglich der Materiedichte im Kosmos favorisiert – sie ist aber durchaus möglich.

Am Ende nur noch Licht

Wie sieht die Zukunft des Universums in diesem Fall aus? Da die Massendichte größer als die kritische Dichte ist, haben wir es mit einem endlich großen, geschlossenen Universum zu tun. Die entfernt liegenden Galaxien werden sich noch eine Weile von uns wegbewegen. Irgendwann einmal, beispielsweise 10^{12} Jahre nach dem Urknall, kommt die Expansion des Kosmos zu einem Ende. Danach fallen die Galaxien aufeinander zu; die Kontraktion des Universums beginnt. Sie ist eine einfache Umkehrung der Expansion. Alle Epochen der kosmischen Entwicklung werden jetzt umgekehrt durchlaufen (siehe Abb. 14-3). Sollten zu

Ein endlicher Kosmos?

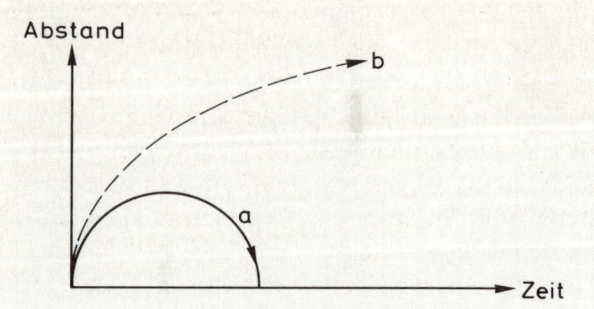

Abb. 14-3 Zwei Möglichkeiten der kosmischen Entwicklung, beschrieben durch den mittleren Abstand zwischen den Galaxien in Abhängigkeit von der Zeit.

a) Zur Zeit Null (Urknall) beginnt die Expansion des Universums, die schließlich zur Ruhe kommt. Anschließend fallen die Galaxien wieder aufeinander zu; es kommt zu einer Umkehrung des Urknalls. In diesem Fall ist der Kosmos endlich groß.

b) Nach dem Urknall setzt eine nie zu Ende kommende Expansion des Universums ein; der Kosmos ist unendlich groß.

Die allerdings recht ungenauen Meßdaten über die Verteilung der Materie im Universum bevorzugen Version b. Sollten die Neutrinos eine Masse haben, so liegt allerdings auch die Version a im Bereich des Möglichen.

jenen Zeiten Astronomen oder Physiker im Weltall existieren, so werden sie die Kontraktion des Universums am langsamen Ansteigen der Temperatur des Photonensees bemerken.

Die Energie der kosmischen Photonen wird schließlich so groß, daß sie die Sterne und Planeten zerstört. **Eine heiße** Die Protonen, Neutronen, Elektronen, Photonen und **Zukunft** Neutrinos bilden wieder ein heißes Gas, wie einst kurz nach dem Urknall. Alle makroskopischen Strukturen im Kosmos werden zerstört. Nichts deutet mehr darauf hin, daß es dereinst im Universum belebte Planeten gegeben hat, auf denen Astrophysiker lebten, die fähig waren, die kosmische Entwicklung vorauszuberechnen. Schließlich steigt die Temperatur des Universums auf über 10^{28} Grad. Die Teilchen treten in Wechselwirkung mit den X-Teilchen, die bei den hohen Temperaturen durch mannigfache Kollisionen der Leptonen, Quarks, Antiquarks, Photonen und so weiter erzeugt werden. Die X-Teilchen sorgen nun dafür, daß die letzte Spur des früheren kalten Universums, nämlich der geringe Überschuß von Quarks gegenüber den Antiquarks, verschwindet. Ebenso wie dieser Überschuß einst erzeugt wurde, verschwindet er wieder. Nach dem Ansteigen der Temperatur auf mehr als 10^{32} Grad tritt das Universum in die letzte Epoche seiner Entwicklung, in die letzten 10^{-43} Sekunden.

Ebenso wie die ersten 10^{-43} Sekunden des Universums liegen die letzten 10^{-43} Sekunden im dunkel. Wir wissen nicht, ob das gesamte Universum sich auf einen Punkt zusammenzieht, auf eine Singularität, wie der Mathematiker sagt. Wenn dies der Fall ist, dann können **Die Zeit hört** wir mit Recht sagen, daß nach Erreichen dieser Singula- **auf** rität Raum, Zeit und Materie nicht mehr existieren. Die Frage: »Was ist danach?« hätte keinen Sinn.

Es könnte auch anders kommen. Durch die bislang unverstandenen Effekte der Gravitation könnte es passieren, daß die Temperatur nicht bis ins Unendliche steigt, sondern nach Erreichen eines maximalen Wertes wieder sinkt, und zwar infolge einer erneuten Expansion des Kosmos. Ein neuer Zyklus des Universums beginnt. Wiederum wird kurz vor dem Absinken der Temperatur auf unter 10^{28} Grad ein Überschuß an Quarks erzeugt. Dieser wird dann in der 8. Epoche des neuen Zyklus verantwortlich sein für das Bilden von **Zyklen der** Galaxien, Sternen und Planeten. Nichts spricht in die- **kosmischen** sem Fall gegen die Möglichkeit, unendlich viele solcher **Entwick-** Zyklen zu haben. Unsere gegenwärtige Epoche wäre **lung?** dann zufällig die kalte 8. Epoche eines der möglicherweise unendlich vielen Zyklen, die das Universum durchläuft.

Die allgemeine Relativitätstheorie sagt aus, daß die Expansion des Kosmos, dessen Stärke durch den Hubble-Parameter bestimmt wird, genau dann zur Ruhe kommen wird, wenn die Massendichte im Kosmos gleich der kritischen Massendichte von etwa $10^{-29}\,g/cm^3$ ist. Nun ist die beobachtete Massendichte nicht so weit von diesem Wert entfernt; sie ist höchstens fünfzigmal kleiner. Dies ist eine verblüffende Einsicht, denn an sich besteht überhaupt kein Grund, warum die Massendichte des Kosmos in irgendeiner Weise etwas mit der kritischen Massendichte zu tun hat. Sie könnte durchaus eine Million mal kleiner oder größer als die kritische Dichte sein. Viele Astrophysiker sind deshalb der Meinung, daß der Fall Massendichte = kritische Massendichte vorliegt und daß diese Situation durch ein besonders schnelles Aufblähen des Kosmos unmittelbar nach dem Urknall erzwungen wurde (das sogenannte »inflationäre Universum«). Falls dies stimmt, hängt es von den Feinheiten der Materieverteilung ab, ob der Kosmos endlich oder unendlich ist.

Inflationäres Universum

Damit kommen wir zum Ende unserer Betrachtungen über die Zukunft des Kosmos. Entweder wird es eine 9., trostlose Epoche geben, eine kosmische Eiszeit, die unendlich lange währen wird und aus der es kein Entrinnen gibt, oder das Universum wird künftig von der 8. Epoche wieder in die 7. »zurückfallen« und anschließend alle restlichen Epochen gewissermaßen »rückwärts« durchlaufen.

Ich habe in diesem Buch die kosmische Entwicklung geschildert. Auch wenn Details sich in der Zukunft als falsch herausstellen werden, so bestehen viele Gründe, anzunehmen, daß sich die Entwicklung des Universums nach dem Urknall tatsächlich so abgespielt hat, wie ich sie darzustellen versuchte. So können wir heute sagen, daß wir wesentliche Aspekte der kosmischen Entwicklung verstehen, und man könnte diese Einsicht vergleichen mit der Einsicht über die Entwicklung des Lebens von den einfachsten Lebewesen bis hin zum Menschen, die man seit den Arbeiten von Charles Darwin gefunden hat. Die Erkenntnisse der modernen Physik und Astrophysik geben uns heute die Möglichkeit, die gesamte Entwicklung des Kosmos seit dem Urknall auf rationale Weise zu verstehen. Nicht nur die heute auf der Erde lebenden Organismen sind die Zeugen einer langen Entwicklungsgeschichte. Die Materie selbst, aus der alles besteht, ist das Produkt eines sehr dynamischen Entwicklungsprozesses. Hinzu kommt: dieselben Prozesse, die für die Existenz der Materie verantwortlich sind, werden letztlich dafür sorgen, daß sie wieder verschwindet.

Heute verstehen wir die kosmische Entwicklung, aber können wir sie auch begreifen, können wir einen Sinn hinter dieser Entwicklung sehen? Oder ist die gesamte kosmische Entwicklung im Grunde sinnlos? Ist unser Dasein nur ein vergeblicher Versuch des Kosmos, über sich selbst hinauszugehen, sich selbst einen Sinn zu verleihen, den es im Grunde nicht gibt und nicht geben kann?

Eine sinnlose Entwicklung?

Auf Fragen dieser Art kann die Wissenschaft keine Antwort geben. Es sind Fragen, deren Beantwortung gleichzeitig ein Werturteil erfordert, und solche vermag die Wissenschaft nicht abzugeben. Indem wir Wissenschaft treiben und die Zusammenhänge in der Welt verstehen lernen, verändern wir aber gleichzeitig unsere Art zu denken und zu handeln. In diesem Sinne ist die Wissenschaft nicht wertfrei, und aus diesem Grunde halte ich es für notwendig, dieses Buch mit einigen Betrachtungen über Philosophie und Religion zu beenden.

15. Einheit in der Vielfalt

»Man ist wie aufgelöst in die Natur. Man fühlt die Belanglosigkeit des Einzelgeschöpfes noch mehr als sonst und ist froh dabei.«
Albert Einstein, Tagebucheintrag bei einem Aufenthalt an der englischen Küste[18]

Fast vierhundert Jahre sind vergangen, seit Galileo Galilei, Professor an der Universität Padua und im Dienste der unabhängigen Republik Venedig stehend, das Fundament für die modernen Naturwissenschaften legte. Im Verlauf unseres Jahrhunderts ist es gelungen, die Struktur der Materie (siehe Abb. 15-1) und die hierfür verantwortlichen fundamentalen Kräfte in der Natur herauszufinden. Drei verschiedene Kräfte sind es, die die Welt gewissermaßen im Inneren zusammenhalten: die chromodynamischen Kräfte zwischen den Quarks im Inneren der Kernteilchen, die weniger starken elektrischen Kräfte innerhalb der Atome und die für jedermann sichtbare, alles umfassende Kraft der Gravitation. Die Welt, die sich heute dem Naturwissenschaftler offenbart, zeichnet sich durch bemerkenswerte Einfachheit aus. Wer hätte je gedacht, daß sich alles in unserer bunten, abwechslungsreichen Welt aus den beiden Quarks u und d und aus dem Elektron zusammensetzen läßt – die Galaxien, Sterne, Steine, Pflanzen, wir selbst? Die Natur, von der wir ein Teil sind, ist äußerst vielgestaltig, und dennoch handelt es sich bei diesem Formenreichtum um verschiedene Erscheinungen ein und derselben Grundmaterie.

Was die Welt zusammenhält

Ein Mensch mit dem Normalgewicht von 75 kg besteht zum Beispiel aus folgenden Konstituenten:

u-Quarks: $7{,}0 \cdot 10^{28}$
d-Quarks: $6{,}5 \cdot 10^{28}$
Elektronen: $2{,}5 \cdot 10^{28}$

Natürlich erhält man keinen Menschen, wenn man diese Mengen von Quarks und Elektronen einfach zusammenfügt; der Mensch ist mehr als die Summe seiner Teile. Das System »Mensch« zeichnet sich dadurch aus, daß die Elektronen und Quarks nicht irgendwie, sondern auf ganz bestimmte Weise zusammengefügt sind. Sie bilden Wasserstoff-, Sauerstoff-, Kohlenstoff- und andere Atome, diese wiederum ganz bestimmte Moleküle, und zwar nach biochemischen Regeln, die sich im Verlauf von vier Milliarden Jahren abwechslungsreicher Entwicklungsgeschichte auf der Erde herausgebildet haben.

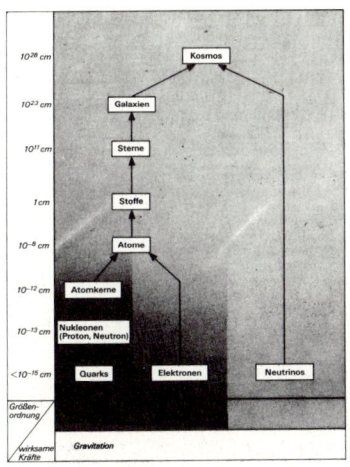

Abb. 15-1 Der Kosmos ist hierarchisch aufgebaut. Die Materie besteht aus Quarks, Elektronen und Neutrinos. Die starke Wechselwirkung wirkt auf die Quarks. Die elektromagnetische Wechselwirkung ist wichtig sowohl für die Quarks als auch für die Elektronen. Die Gravitation sowie auch eine weitere Wechselwirkung, die sogenannte schwache Wechselwirkung, sind für alle fundamentalen Teilchen relevant.

Das Besondere, Einmalige an der 8. Epoche in der Entwicklung des Universums ist das Vorhandensein von Struktur. In den ersten sieben Epochen nach dem Urknall gab es keine auffälligen makroskopischen Strukturen, die miteinander in Wechselwirkung standen. In jenen Epochen war das Universum mit einem heißen Gas aus Teilchen angefüllt. Die Teilchen selbst sind ununterscheidbar. Ein Elektron hier auf der Erde und eines hinter dem Mond gleichen einander mehr als ein Ei dem anderen. Ein Ei kann man zumindest markieren, mit einer Nummer versehen. Elektronen und Quarks wie auch alle anderen Teilchen lassen sich nicht numerieren. Die Grundbausteine der Materie haben keinerlei Individualität – es herrscht langweilige Uniformität.

Mit der Bildung größerer Materieansammlungen, den Urformen der heute existierenden Galaxien, begann im Kosmos eine besondere Phase:

Das Univer-
sum zersplit-
tert sich
Es bildeten sich makroskopische Strukturen, bestehend aus vielen Quarks und Elektronen. (Manche Astrophysiker vermuten, daß die Keime zu dieser Entwicklung bereits in der 7. Epoche gelegt wurden, und zwar durch das Entstehen gewaltiger Wolken massiver Neutrinos. Diese Neutrinowolken rissen durch ihre Gravitation die sich später bildenden Wasserstoff- und Heliumatome an sich und verursachten dadurch die Bildung der Galaxien.)

Was wir heute in der Welt beobachten, ist das Wechselspiel jener seit Beginn der 8. Epoche gewachsenen Strukturen, seien es Galaxien, Sterne, Planeten, Steine oder Lebewesen. Erstmalig gibt es im Kosmos individuelle Strukturen – Objekte, die man identifizieren kann. Ein Stein ist eine individuelle Struktur. Wir können seine Form beschreiben; wir können ihn markieren und auf diese Weise noch nach Jahren wiedererkennen. Dies mag selbstverständlich klingen, ist es aber durchaus nicht. Erst seit Beginn der 8. Epoche gibt es Individualität.

Alle im Verlauf der 8. Epoche im Universum entstandenen Strukturen haben historischen Charakter. Ihre Existenz verdanken sie der Tatsache, daß das Universum heute erkaltet ist. Nur in einem kalten Universum kann es makroskopische Strukturen wie Galaxien und uns selbst geben. Zudem sind diese Strukturen nicht für die Ewigkeit geschaffen. Einst werden sie **Nicht für die** nicht mehr da sein, und dem, was übrigbleibt – einem **Ewigkeit** immer heißer werdenden Gas aus Teilchen oder einem kälter werdenden Gas aus Photonen und Neutrinos –, wird man nicht mehr ansehen können, welche Vielfalt das Universum einst beherbergt hat.

Wie viele individuelle Objekte, wie viele Strukturen kann es im Universum überhaupt geben? Die Anzahl der im uns sichtbaren Teil des Kosmos vorhandenen Quarks schätzt man auf etwa 10^{80}. Die Gesamtzahl von möglichen Objekten – seien es Sterne, Planeten, Pflanzen oder Steine –, die mit diesem Baumaterial erzeugt werden können, ist zwar immer noch endlich, aber so unvorstellbar groß, daß man für praktische Zwecke von unendlich vielen Möglichkeiten sprechen kann. Das Potential der Natur, in der kalten 8. Epoche **Unerschöpf-** neue Strukturen zu schaffen, ist praktisch unerschöpf- **liche Natur** lich.

Es ist bewundernswert, wie die Natur es fertigbringt, durch das kohärente Zusammenwirken vieler Konstituenten neue Strukturen zu schaffen, die über verblüffende, qualitativ neue Eigenschaften verfügen. Viele Atome, in geeigneter Weise zusammengefügt, sind in der Lage, ein DNA-Molekül zu bilden, das zur Reproduktion fähig ist. Für einen Musiker ist dies nichts Neues. Mit den wenigen Tönen der Tonleiter, den »Konstituenten« der Musik, lassen sich ganz verschiedene Melodien erzeugen – eine einfache Schlagermelodie oder ein Fugenthema von Bach.

Der aufmerksame Leser wird hier einen interessanten Sachverhalt feststellen. Zum einen scheint es bei der Erforschung des Mikro- und Makrokosmos, daß **Grenzen der** wir an Grenzen stoßen werden beziehungsweise bereits gestoßen sind. So hat die Astrophysik die Grenzen von Raum und Zeit erreicht.

Es mag sein, daß die Quarks und Leptonen noch nicht die kleinsten Bausteine der Materie sind, daß sie wiederum aus noch kleineren Konstituenten bestehen. Aber wir können heute nicht mehr bestreiten, daß es kleinste, elementare Konstituenten der Materie gibt. Dies bedeutet, daß die Erforschung der Feinstruktur der Materie ein endlicher Prozeß sein wird. Eines nicht allzu fernen Tages wird man eine geschlossene Theorie der Materie besitzen, eine Art »Weltformel«. Ich möchte allerdings hier warnen: Eine solche Theorie wird nichts, gar nichts, aussagen über die makroskopische, historisch gewordene Struktur unserer Welt. Viele, ja die meisten der uns heute interessierenden Fragen sind auch mit einer universellen Theorie nicht zu beantworten, da sie die überaus wichtigen historischen Aspekte der 8. Epoche nicht zu berücksichtigen vermag.

Auch wird man aus einer solchen Theorie nicht ablesen können, welche Vielfalt an verschiedenen Objekten und Systemen es gibt. Zum Beispiel beschreiben die recht einfachen Grundgleichungen der Quantenchromodynamik nicht nur das Verhalten der Quarks im Inneren der Kernteilchen, sondern auch die Atom-**168 Quarks** kerne. Niemand würde ohne weiteres vermuten, daß **und der** sich 168 Quarks, genauer 82 u-Quarks und 86 **Eisenkern** d-Quarks, infolge der chromodynamischen Kräfte stets zu einem wohlbekannten Objekt zusammenfügen, nämlich dem Atomkern des Elements Eisen, bestehend aus 26 Protonen und 30 Neutronen. Und doch ist die Struktur des Eisenkerns bereits in den Grundgleichungen der Chromodynamik enthalten. Der Aufbau des Eisenkerns und darüber hinaus der Aufbau aller Atomkerne sind damit »im Prinzip« verstanden. Trotzdem wird es niemals möglich sein, die Details der Atomkernstruktur aus den chromodynamischen Gleichungen direkt abzuleiten. Wenn wir etwas über den Aufbau der Atomkerne erfahren wollen, bleibt uns nichts anderes übrig, als durch kostspielige Experimente und durch mühevolle theoretische Arbeit die komplexen Systeme der Atomkerne Schritt für Schritt zu erkunden – eine Arbeit, die von den Kernphysikern mit großem Erfolg seit Jahrzehnten durchgeführt wird.

Chromodynamik – kein Ersatz für Kernphysik

In den Kapiteln 9 bis 13 habe ich erklärt, wie das Universum entstand und wie die Quarks, Atomkerne, Atome usw. erzeugt wurden. Wir sahen, daß es sich bei diesen Objekten um »gewachsene« Strukturen handelt, die sich beim Kälterwerden des Universums gebildet haben. Selbst ein Wasserstoffatom, das einsam durch das Weltall fliegt, ist ein historisches Objekt. Es trägt die Spuren seiner Entstehung, aber auch den Keim seiner künftigen Vernichtung in sich. Durch diese Erkenntnis kann nunmehr ein philosophischer Streit zwischen Werden und Sein, der vor zwei Jahrtausenden im alten Griechenland entbrannte, auf salomonische Art geschlichtet werden.

Heraklit, einer der großen Philosophen des Altertums, faßte seine Philosophie in dem berühmten Satz zusammen: »Alles fließt.« Für ihn war die Welt, die Materie, im Zustand ewiger Bewegung. Unveränderliche Strukturen gab es für Heraklit nicht; sie wurden von ihm als Sinnestäuschung angesehen.

Alles fließt

Einen entgegengesetzten Standpunkt vertrat Parmenides, für den die Welt für immer im Zustand des Seins verharrte. Veränderungen waren für Parmenides weiter nichts als Illusionen. Aus der Philosophie des Parmenides entwickelte sich in der Folge die Vorstellung, daß Materie aus kleinsten, unzerstörbaren Einheiten – den Atomen Demokrits – besteht.

Wir können heute sagen, daß sowohl Heraklit als auch Parmenides nur Teile der Wahrheit erkannt haben. Materie besteht aus Quarks und Elektronen. Aber die Bausteine der Materie existieren nicht für immer. Auch sie sind historische Objekte. Kurz nach dem Urknall wurden sie erzeugt, und nach der 8. Epoche werden sie wieder verschwinden. Werden und Vergehen ist für die Konstituenten der Materie ebenso selbstverständlich wie für alle anderen Dinge im Kosmos.

Stabilität ist relativ Im Grunde gibt es in der Natur keine absolut stabilen Strukturen. Für einen Chemiker mag ein Atom ein stabiles System darstellen, dessen Größe sich bei keiner chemischen Reaktion verändert. Für einen Physiker gilt dies nicht. Es ist ihm ein leichtes, ein Atom in seine Bestandteile zu zerbrechen. Auch Atomkerne sind nicht stabil. Ein π-Meson, das mit genügend großer Energie in einen Eisenkern hineinfliegt, bewirkt, daß dieser Atomkern in viele Stücke zerplatzt.

Die Dinge sind also nicht absolut stabil. Hat man nur genug Energie zur Verfügung, so kann man jedes System aufbrechen. Ich möchte deshalb hier den Ausdruck »relative Stabilität« einführen. Jedes Objekt, das im Weltall existiert, ist ein System relativer Stabilität und aus diesem Grund nicht auf Dauer geschaffen. Dies heißt auch, daß es einen ständigen Austausch zwischen einem solchen System und dem Rest der Welt gibt. Nichts in der Welt ist vollkommen isoliert beziehungsweise isolierbar. Selbst ein Proton, das sich viele Millionen Lichtjahre von jeder Galaxie entfernt befindet, »weiß«, daß es nicht allein ist. Es befindet sich in ständigem Kontakt mit der Welt, der durch die verschiedenen physikalischen Kräfte und Felder vermittelt **Es gibt keine** wird. Dieser Kontakt ist letztlich auch daran schuld, **absolute** daß das Proton irgendwann einmal zerfällt. Woher soll- **Einsamkeit** te das Proton sonst »wissen«, daß es nicht für die Ewigkeit da ist, es sei denn durch ständigen Kontakt mit dem gesamten Universum? Auch hier erweist sich, daß es keine vom Rest der Welt isolierten Dinge gibt. Der Kosmos ist nicht teilbar – er bildet eine Einheit.

Eine wichtige Lehre, die wir aus den Erkenntnissen der modernen Naturwissenschaften ziehen müssen, ist der Verzicht auf den naiven Glauben an das Prinzip von Ursache und Wirkung. Unser Gehirn ist so angelegt, daß wir bei jeder Gelegenheit der Illusion verfallen, jeder Naturprozeß sei das Ergebnis des Wirkens einer oder weniger Kausalketten, nach dem Muster: Dieser Prozeß läuft ab, weil jener Prozeß vorher ab- **Eindimensio-** lief, und jener ... Dieses Denken in eindimensionalen **nale** Kausalketten ist eine menschliche Eigenschaft, die die **Kausalität** Wirklichkeit nur unzureichend zu beschreiben vermag. Jedes Objekt im Kosmos steht in einem vielfältigen Zusammenhang mit seiner Umgebung. Eine oder wenige Kausalketten reichen nicht aus, um sein dynamisches Verhalten zu beschreiben.

Wenn ich von der Einheit des Kosmos spreche, so **Das Netz-** meine ich damit auch jenes vielverzweigte Netzwerk **werk** von Beziehungen, in das jedes System im Universum **des Kosmos** eingebettet ist. Dieses Netzwerk ist ein typisches Produkt der 8. Epoche; es kann nur in der Vielgestaltigkeit dieser Epoche existieren.

In allen früheren Epochen gab es kein solches Netzwerk. Die ersten sieben Epochen in der Entwicklung des Weltalls lassen sich recht einfach darstellen, zum Beispiel durch die Angabe einiger thermodynamischer Größen wie der Temperatur. Eine eindimensionale Kausalkette reicht aus, um die Entwicklung vom Urknall bis zum Ende der 7. Epoche zu charakterisieren.

Das vielverzweigte, komplexe Netzwerk von Beziehungen zwischen den Objekten in der 8. Epoche läßt sich einigermaßen umfassend nur durch entsprechend komplexe Methoden beschreiben, durch die Wissenschaften wechselseitiger Beziehungen wie der Kybernetik und Systemanalyse.

Am Beispiel der Quantentheorie haben wir gesehen, daß unsere konventionellen Begriffe recht grobe Werkzeuge sind, um die subtilen Prozesse der Atomphysik zu beschreiben. Zudem ist es nicht möglich, exakte Voraussagen über Einzelprozesse zu machen. Nur Aussagen über Wahrscheinlichkeiten sind möglich. Aus diesem Grunde beschreibt die Quantenphysik eine offene Welt – nichts ist für immer festgelegt. Dies bedeutet auch: Die Ergebnisse der Naturwissenschaft sind stets als Approximationen zu verstehen. Die Naturwissenschaft ist nicht fähig, Aussagen von absoluter Gültigkeit zu machen. Eine Idee wird erst dann zu einer wissenschaftlichen Idee, wenn sie sich auch als falsch erweisen kann. Wolfgang Pauli bemerkte einmal nach einem Vortrag eines Kollegen: »Ihre Hypothese ist so schlecht, daß sie nicht einmal falsch sein kann« – eine vernichtende Kritik.

Offene Welt

Naturwissenschaftliche Forschung bedeutet heute mehr denn je nicht nur die genauere Erforschung des in der Natur Vorhandenen, sondern auch die Schaffung von Neuem. Wir konstruieren Computer, bauen komplizierte Beschleuniger, erzeugen neue chemische Stoffe und vieles mehr. Gleichzeitig drückt der Forscher dem, was er untersucht, seinen Stempel auf, in-

Neues wird geschaffen

dem er zum Beispiel einfach zu quantifizierende Eigenschaften bevorzugt und andere, vielleicht wichtigere Aspekte vernachlässigt.

Ich vergleiche die naturwissenschaftliche Forschung und die nachfolgende technische Nutzung gern mit der Erkundung und Erschließung einer unbekannten Landschaft. Zuerst schickt man Kundschafter in das unbekannte Gelände, die es nach allen Richtungen hin durchqueren und erforschen. Später entschließt man sich, feste Wege und Straßen in der neu gewonnenen Landschaft anzulegen. Hiermit ist eine tiefgreifende Veränderung der Landschaft verbunden. Hinzu kommt, daß jedermann diese Straßen benutzen wird, um schneller voranzukommen. Nur noch wenige nehmen die Mühe auf sich, auch abseits der Straßen durchs Gelände zu streifen. Man gewöhnt sich an die **Trügerische** Straßen und bemerkt nicht, daß man von ihnen aus nur **Gewohnheit** einen kleinen Bruchteil der Landschaft überblicken kann.

Mit Naturwissenschaft und Technik steht es ähnlich. Die reinen Grundlagenforscher kann man mit den Kundschaftern der ersten Stunde vergleichen. Sie erkunden das neue Terrain, tragen Fakten zusammen und schreiben vieles nieder, wobei das meiste des Geschriebenen später ungelesen in den Archiven der Bibliotheken gespeichert wird. Der nächste Schritt besteht in der technischen Erkundung, im »Straßenbau«. Bei der Anlegung der »Straßen« stützt man sich auf das von den Kundschaftern zusammengetragene Wissen. Schließlich entscheidet man sich, das »Straßennetz« so und so anzulegen. Die »Kundschafter«, also die Forscher, verlieren jetzt schnell das Interesse an der Angelegenheit und wenden sich anderen Aufgaben zu. Bald sind die »Straßen« fertig – die Industrie funktioniert und profitiert davon.

An einem solchen Verfahren wäre nichts auszusetzen, wenn man es ohne Probleme anwenden könnte. Gerade dies ist aber nicht der Fall. Es besteht die Gefahr, daß man die Rolle der vorhandenen »Straßen« im Laufe der Zeit mehr und mehr überschätzt. Schließlich gewöhnt man sich aus Bequemlichkeit so an das vorhandene »Straßennetz«, daß man vergißt, wozu es ursprünglich gebaut wurde, und es mit der Landschaft, die man mit Hilfe der »Straßen« erschließen wollte, gleichsetzt. Man fängt an, in »Straßen«, in eindimensionalen Kausalketten, zu denken und vergißt völlig, daß die »Straßen« ursprünglich nichts weiter als ein Mittel zum Zweck waren. Sie sind weiter nichts als eindimensionale Gebilde zur Erschließung einer vieldimensionalen Wirklichkeit.

Die Rolle der »Straßen«

Schon seit langer Zeit hat es an Kritik an dieser Methode des »Straßenbaus« nicht gefehlt. Friedrich Schiller war einer der ersten, der sich vehement gegen den »Straßenbau« gewandt hat. In einem Brief an Theodor Körner schreibt er im Jahre 1797:

Schiller wider den Verstand

»Es ist der nackte, schneidende Verstand, der die Natur, die immer unfaßlich und in allen ihren Punkten ehrwürdig und unergründlich ist, schamlos ausgemessen haben will und mit einer Frechheit, die ich nicht begreife, seine Formeln, die oft nur leere Worte und immer nur enge Begriffe sind, zu ihrem Maßstab macht.«[19]

Naturwissenschaftler sind Kundschafter und »Straßenbauer« zugleich. Schillers Worte richten sich eindeutig gegen den Wissenschaftler und Techniker als »Straßenbauer« – er vergißt den Kundschafter. Seine scharfe, kompromißlose Polemik erinnert auch an die gegen Wissenschaft und Technik gerichteten Thesen von extremen Vertretern der heutigen Anti-Technik-Bewegung.

Wie steht es mit Schillers Kritik? Ein Wissenschaftler oder Techniker kann, wenn er erfolgreich sein will, kein einseitiger Rationalist, also kein »Nur-Straßenbauer«, sein, der ausschließlich das Meßbare als Wirklichkeit anerkennt. Insbesondere bei der »Geburt« wissenschaftlicher Ideen spielt das Unbewußte, die Fähigkeit, Zusammenhänge intuitiv zu spüren, eine entscheidende Rolle. Der Unterschied zwischen einem Naturwissenschaftler und einem Komponisten oder Poeten ist geringer, als man gemeinhin erwartet. Ein Bekannter von mir, Professor für theoretische Physik an einer führenden amerikanischen Universität, stellte einmal die These auf: Zur Naturwissenschaft braucht man doppelt soviel Phantasie wie zur Poesie oder Musik – eine These, die Schiller wahrscheinlich heftig erzürnt hätte. Seine Begründung: »Ein Poet oder Musiker schafft etwas Neues aus sich selbst, ohne die geringste Rücksicht auf äußere Bedingungen. Ein Naturwissenschaftler schafft etwas Neues, muß aber gleichzeitig auf die vorliegenden, von der Natur diktierten äußeren Bedingungen Rücksicht nehmen. Letzteres ist viel schwieriger als Poesie oder Musik.«

Poesie und Wissenschaft

Es ist heute Mode geworden, Naturwissenschaftler ob ihrer angeblich einseitig auf das rational Erfaßbare gerichteten Forschung anzuklagen. Wissenschaftler, Ingenieure und Techniker werden als Hauptschuldige an den Problemen der modernen Zivilisation angesehen. Man übersieht, daß die Ergebnisse der Naturwissenschaften vor allem Früchte menschlicher Schöpferkraft sind, die letztlich auf irrationalen Impulsen beruht, die nicht meßbar sind und sich nicht in kausale Zusammenhänge einordnen lassen.

Eines aber zeichnet die Naturwissenschaftler vor ihren Kritikern aus. Wie kaum andere sehen sie die Gefahren einer einseitig auf das Irrationale ausgerichteten Denkweise. Sie wissen, wie dünn das rationale Fundament ist, auf dem unsere Zivilisation errichtet ist. Auschwitz, die Arbeitslager Sibiriens und die Massenmorde an Palästinensern in Beirut sind hierfür Beweise genug.

Absichtliche Bescheidenheit Aus diesem Grunde bescheidet sich der Naturwissenschaftler, so gut er kann, auf das durch logisches Denken Erfaßbare und auf Phänomene, die meßbar und nachvollziehbar sind. Gerade weil er sein Gesichtsfeld absichtlich beschneidet, weiß der Naturwissenschaftler um die Grenzen seiner Erkenntnis. Nicht zuletzt findet sich hierin der Grund für die Bewunderung und den Respekt, den er für die unendlich vielgestaltige Natur empfindet.

Aus dem eben Gesagten möchte ich folgenden Schluß ziehen. Wir benötigen heute eine Strategie, die zwischen beiden Positionen, der Position Schillers und der Position des nur am »Straßenbau« interessierten Technikers, vermittelt – eine Vermittlung also zwischen ganzheitlichem, intuitivem Erfassen der Natur und dem gezielten Einsatz von Naturwissenschaft und Technik. Wir benötigen die Straßen, aber auch viel »Landschaft«. Wir können nicht die gesamte »Landschaft« mit »Straßen« überdecken.

Verzicht auf Technik? So einfach diese Schlußfolgerung ist, so schwierig ist es im Einzelfall, eine Entscheidung zu fällen. Sollen wir in Zukunft mehr Atomkraftwerke zur Energiegewinnung bauen und die damit verbundenen Risiken eingehen? Oder sollen wir auf die Atomkraftwerke verzichten und die Energie durch Verbrennung von Kohle erzeugen und damit die chemische Verseuchung der Atmosphäre mit all ihren katastrophalen Folgen riskieren? Oder sollen wir auf bestimmte Bereiche der Technik überhaupt verzichten? Eine klare Antwort auf diese Fragen zu geben ist unmöglich, denn es handelt sich um Fragen, auf die es keine eindeutigen Antworten geben kann. Im Grunde handelt es sich hier um Fragen, die den nicht eindeutig beantwortbaren Fragen der Quantentheorie ähneln. Die Fragen: »An welchem Ort befindet sich jetzt ein Elektron?« und »Welche Geschwindigkeit besitzt es?« haben keine klare Antwort. Wir wissen, daß man nur eine Wahrscheinlichkeit für den Ort und für die Geschwindigkeit eines Elektrons angeben kann. Gewißheiten gibt es nicht. **Keine klaren Antworten** Dies ändert sich allerdings genau dann, wenn man versucht, die Geschwindigkeit des Elektrons durch ein Experiment zu bestimmen. Man findet zum Beispiel im Experiment eine Geschwindigkeit von 1000 km/sec – eine klare Antwort. Allerdings erweist es sich, daß diese klare Antwort erkauft wurde durch einen Eingriff in das System – durch die Messung der Geschwindigkeit des Elektrons mit Hilfe eines Meßgeräts. Wir haben das System – in diesem Fall das physikalische System Elektron – von außen beeinflußt. Durch unsere Entscheidung, eine Messung der Geschwindigkeit vorzunehmen, haben wir eine neue Situation geschaffen – getreu der Maxime von Niels Bohr, daß wir im Naturgeschehen zugleich Zuschauer und Handelnde sind.

Das Prinzip der Komplementarität bedeutet in seiner Verallgemeinerung im Grunde nichts weiter, als die Widersprüche in Natur und Gesellschaft anzuerkennen und durch unser Handeln aufzulösen. Ich sprach von der Notwendigkeit, eine Strategie zu entwerfen, mit deren Hilfe es möglich ist, zwischen dem Erkunden der Natur durch die Naturwissenschaften und dem intuitiven Erfassen der Ganzheit des Kosmos zu vermitteln. In der Physik gelang es, mit der Quantentheorie eine Sprache zu entwickeln, die zwischen zwei einander anscheinend widersprechenden Beschreibungsweisen des Elektrons vermittelt (gemeint sind hier die wechselseitigen Unschärfen von Ort und Geschwindigkeit). Wird es gelingen, eine analoge Strategie für die Überwindung der destruktiven Gegensätze in der modernen Industriegesellschaft zu finden?

16. Das geistige Universum

»Doch seit Kopernikus haben wir auch zu
verstehen gelernt, wie wunderbar, wie selten
und vielleicht einzigartig unsere kleine Erde
in diesem großen Universum ist...«
Karl R. Popper/John C. Eccles [20]

Vor einigen zehntausend Jahren begann der Mensch,
systematisch seine Umwelt zu untersuchen und dabei
auch zu verändern. Heute befinden wir uns in einer
Welt, die vor allem durch die seither erfolgten Veränderungen geprägt ist. Gleichzeitig schuf der Mensch
eine neue Welt, die Welt der Zeichen, der Symbole
und Sprachen.

Der Philosoph Karl R. Popper hat eine Einteilung **Poppers**
der Welt in drei Bereiche vorgeschlagen. [21] Der erste **Dreiteilung**
Bereich (die sogenannte Welt 1) wird mit der physi- **der Welt**
schen Welt, dem realen Universum, gleichgesetzt, das
unabhängig vom Menschen existiert. Dazu gehören
die Elektronen, Quarks und alle von ihnen aufgebauten Systeme. Der zweite Bereich (die Welt 2) ist die
Welt der subjektiven Empfindungen, der unbewußten
Zustände und psychischen Gegebenheiten. Der dritte
Bereich schließlich (die Welt 3) umfaßt alle Inhalte des
bewußten Denkens.

Wie alle Klassifizierungen ist die von Popper in ge-
wissem Maße willkürlich. Wer zum Beispiel kann genau die Trennungslinie zwischen Welt 2 und Welt 3 de-
finieren? Trotzdem erweist sich Poppers Zugang als
nützlich. Ich möchte hier jedoch nicht so weit wie Popper gehen. Für meine Zwecke reicht es aus, eine Zweiteilung der Welt vorzunehmen. Der erste Bereich ist
identisch mit Poppers Welt 1. Ich will ihn als das physi-

sche Universum bezeichnen. Der zweite Bereich umfaßt Poppers Welten 2 und 3. Dieser Bereich der **Geistiges** psychischen Zustände, der logischen Symbole und **Universum** Sprachen sei hier »das geistige Universum« genannt – es entspricht etwa der Welt der Ideen Platos. Im Gegensatz zum physischen Universum ist das geistige Universum ein Produkt des Menschen, des menschlichen Gehirns. Seine Elemente, seine »Zeichen«, sind zweckmäßige Erfindungen unseres bewußten oder unbewußten Denkens. Um die von uns beobachteten Phänomene zu beschreiben, erfinden wir Begriffe und Symbole – Zeichen. Das menschliche Denken besteht in der sinnvollen Verknüpfung solcher Zeichen.

Man kann die oben vorgenommene Zweiteilung mit der analogen Situation im Computerwesen vergleichen. Das physische Universum entspricht dem Computer als gegenständliches System, also der »hard ware«. Das geistige Universum ist analog den verschiedenen Programmen, der »soft ware«. Allerdings besteht ein wichtiger Unterschied zwischen der wirklichen Welt und der Computerwelt. Ein Computer funktioniert nur einwandfrei, wenn das Programm, nach dem er arbeitet, keine Fehler enthält. Alles ist genau, ohne die geringste Unschärfe, definiert.

Das geistige Universum jedoch ist ein lebendiges, sich stets veränderndes Universum. Die Zeichen, die es umfaßt, sind nur in seltenen Fällen genau definiert. Den Begriffen und Symbolen haften beträchtliche Unschärfen an.

Das geistige Universum entspricht gewissermaßen einem Computerprogramm, das sich ständig ändert **Der Mensch** und laufend umgestellt wird. Ein Computer, dessen **und seine** Programm sich ununterbrochen wesentlich ändert, **Computer** könnte nicht arbeiten. Ein wichtiger Unterschied zwischen dem geistigen Leben des Menschen und der Arbeit eines Computers besteht gerade hierin: Das geistige Leben des Menschen bricht nicht zusammen, wenn eine neue Einsicht gewonnen wird und sich neue Zusammenhänge ergeben. Unser geistiges Universum ist viel flexibler als ein starr festgelegtes Computerprogramm.

Flexibler als ein Computer

Ein anderer wesentlicher Unterschied ergibt sich, wenn man die Rückkopplung des Universums auf das physische Universum betrachtet. Ein Computerprogramm ist nicht in der Lage, die »hard ware« des Computers zu ändern. Der Mensch jedoch verändert ständig seine Umwelt. Es findet eine permanente Wechselwirkung zwischen dem physischen und dem geistigen Universum statt.

Beim Studium der Phänomene des physischen Universums entdeckt der Mensch Gesetzmäßigkeiten: die Naturgesetze. Früher, insbesondere gegen Ende des vergangenen Jahrhunderts, hat man geglaubt, die Naturgesetze seien mehr als nur Elemente des geistigen Universums. Man stellte sie sich als die wesentlichen Stützen des physischen Universums vor, als die Knochen des Skeletts der Welt. Den Ablauf der Prozesse im physischen Universum erklärte man sich als ein Zusammenwirken der verschiedenen Naturgesetze, die wie die Räder eines Uhrwerks ineinandergreifen und die Dynamik der Welt bestimmen.

Die Rolle der Naturgesetze

Diese Auffassung vom Wesen der Naturgesetze müssen wir heute beträchtlich revidieren. Auch die Naturgesetze sind keine Elemente der physischen Welt, sondern Elemente des geistigen Universums. Als solche sind sie Erfindungen des menschlichen Geistes, allerdings solche, denen wesentliche Aspekte des physischen Universums entsprechen. Aber – und dies ist wesentlich – die Naturgesetze sind nicht das Skelett der physischen Welt, das sie zusammenhält; das Universum braucht kein Skelett. Das nimmt den Naturgesetzen und damit den Naturwissenschaften jenen Hauch von Absolutheit, der sie noch vor wenigen Jahrzehnten umgab.

Das geistige Universum – die Welt des Geistes und der Ideen – ist die bedeutendste Schöpfung des Menschen. Zudem ist es ein Teil der 8. Epoche des Universums. Wir erwähnten es schon: Nur in der kalten Welt der 8. Epoche, in der makroskopische Strukturen und damit denkende Wesen existieren können, kann es **Ideen sind** Ideen und Symbole geben. In ferner Zukunft wird die- **nicht für die** se Epoche zu Ende gehen. Dies bedeutet auch das En- **Ewigkeit** de der Welt der Ideen. Das geistige Universum löst sich in Nichts auf. Niemand wird da sein, um das Ende der 8. Epoche zu beschreiben.

Zur Beschreibung seiner Umwelt hat der Mensch Begriffe erfunden, denen gewisse Aspekte der Wirklichkeit entsprechen. Oft wurden diese Begriffe jedoch aus unserer Anschauung abgeleitet, die sich im Laufe der Entwicklungsgeschichte herausgebildet hat. Ein typisches Beispiel hierfür ist unsere Vorstellung vom Raum. Jeder von uns besitzt ein dreidimensionales Vorstellungsvermögen. Intuitiv fühlt jeder, was es mit dem Raum um uns herum auf sich hat. So ist es für jeden selbstverständlich, daß die kürzeste Verbindung zweier Punkte im Raum die Gerade ist, die beide Punkte verbindet.

Erst nach Jahrhunderten physikalischer und mathematischer Forschung wurde klar, daß unser intuitives **Trügerische** Raumempfinden der Wirklichkeit nicht genau ent- **Anschauung** spricht. Der uns umgebende Raum hat bedeutend mehr Struktur, als man gemeinhin denkt. Zum Beispiel sind Gravitationsfelder (wie etwa das Schwerefeld der Erde) in der Lage, die Struktur des Raums zu ändern. Die kürzeste Verbindung zweier Punkte ist im allgemeinen nicht die Gerade, sondern eine Linie, die eine, wenn auch oft sehr kleine, Krümmung aufweist. **Gekrümmter** Zudem ist es nicht ohne weiteres möglich, sich einen **Raum** dreidimensionalen Raum vorzustellen, der endlich groß, aber unbegrenzt ist. Trotzdem gibt es solche Räume, zumindest in der abstrakten Vorstellungsweise der Mathematiker, und es könnte durchaus sein, daß unser Universum ein solcher endlich großer Raum ist.

In unserer Anschauung verbinden wir mit einem endlich großen Raum immer die Vorstellung, daß es etwas außerhalb dieses Raums geben muß. Nehmen wir an, unser Universum wäre endlich groß. Sofort könnte man fragen: Was ist außerhalb des Universums? Gibt es eine Grenze, eine feste Mauer, die unser Universum von seiner äußeren Umgebung abgrenzt? Fragen dieser Art haben keine Antwort; sie sind sinnlos. Ein endliches, aber unbegrenztes Universum ist ein in sich geschlossenes Ganzes. Ein »außerhalb« gibt es nicht.

Wir stellen trotzdem die Frage nach dem »außerhalb«, weil wir gewohnt sind, daß es für ein endlich großes Volumen, zum Beispiel eine Kugel, ein »innerhalb« und ein »außerhalb« gibt. Die Begriffe und Anschauungsweisen, die der Mensch zur Beschreibung seiner Umwelt entwickelte, beziehen sich immer auf Teile der Natur, auf Systeme, die in ein größeres System eingebettet sind. Das Universum als Ganzes je- **Das Univer-** doch ist nicht in ein anderes System eingebettet. Es ist **sum als** ganz für sich allein da und entzieht sich deshalb unserer **Ganzes** naiven Betrachtungsweise. Es ist falsch, unsere im täglichen Leben erworbenen Anschauungsweisen auf das Universum als Ganzes auszudehnen.

Ein ähnliches Problem ergibt sich mit der Endlichkeit der Zeit. Vor etwa 20 Milliarden Jahren wurde unser Universum geboren. Die Frage, die man sofort stellt, ist die nach der Zeit vorher. Was existierte vor dem Urknall? Auch diese Frage ist sinnlos, weil es eine Zeit außerhalb des Universums nicht geben kann. Vor dem Urknall gab es nichts, weder Zeit noch Raum noch Materie.

Diese Antwort erscheint den meisten Menschen unbefriedigend. Unser Zeitgefühl sagt, daß es zu jedem beliebigen Zeitpunkt möglich ist, eine Zeit anzugeben, die vorher war. Wir empfinden die Zeit als etwas, das gleichmäßig, unbeeinflußt von äußeren Gegebenheiten, **Der Fluß der** ten, dahinfließt, wie ein Fluß, der sich durch nichts auf- **Zeit** halten läßt. Dieses Zeitgefühl haben wir im Laufe der Entwicklungsgeschichte erworben, weil in unserem täglichen Leben die Zeit sich tatsächlich wie ein träge dahinfließender Fluß verhält. Es scheint, daß nichts und niemand in der Lage ist, den Ablauf der Zeit zu beeinflussen. Die Prozesse, die sich auf der Erde abspielen, sind für die Architektur des Raums und der Zeit so unbedeutend wie ein Windhauch für ein aus Stahl gebautes Hochhaus.

Ein Hochhaus läßt sich durch einen Windhauch nicht umwerfen. Wohl aber kann ein Taifun für ein Hochhaus gefährlich werden. Wir kennen heute physikalische Prozesse, die, Taifunen gleich, in der Lage sind, die Struktur von Raum und Zeit vollständig zu verändern.

Beispiele hierfür sind die bereits diskutierten Schwarzen Löcher. Der Urknall stellt ein weiteres Beispiel dar. Die Prozesse, die sich kurz nach dem Urknall im Kosmos abspielten, unterscheiden sich radikal von den Prozessen, mit denen wir es im täglichen Leben zu tun haben. Sie zwingen den Raum und die Zeit in eine Zwangsjacke; Raum, Zeit und Materie waren also in den ersten Mikrosekunden des Universums eng miteinander verwoben. Dieses ständige Zusammenspiel läßt sich im Rahmen unserer kosmologischen Theorien beschreiben und zurückverfolgen. Das Ergebnis dieser Extrapolation ist wohlbekannt: Raum, Zeit und Materie existieren nicht seit unendlich langer Zeit. Vor etwa 20 Milliarden Jahren wurden sie beim Urknall erzeugt.

Aus diesen Überlegungen können wir folgendes lernen: Obwohl unsere Begriffe aus der täglichen Erfahrung gewonnen wurden, ist es möglich, mit Hilfe der Naturwissenschaft weitreichende Extrapolationen durchzuführen, die sich sogar auf den Kosmos als Ganzes beziehen können. Für den Erfolg dieser Methode gibt es keine rationale Erklärung. Es ist und bleibt ein Wunder, daß das vom Menschen geschaffene geistige Universum es uns erlaubt, Aussagen über ganz extreme Situationen im Kosmos, zum Beispiel über die Zeit kurz nach dem Urknall, zu machen.

Erkenntnis als Wunder

Das geistige Universum wurde von denkenden Gehirnen geschaffen. Insbesondere umfaßt es das gesamte Wissen, das die Menschheit im Laufe ihrer Geschichte zusammengetragen hat. Heute beobachten wir, daß sich dieses Wissen zu einem Weltbild niederschlägt, das im wesentlichen von den Naturwissenschaften geformt wird. Wir können heute sagen, daß wir die wichtigsten Aspekte der Dynamik des Mikro- und Makrokosmos verstehen. Dies heißt jedoch nicht, daß das geistige Universum zu einem abgeschlossenen, nicht mehr erweiterungsfähigen Universum geworden ist. Indem wir die Umwelt verändern, erzeugen wir ständig neue Objekte, neue Zusammenhänge, neue Ideen. Dieser Prozeß wird niemals zu einem Ende kommen, solange es kritisch denkende Menschen gibt. Daraus folgt, daß das geistige Universum sich ständig erweitert und umbildet. Neue Dimensionen der Wirklichkeit werden erschlossen. Die Fähigkeit des Menschen, Neues zu schaffen, ist unbegrenzt. Hierin liegen die großen Hoffnungen für die Zukunft, aber auch die **Zuviel** großen Gefahren. Bereits heute ist niemand mehr in **Information** der Lage, das geistige Universum vollständig zu überblicken; ständig werden hier neue Bereiche geschaffen. Nur Experten sind noch fähig, die verschiedenen, immer kleiner werdenden Einzelbereiche zu überschauen. Das geistige Universum zersplittert sich in immer mehr Teile. Sollen wir dieser Zersplitterung ohne weiteres zusehen?

Heute werden wir alle von einer Fülle von Informationen überschüttet, die niemand mehr zu einem kohärenten Bild vereinigen kann. In den kommenden Jahrzehnten wird sich diese Entwicklung noch beschleunigen, insbesondere durch den Einsatz von Computern und der Mikroelektronik. Die ständige Erweiterung unseres Wissens, verbunden mit einer immer stärker werdenden Beeinflussung der Natur durch den Menschen, darf nicht zum Selbstzweck werden, zu einer menschlichen Aktivität, die letztlich den Kontakt mit den wichtigen Bedürfnissen des Menschen verliert.

Im Unterschied zur Expansion des physischen Universums ist die Expansion des geistigen Universums ein Prozeß, der sich lenken läßt. Eine solche Beeinflussung erscheint mir heute angebracht. Man kann nicht **Forschung** alles und jedes erforschen. Wissenschaftliche For- **als** schung nur um der Forschung, um des Zusammentra- **Selbstzweck?** gens neuen Wissens willen ist nicht mehr ohne Einschränkung wünschenswert. Das potentiell erreichbare Wissen kennt keine Grenzen. Aus diesem Grunde kommt man nicht darum herum, ein Maß zu finden. Wir müssen uns damit abfinden, daß es Grenzen des Erkenntnisvermögens gibt und daß das wissenschaftliche Weltbild niemals vollständig sein kann. Stets ist es unvollendet. Das geistige Universum ist wie die Musik unsere eigene Schöpfung. Es ist Zeit, dafür zu sorgen, daß es uns nicht über den Kopf wächst.

Es ist hier nicht der Platz, um die verschiedenen Möglichkeiten eines Auswegs aus dem Dilemma der Zersplitterung des geistigen Universums zu diskutieren. Eines aber scheint mir wichtig. Jeder Wissenschaftler, Ingenieur und Techniker muß sich in Zukunft mehr um die Einbettung seiner Arbeit in den Gesamtrahmen unseres Wissens von der Natur bemühen. Künftig wird man es sich nur noch in Ausnahmefällen leisten können, Forschung als Selbstzweck zu betreiben. Wenn Wissenschaftler eines Spezialgebiets nicht in der Lage sind, die Wichtigkeit ihrer Forschungsarbeit auch der Allgemeinheit begreiflich zu machen, verdienen sie es nicht, zur Durchführung ihrer Arbeit öffentliche oder private Mittel zu erhalten.

Wichtig ist auch ein Umdenken bezüglich der Bildungsprogramme der allgemeinbildenden Schulen. Je mehr die Spezialisierung und die Zersplitterung fortschreiten, um so wichtiger ist es, den Schülern einen auf das Wesentliche gerichteten Überblick über Natur und Kosmos zu vermitteln und kein zerstückeltes Wissen, das letztlich nur entmutigt und mehr Schaden als Nutzen stiftet.

Früher glaubte man, daß die Natur das Wissen für uns auf Abruf bereithält und daß es nur darauf ankommt, möglichst viel Wissen in möglichst kurzer Zeit aufzusammeln. Naturforscher, so die naive Vorstellung, sind Pilzsammlern vergleichbar, deren Ziel es ist, möglichst schnell möglichst viele Pilze zu finden. Es ist Zeit, einzusehen, daß dieser naive Glaube falsch war. Naturwissenschaft und Technik sind wie Musik oder Malerei menschliche Erfindungen. Wenn wir dies ak-

Maß in der Maßlosigkeit

zeptieren, wird es möglich sein, ein Maß im geistigen Universum zu finden, das uns befähigt, vernünftige Grenzen zu setzen – Grenzen, die allerdings flexibel genug sein müssen, um nicht jene Unbekümmertheit abzuwürgen, ohne die eine erfolgreiche Forschung unmöglich ist.

17. Gott und das absurde Universum

> »... in einem Universum, das plötzlich der Illusionen und des Lichts beraubt ist, fühlt der Mensch sich fremd ... Überzeugt von dem rein menschlichen Ursprung alles Menschlichen, ist er also immer unterwegs – ein Blinder, der sehen möchte und weiß, daß die Nacht kein Ende hat.«
>
> *Albert Camus* [22]

Seit einigen Jahrhunderten ist der Mensch dabei, durch rationales Denken und experimentelle Forschung die Strukturen des Mikro- und Makrokosmos zu ergründen. Zu diesem Zweck hat er weitreichende Teleskope, komplizierte Teilchenbeschleuniger, kostspielige Meßapparaturen und vieles mehr konstruiert. Mittlerweile hat er einen erstaunlichen Einblick in die vielfältige Struktur des Universums in der 8. Epoche gewonnen. Eines jedoch hat er bei dieser Suche nicht gefunden, weder in den Tiefen des intergalaktischen Raums noch im Inneren der Atome und der Kernteilchen: Sinn für sein Dasein und die Möglichkeit, mittels der wissenschaftlichen Methode ethische Werte und Ziele für sich abzuleiten. Letztere entziehen sich einer rationalen Herleitung, die nur in der Lage ist, Phänomene in ihrer gegenseitigen Bedingheit zu erfassen. Albert Einstein schreibt hierzu:

Sinnlose Welt

»Die Erkenntnis der Wahrheit ist herrlich, aber als Führerin ist sie so ohnmächtig, daß sie nicht einmal die Berechtigung und den Wert unseres Strebens nach Wahrheit zu begründen vermag. Hier stehen wir einfach den Grenzen der rationalen Erfassung unseres Daseins gegenüber.« [23]

Niemand kann die Frage nach dem Sinn seines Daseins beantworten, ohne auf den Menschen und seine Einbettung in die Ganzheit des Universums Rücksicht zu nehmen. Jedes Phänomen, jedes Objekt in der kalten 8. Epoche des Kosmos stellt zwar eine individuelle Struktur dar, ist aber gleichzeitig ein Teil des Ganzen. Der Mensch ist hier keine Ausnahme. Aus diesem **Keine abso-** Grund gibt es keine absolute Freiheit, ebenso wie es **lute Freiheit** keine absolute Wahrheit gibt. Wenn man diesen nur intuitiv fühlbaren Zusammenhang mit der Ganzheit des Kosmos ignoriert und sich ausschließlich auf die objektive, rationale Erkenntnis der Welt stützt, geht die Suche nach dem Sinn ins Leere. Erschütternd sind hierzu die Bekenntnisse von Blaise Pascal:

»Ich weiß nicht, wer mich in die Welt gesetzt hat, noch was die Welt ist, noch was ich selbst bin ... Ich sehe diese grauenvollen Räume des Alls, die mich einschließen, und bin an einen Winkel dieses weiten Weltenraumes gefesselt, ohne zu wissen, weshalb ich an diesen Ort gesetzt worden bin und nicht an einen anderen; warum die kurze Zeit, die mir zum Leben gegeben ist, gerade in diesem Moment und nicht in einem anderen der ganzen Ewigkeit, die mir vorausgegangen ist und mir folgt, gemessen wurde. Ich sehe ringsum nur Unendlichkeiten, die mich einschließen wie ein Atom und wie einen Schatten, der nur einen Augenblick dauert ohne Wiederkehr. Alles was ich kenne, ist, daß ich bald sterben muß, aber was ich am wenigsten kenne, ist gerade dieser Tod, den ich nicht zu vermeiden weiß.«[24]

Pascal hat recht. Wir wissen nicht, warum die Erde existiert. Wir wissen nicht, warum das Universum sich überhaupt auf das Abenteuer der 8. Epoche einließ und nicht schon vorher seiner Entwicklung ein Ende setzte. Wir wissen nicht einmal, warum ein Urknall **Fragen nach** überhaupt stattgefunden hat. Fragen dieser Art sind **dem Sinn** wie die Frage nach der Zeit vor dem Urknall sinnlos. Von der Warte der objektiven Erkenntnis aus betrachtet, ist das Universum ohne Sinn – es ist absurd. Niemand hat dies klarer erkannt als Albert Camus:

»Aber in einem Universum, das plötzlich der Illusionen und des Lichts beraubt ist, fühlt der Mensch sich fremd. Aus diesem Verstoßen-sein gibt es für ihn kein Entrinnen, weil er der Erinnerungen an eine verlorene Heimat oder der Hoffnung auf ein gelobtes Land beraubt ist. Dieser Zwiespalt zwischen dem Menschen und seinem Leben, zwischen dem Schauspieler und seinem Hintergrund ist eigentlich das Gefühl der Absurdität.«[22]

Abstrakte und absurde Welt

Je tiefer wir in die Strukturen des Kosmos eindringen, um so abstrakter, unanschaulicher, absurder erscheint uns seine Architektur. Unsere seit der Kindheit vertraute Welt entgleitet schrittweise; neue, bislang unbekannte Umrisse zeichnen sich ab. Die Welt der Galaxien und Quarks ist fremdartig und nur durch abstrakte Gedankengänge erfaßbar – in ihrer kalten und einfachen Schönheit ist sie absurd, ohne Sinn und Ziel. Hierzu Camus:

»Wenn der Mensch erkennen würde, daß auch das Universum lieben und leiden kann, dann wäre er versöhnt. Entdeckte das Denken im Wechselspiel der Erscheinungen ewige Beziehungen, die sie und das Denken selbst einem einzigen Prinzip unterordnen, dann könnten wir von einem Glück des Geistes sprechen, an dem gemessen der Mythos der Seligen nur ein lächerliches Surrogat wäre.«[22]

Gott als Schöpfung

Um die Frage nach dem Sinn seines Daseins zu beantworten, wurde die Idee Gottes geschaffen. Gott ist die Ursache alles Seins und der zentralen Ordnung in der Welt. Er vermag, so glaubt man, den tieferen Sinn zu vermitteln und ist die Quelle des ewigen Lebens nach dem Tode.

Es scheint, daß die Frage nach dem Sinn den Menschen schon sehr früh in seiner Stammesentwicklung beschäftigt hat. Um sie zu beantworten, hat man Mythen und Religionen erfunden. Jacques Monod ist sogar der Meinung, daß das Stellen der Frage nach dem Sinn ein angeborenes Bedürfnis ist:

»Was mich angeht, so zweifle ich kaum daran, daß dieses gebieterische Bedürfnis angeboren ist, daß es irgendwo in der Sprache des genetischen Code verzeichnet steht und sich spontan entwickelt.«[25]

Der Gott der christlichen Religionen ist nicht nur jene erste Ursache, die unserem Dasein Sinn verleiht – er ist auch der Gott des Menschen, der sich mit unseren täglichen Sorgen beschäftigt, dessen Belohnung man erhofft und dessen Strafe man fürchtet.

Wie steht es mit der Existenz Gottes in unserer Welt **Gott und** der Naturwissenschaft? Gibt es einen Platz in der Welt **Naturwissen-** für Gott, wenn es doch scheint, als würde Gott für die **schaft** im Universum ablaufenden Prozesse überhaupt nicht benötigt? Und wie steht es mit Gott, wenn letztlich auch das geistige Universum verschwindet und nichts weiter übrigbleibt als ein immer kälter oder heißer werdendes Gas von Photonen, Neutrinos und anderen Teilchen? Gibt es einen unversöhnlichen Widerspruch zwischen Religion und Naturwissenschaft?

Ich bin der Ansicht, daß es einen solchen Widerspruch nicht gibt und im Grunde nie gegeben hat. Die naturwissenschaftliche Methode, die Welt zu erforschen, besteht in der Schaffung von zweckmäßigen Begriffen zur Beschreibung der Naturereignisse und in der Ableitung von Beziehungen zwischen diesen. Man tastet sich vor, indem man an den bereits beschriebenen »Denkstraßen« entlangläuft, entlang an Kausalketten. Wir erschließen die Wirklichkeit, indem wir ein logisch widerspruchsfreies »Straßennetz« konstruieren und dieses der Wirklichkeit aufstülpen. Ich habe aber bereits davor gewarnt, das Netz der naturwissenschaftlichen Begriffe – unser Bild von der Wirklichkeit – mit der wirklichen Welt zu verwechseln. Viele Irrtümer und tragische Fehlschlüsse unseres modernen Zeitalters beruhen auf diesem Trugschluß. Die Welt ist mehr als das Netz der »Straßen«. Sie ist ein Kontinuum, das sich durch kein noch so feines Netz von eindimensionalen »Kausalstraßen« vollständig erfassen läßt. Nur durch ein intuitives Einfühlen in die Gesamtheit des Kosmos ist es möglich, einen Blick auf jenes Kontinuum außerhalb der »Straßen« zu werfen. Dieses intuitive Gefühl für die Einheit des Universums allein – so glaube ich – verdient es, »Religiosität« genannt zu werden.

»Denkstraßen« und Wirklichkeit

Was ist Religion?

Wenn ich hier von Religiosität spreche, so meine ich in erster Linie, aber nicht ausschließlich, jene kosmische, von der Spinoza und Einstein sprachen. Diese Religiosität bejaht die Einheit des Seienden und sieht das menschliche Individuum eingebettet in die Gesamtheit der Natur. Eine so verstandene Religiosität hat keinen Platz für einen persönlichen Gott, der belohnt und bestraft. Sie ist ein Bestandteil unseres geistigen Universums, ist also wie Musik und Malerei eine menschliche Schöpfung, ein Produkt unserer Kultur.

Naturwissenschaft und Religion, so meine ich, sind nicht etwa Gegensätze, die sich ausschließen. Das Gegenteil ist der Fall. Sie sind zwei komplementäre Seiten unseres Bildes vom Kosmos. Sie bedingen einander. Man kann dies auch mit den Worten Einsteins ausdrücken:

»Naturwissenschaft ohne Religion ist lahm, Religion ohne Naturwissenschaft ist blind.«[26]

Wenn ich hier von einer Komplementarität von Naturwissenschaft und Religion spreche, so meine ich insbesondere damit: Es liegt mir fern, Religion als etwas durch Naturwissenschaft Überholtes zu betrachten. Wir sehen heute deutlicher als früher, daß Naturwissenschaft und Technik keine ethischen Werte vermitteln können. Vorbei ist die Zeit der naiven Fortschrittsgläubigkeit, die Zeit, in der man glaubte, die **Wissenschaft** Vermehrung unseres Wissens und eine immer weiter**und Technik** gehende Beherrschung der Natur würden letztlich ei**als Vulgär** nen tieferen Sinn des Daseins vermitteln und von sich **religion** aus zu einer gerechteren Welt führen. Nichts ist schlimmer als eine Vulgärreligion, die den Sinn menschlichen Lebens *nur* in einer ständigen Erweiterung der technischen Möglichkeiten und in der immer tieferen wissenschaftlichen Durchdringung aller Lebensbereiche sieht.

Wir haben gesehen, daß das Universum als Ganzes **Der** lebt, daß es eine Geschichte hat und daß es sterben **sterbende** wird. Ich gestehe: Gerade diese Eigenschaften machen **Kosmos** mir den Kosmos sympathisch. Seit Einstein und Hubble und seit den Entdeckungen der Teilchenphysiker ist das Universum uns etwas weniger fremd.

Wir wissen, daß die Entfaltung des Kosmos während der vergangenen 20 Milliarden Jahre ein stetig ablaufender schöpferischer Prozeß war, gekennzeichnet vom Aufbau neuer Strukturen, aber auch vom Tod alter Strukturen. Nichts ist dauerhaft. Der Tod, eingeschlossen unser eigener Tod, fügt sich in natürlicher Weise in die Gesamtheit aller Prozesse der 8. Epoche ein. Voll stimme ich Karl Popper zu, der schreibt:

»... und wir sollten einsehen, daß es gerade die faktische Gewißheit des Todes ist, die viel zum Wert unseres Lebens beiträgt ... Ich glaube, wir könnten das Leben nicht wirklich schätzen, wenn es immer weitergehen würde. Gerade die Tatsache, daß es gefährdet ist, daß es endlich und begrenzt ist, daß wir seinem Ende ins Auge sehen müssen, erhöht meiner Meinung nach den

330

Wert des Lebens und damit sogar den Wert des Todes, den wir schließlich erleiden müssen.«[27]

Die von mir skizzierte Religiosität ist durchaus in der Lage, unserem Dasein einen Sinn zu verleihen und das Gerüst für die ethischen Werte und Normen zu liefern. Was Camus und Monod in der kalten, rationalen Welt der Quarks und Galaxien nicht fanden, findet sich hier: Der Mensch muß sich begreifen als **Sinn in einer** ein Bestandteil des Ganzen. Er ist weder Herrscher **absurden** noch Sklave seiner Umwelt, sondern eingebettet in **Welt** das unerschöpfliche Kontinuum aller Möglichkeiten und Beziehungen, die die 8. Epoche für ihn bereithält. Er ist das Produkt dieser Epoche und trägt die Spuren der abwechslungsreichen Geschichte seit dem Urknall in sich. Und zugleich ist er der Gestalter von Geschichte, indem er handelt. Jede seiner Handlungen ist einmalig im Kosmos, wie auch jede Sekunde einmalig ist. Hierin besteht der Sinn: im Dasein, im Erleben einer Ganzheit, die über den einzelnen hinausführt, im Selbstbewußtsein des handelnden Individuums, das seine Grenzen kennt und hieraus jenes Grundvertrauen schöpft, ohne das es keine Bejahung des Lebens gibt.

Gott also ist die Einheit des Universums der 8. Epoche, das sich uns auf so vielgestaltige Weise offenbart. Er ist wie wir selbst ein Teil der 8. Epoche. Einen ewi- **Kein ewiger** gen Gott gibt es damit ebensowenig wie ein ewiges Le- **Gott** ben, vorausgesetzt man versteht »ewig« im zeitlich-physikalischen Sinn.

Theologen drücken sich bewußt unklar aus, wenn sie sich über die Ewigkeit äußern. So schreibt zum Beispiel Hans Küng:

»Ewigkeit nicht rein affirmativ verstanden als linear fortgesetzte Zeit: als fortlaufende *Endlosigkeit* eines reinen Prozesses ausdehnungsloser Augenblicke;

... Ewigkeit vielmehr, von der Botschaft des zum Leben Erweckten her, dialektisch verstanden als die Zeitlichkeit, die ›aufgehoben‹ ist in die Endgültigkeit: als die vollendete *Zeitmächtigkeit* eines Gottes, der gerade als der Lebendige zugleich Identität und Prozeß in sich schließt.«[28]

Mir ist nicht klar, was Küng mit diesen Sätzen genau meint. Ich verstehe jedenfalls seine »Ewigkeit« als eine Umschreibung der Einheit des Universums – ewiges Leben als Fortleben jedes Menschen im nicht trennbaren Zusammenhang der Natur, in den sichtbaren und unsichtbaren Spuren, die jeder hinterläßt und die Bestandteile künftiger Generationen sein werden.

Wenn ich, ausgehend von dem von mir eben beschriebenen Standpunkt, die verschiedenen Weltreligionen anschaue, so fällt mir auf, daß in den großen **Östliche** östlichen Religionen, wie dem Hinduismus, dem Bud- **Religion** dhismus oder dem Taoismus, ähnliche Gedanken geäußert werden, auf die hier kurz eingegangen werden soll. So gibt es im Hinduismus mehrere tausend verschiedene Götter, die aber alle letztlich verschiedene Verkörperungen ein und derselben göttlichen Wirklichkeit sind, die sich in der Einheit des Kosmos äußert. Der wohl berühmteste dieser Götter ist Shiva, der Gott der Erschaffung und Zerstörung – das Symbol für die Dynamik der Lebensprozesse.

Achtfach wie die Entwicklung des Universums ist der Weg des Buddhismus zur Selbstbefreiung, der Weg zum Erreichen des göttlichen Bewußtseinszustandes: des Nirvana. Das Loslösen vom Individuum, das Erleben der Ganzheit sind wesentliche Züge der buddhistischen Religion.

Eindrucksvoll ist, daß im Taoismus des alten China ganz wesentliche Erkenntnisse der modernen Naturwissenschaft vorweggenommen wurden. So wird gelehrt, daß die Wirklichkeit ein dauernder Wandel ist, der durch das Auftreten von stabilen Strukturen gekennzeichnet ist. Die Dynamik der Welt wird im Taoismus durch den ständigen Wechsel zwischen gegensätzlichen Positionen erklärt, zwischen Yin und Yang, wie es zum Beispiel in folgendem Ausspruch von Lao-tzu zum Ausdruck kommt:

>»Sei gebogen, und du wirst gerade bleiben.
>Sei leer, und du wirst voll bleiben.
>Sei abgenutzt, und du wirst neu bleiben.«[29]

Allen östlichen Religionen ist gemeinsam, daß die Einheit des Kosmos eine große Rolle spielt. Es wird klar erkannt, daß das Einteilen, das »Sezieren«, des Kosmos eine menschliche Angelegenheit ist und keine innere Eigenschaft der Welt. Im Hinduismus geht man sogar so weit, die menschliche Eigenschaft des Aufteilens, des Kategorisierens als eine Krankheit zu bezeichnen, die man durch Meditation heilen muß.

Wenn man die großen östlichen mit den christlichen Religionen vergleicht, ergibt sich ein interessanter Unterschied. Was bei der östlichen Religion eine untergeordnete Rolle spielt – das leidende, Gnade suchende Individuum –, ist eines der Leitmotive der christlichen Religion. Gott hat menschliche Züge; er beschäftigt sich mit den Leiden und Sorgen des einzelnen. Darin sind die Stärke und der Erfolg des Christentums begründet; hierin liegt aber zugleich seine Schwäche. Ich halte es für möglich, die östlichen Religionen mit den Erkenntnissen der modernen Naturwissenschaften in Einklang zu bringen. Beim Christentum sehe ich jedoch Schwierigkeiten. Der Gott Spinozas und Einsteins, der Gott der Einheit in der Vielfalt, ist sehr wohl verträglich mit der Gottesidee der östlichen Religionen, nicht aber ohne weiteres mit der Gottesidee des Christentums.

Seit fast vier Jahrhunderten, seit der Verurteilung Galileo Galileis durch den Vatikan, währt denn auch der schwelende Konflikt zwischen Naturwissenschaft und christlicher Kirche. Bis heute hat die katholische Kirche nicht in klarer Weise zu verstehen gegeben, daß ihr Urteil über Galilei – auch wenn es, gemessen an anderen Urteilen der damaligen Zeit, relativ milde ausfiel – ein Fehler war, der die Chancen eines vernünftigen Dialogs zwischen Religion und Naturwissenschaft jahrhundertelang belastet hat. Unsere moderne Welt ist auch die Welt von Naturwissenschaft und Technik. Es ist nur noch eine Frage der Zeit, wie lange es dauern wird, bis nicht nur die in der Forschung Tätigen, sondern jedermann die Frage nach dem Verhältnis zwischen Naturwissenschaft und Religion stellt. Zu Ende ist die Zeit der gegenseitigen Abgrenzung, des Zuteilens der jeweiligen Zuständigkeiten. Hoimar von Ditfurth schreibt hierzu:

»So haben die Theologen die Wahrheit denn in Stücke zerlegt und mit den Wissenschaftlern geteilt. Nur so ließen sich, wie man offensichtlich meinte, die Widersprüche umgehen, vor denen man sich im theologischen Lager weitaus mehr fürchtete als auf der anderen Seite ... Man hat aufgehört, sich gegenseitig die Klientel abzujagen. Man ist dazu übergegangen, die Reviergrenzen einvernehmlich festzulegen. Das erspart, soviel ist sicher, eine Menge Streit.«[30]

Die Welt des Glaubens und die Welt der Naturwissenschaften sind komplementäre Welten, die sich gegenseitig bedingen. Eine scharfe Grenze zwischen beiden zu ziehen, wie es von vielen Theologen in der Vergangenheit versucht wurde und heute stets aufs neue versucht wird, ist absurd.

Eine absurde Grenze

Ich sehe keinen direkten Widerspruch zwischen der christlichen Kirche und der Naturwissenschaft. Wohl aber gibt es Probleme in der Deutung religiöser Symbole. Diese stellen keine unveränderlichen, für immer festgelegten Werte dar. Wie die Begriffe der Naturwissenschaft sind die religiösen Symbole und Riten nur Hilfsmittel, um etwas Höheres auszudrücken, das sich aufgrund der Unzulänglichkeit unserer Sprache nicht direkt beschreiben läßt.

Religiöse Symbole als Hilfsmittel

Hiermit soll nur angedeutet sein, daß man den historischen Charakter der christlichen Glaubensvorstellungen nicht außer acht lassen darf. Auch die Bibel ist vor allem ein historisches Dokument, das zu allen Zeiten aufs neue gedeutet werden muß. Nach Darwin und Einstein, nach Hubble und Gamow, nach den Entdeckungen der Molekularbiologen, Astrophysiker und Teilchenphysiker ist eine neue Deutung dringend nötig. Nur fehlt es an Theologen, die sich an eine solche heranwagen.

Es steht mir nicht zu, den christlichen Kirchen vorzuschreiben, was sie in Zukunft zu tun haben und welche Änderungen der christlichen Glaubensvorstellungen notwendig sind. Bemerkenswert sind jedenfalls die Bestrebungen von Papst Johannes Paul II., der bemüht ist, das Problem »Galilei« erneut aufzugreifen. Anläßlich einer Konferenz von Naturwissenschaftlern in Rom im Jahre 1983 sagte er (siehe Abb. 17-1):

»Die Kirche bejaht die Freiheit der Forschung, die eine der edelsten Eigenschaften des Menschen darstellt. Durch Forschung findet der Mensch die Wahrheit – einer der schönsten Namen, den Gott sich selbst gegeben hat. Darum glaubt die Kirche, daß es keinen wirklichen Gegensatz zwischen Wissenschaft und Glauben geben kann, da die gesamte Realität letztlich von Gott, dem Schöpfer, kommt.«[31]

Es bleibt also zu hoffen, daß die christlichen Kirchen in der Lage sein werden, die anstehenden Probleme zu

Abb. 17-1 Papst Johannes Paul II., der Autor und Professor N. Zichichi (Mitte), der Direktor der italienischen Institute für Nuklearforschung, anläßlich einer internationalen Tagung von Naturwissenschaftlern in Rom im Mai 1983 (Foto: Felici).

meistern. Andernfalls werden sich immer mehr Menschen von der Kirche ab- und irgendeiner der gerade modernen Ersatzreligionen zuwenden – eine Entwicklung, an der letztlich niemand interessiert sein kann.

Am Rande des Abgrunds Vielerorts wird heute behauptet, Naturwissenschaft und Technik hätten die zivilisierte Menschheit an einen Abgrund geführt. Ich kann dies nicht bestätigen. Es stimmt allerdings – der Abgrund existiert. Die kommenden Jahrzehnte werden zeigen, ob der Mensch fähig sein wird, die drohende Gefahr der Selbstvernichtung durch atomare, chemische und biologische Waffen oder durch die Zerstörung seiner Umwelt abzuwenden. Dieser Abgrund wurde aber nicht von Wissenschaft und Technik aufgerissen, sondern durch die mangelnde Fähigkeit des Menschen, mit Konflikten fertig zu werden. Ich glaube, daß bei der für ein Überleben notwendigen Bereinigung der Gegensätze zwischen verschiedenen Gesellschaftsordnungen und zwischen den verschiedenen Gruppen der Gesellschaft vor allem die Erkenntnisse der Naturwissenschaften und deren philosophische Konsequenzen eine große Rolle spielen werden. Sowohl ein Christ als auch ein Marxist oder Buddhist kommt an diesen Erkenntnissen nicht vorbei. Sie sind das Band, das alle verbindet, wie es auch Papst Johannes Paul II. betonte.

Heute ist der Mensch zum erstenmal fähig, seine Stellung im Universum zu begreifen. Es stimmt – die moderne Naturwissenschaft hat uns insbesondere Bescheidenheit gelehrt, wie sie uns als bewußten Individuen auf einem kleinen Planeten in der Nähe des galaktischen Virgohaufens zukommt. Ich schöpfe jedoch aus unserem Wissen über den Kosmos nicht nur Bescheidenheit, sondern auch Gelassenheit und ein wenig Stolz. Wir verstehen heute auch, daß unsere Stellung im Kosmos einzigartig ist. Wir sind nicht mehr gefangen in den Mythen der Vergangenheit, sondern zum erstenmal fähig zu erkennen, wo und was wir sind. Jeder von uns ist einmalig. Jeder spielt eine Rolle, auch wenn sie noch so unwichtig erscheinen mag – Statisten gibt es nicht.

Man mag durchaus fragen, ob dies nicht alles sinnlos ist. Wozu das Ganze, wenn doch irgendwann einmal in ferner Zukunft nichts von uns und den Ergebnissen menschlichen Mühens übrigbleiben wird als ein dünnes Gas aus Lichtteilchen, dem die Vergangenheit gleichgültig ist? **Wozu das Ganze?**

Ich kann einer solchen Schlußfolgerung nicht zustimmen. Wir sind hier – dieser im Dunkel des Welt-

Unser Ort –
unsere Zeit raums bläulich leuchtende Planet ist unser Zuhause. Jener unbedeutende Stern, der uns mit lebenswichtiger Energie versorgt, ist unser Stern. Diese Galaxie in der Nähe des Virgohaufens ist unsere Galaxie. Und diese Zeit, in der wir leben, 20 Milliarden Jahre nach dem Anfang, ist unsere Zeit.

In Zukunft muß sich der Mensch verstärkt der Erde zuwenden. Niemand kann losgelöst von der Erde und losgelöst von den 20 Milliarden Jahren der Vergangenheit im Universum existieren. Jeder ist eingebettet in das komplizierte Netzwerk von Beziehungen und Abhängigkeiten der 8. Epoche, ohne das es kein Leben, kein Bewußtsein, keinen menschlichen Geist und keinen Gott geben kann. Absolute Freiheit gibt es nicht, weder in geistiger noch in moralischer Hinsicht.

Das Universum ist mehr als eine Ansammlung von Elektronen, Quarks und Galaxien, mehr als Raum und Zeit. Auch jene vielgestaltige, ineinander verwobene Welt der Erde, die uns geschaffen hat, gehört dazu. Nicht nur uns gegenüber haben wir die Pflicht, diese Welt zu erhalten.

Das Universum selbst verpflichtet uns dazu.

Anhang:

Hilfreiche Zehnerpotenzen

In der Naturwissenschaft hat man es oft mit Objekten zu tun, die, verglichen mit den uns geläufigen Abmessungen, etwa der Länge unseres Körpers, sehr groß oder sehr klein sind (man denke zum Beispiel an die Ausdehnung einer Galaxie oder eines Atoms). Wenn wir ein solches Objekt mit Hilfe der uns bekannten Maßeinheiten wie dem Meter (m) beschreiben wollen, ergeben sich unweigerlich sehr große oder sehr kleine Zahlen. Es ist bequem und üblich, solche Zahlen durch eine Zahl zwischen 1 und 10 auszudrücken, multipliziert mit einer geeigneten Potenz von 10. Zum Beispiel schreiben wir für die Zahl 850 $8,5 \cdot 10^2$ oder für die Zahl 0,0031 $3,1 \cdot 10^{-3}$ (10^{-1} steht für $\frac{1}{10}$, 10^{-2} für $\frac{1}{100}$, 10^{-3} für $\frac{1}{1000}$ usw.). Diese Schreibweise hat den Vorteil, daß man Multiplikationen sehr leicht ausführen kann, denn bei einer Multiplikation zweier Zehnerpotenzen braucht man nur die entsprechenden Exponenten zu addieren. Beispiel: $10^5 \cdot 10^2 = 10^7$, $10^5 \cdot 10^{-3} = 10^2$. Mit Hilfe der Zehnerpotenzen wird das Abschätzen von Größenordnungen recht einfach. Vorstellbares und Unvorstellbares läßt sich mit ihrer Hilfe beschreiben. Zum Beispiel beträgt die Masse eines erwachsenen Menschen im Mittel $7,5 \cdot 10^1$ kg, die der Erde $6 \cdot 10^{24}$ kg, der Sonne $2 \cdot 10^{30}$ kg. Die Anzahl der Quarks im Universum wird auf etwa 10^{80} geschätzt. Ein Mensch besteht aus etwa $1,5 \cdot 10^{29}$ Quarks.

Anmerkungen

1 M. Gell-Mann, aus: Physics Today (Mai 1971).
2 A. Einstein, Aus meinen späteren Jahren, Stuttgart 1979, S. 38. Originalausgabe: Out of my later years, New York 1950.
3 In: C. Sagan, Cosmos, New York 1980, S. 259.
4 V. Weisskopf, Knowledge and Wonder, Cambridge, Mass./London 1979, S. 276.
5 C. Sagan, a. a. O., S. 4.
6 Eine leicht verständliche Einführung in diese Problematik gibt R. Kippenhahn, Hundert Milliarden Sonnen, München/Zürich 1980.
7 W. Heisenberg, Der Teil und das Ganze, München 1969, S. 285.
8 Ebenda, S. 60f.
9 A. Einstein, a. a. O., S. 78.
10 J. Monod, Zufall und Notwendigkeit, München 1971, Kap. VII. Originalausgabe: Le hasard et la nécessité, Paris 1970.
11 In: H. F. Judson, Fahrplan für die Zukunft, München/Zürich 1981, S. 228.
12 J. Joyce, Finnegans Wake, London 1971, S. 383.
13 Siehe: H. Fritzsch, Quarks, München/Zürich 1981.
14 T. Ferris, Galaxien, Basel/Boston/Stuttgart 1981, S. 7.
15 S. Weinberg, Die ersten drei Minuten, München/Zürich 1977, S. 212.
16 V. Weisskopf, a. a. O., S. 275.
17 A. Einstein, Briefe, Zürich 1981, S. 34.
18 Ebenda, S. 24.
19 Zitiert nach: F. Schnabel, Deutsche Geschichte im 19. Jahrhundert, Bd. 3, Freiburg i. Br. 1954, S. 201.
20 K. R. Popper und J. C. Eccles, Das Ich und sein Gehirn, München/Zürich 1982, S. 13. Originalausgabe: The Self and Its Brain, Heidelberg/Berlin/London/New York 1977.
21 Ebenda, S. 61ff.
22 A. Camus, Der Mythos von Sisyphos, Düsseldorf 1956, Kap. I und IV.
23 A. Einstein, Aus meinen späteren Jahren, a. a. O., S. 26
24 B. Pascal, Pensées 194, Paris 1897. Zitiert nach: H. Küng, Existiert Gott?, München/Zürich 1978, S. 77.
25 J. Monod, a. a. O., S. 146.
26 A. Einstein, Aus meinen späteren Jahren, a. a. O., S. 26.
27 K. R. Popper und J. C. Eccles, a. a. O., S. 653f.
28 H. Küng, Ewiges Leben?, München/Zürich 1982, S. 280.
29 Lao-tzu, Tao Te Ching, London 1970, Kap. 22.

30 H. v. Ditfurth, Wir sind nicht nur von dieser Welt, Hamburg 1981, S. 10f.
31 Osservatore Romano, 10. 5. 1983.

Vorschläge zur weiteren Lektüre

Allgemeine Quantenphysik:
E. Lüscher, Pipers Buch der modernen Physik, München/Zürich 1978; Neuausgabe 1987 (Serie Piper 457)
V. F. Weisskopf, Knowledge and Wonder, Cambridge, Mass./London 1979

Quarks und Teilchenphysik:
H. Fritzsch, Quarks. Urstoff unserer Welt, München/Zürich 1981, [4]1982
H. Fritzsch und U. Deker, Was sind eigentlich Quarks?, Bild der Wissenschaft, Heft 6, Juni 1981 (die Abb. 5-4, 7-5, 7-8, 7-9, 7-10 und 15-1 wurden – teilweise in modifizierter Form – diesem Artikel mit Erlaubnis der Redaktion von »Bild der Wissenschaft« entnommen)
H. Hilscher, Elementarteilchen, Köln 1980

Astrophysik und Kosmologie:
R. Kippenhahn, Hundert Milliarden Sonnen. Geburt, Leben und Tod der Sterne, München/Zürich 1980, [3]1981
S. Weinberg, Die ersten drei Minuten, München/Zürich 1977; Sonderausgabe 1983
C. Sagan, Cosmos, New York 1980; dt. Ausgabe: Unser Kosmos. Eine Reise durch das Weltall, München/Zürich 1982
T. Ferris, Galaxien, Basel/Boston/Stuttgart 1981
T. Ferris, The Red Limit, New York 1977; dt. Ausgabe: Die rote Grenze, Basel/Stuttgart 1982
W. Büdeler, Faszinierendes Weltall, Stuttgart 1981
O. Heckmann, Sterne – Kosmos – Weltmodelle, München/Zürich 1977
H. und R. Sexl, Weiße Zwerge – Schwarze Löcher, Wiesbaden 1977
H. Reeves, Patience dans l'azur, Paris 1981
J. Silk, The Big Bang, San Francisco 1980
E. Harrison, Cosmology, Cambridge 1981
H. Fritzsch, Eine Formel verändert die Welt. Newton, Einstein und die Relativitätstheorie, München 1988

Glossar

Allgemeine Relativitätstheorie: Die im Jahre 1916 von Albert Einstein veröffentlichte Theorie, nach der das Phänomen der Gravitation eine Folge der Krümmung des Raum-Zeit-Kontinuums ist. Diese Theorie ist die Grundlage aller heute diskutierten Ideen über die Struktur des Universums.

Alphateilchen: Kerne des Heliumatoms, bestehend aus zwei Protonen und zwei Neutronen, die von manchen radioaktiven Substanzen ausgestrahlt werden (sogenannte Alphastrahlung). Oftmals abgekürzt als α-Teilchen.

Andromedanebel: Die Galaxie, die unserer Galaxie am nächsten liegt. Sie enthält rund dreihundert Milliarden Sterne und ist etwa zwei Millionen Lichtjahre von der Erde entfernt.

Antiteilchen: Jedes Teilchen besitzt ein Antiteilchen, das die gleiche Masse und den gleichen Spin hat, dessen Ladung, Baryonenzahl usw. jedoch das umgekehrte Vorzeichen haben. Zum Beispiel ist das Antiteilchen des Elektrons das Positron. Manche neutrale Teilchen sind mit ihrem eigenen Antiteilchen identisch, zum Beispiel das Photon oder das $\pi°$-Teilchen. Antimaterie ist aus den Antiteilchen der Nukleonen (Antiprotonen, Antineutronen) und aus Positronen zusammengesetzt.

Asymptotische Freiheit: Das Kleinerwerden der Kräfte zwischen den Quarks bei kurzen Entfernungen – ein in der Chromodynamik auftretendes Phänomen.

Baryonen: Eine Klasse von Hadronen, deren Spin halbzahlig ist und zu der insbesondere die Protonen und Neutronen gehören. Die Baryonenzahl eines Objekts ist die Gesamtzahl der Baryonen abzüglich der Gesamtzahl der Antibaryonen.

Betazerfall: Auch β-Zerfall geschrieben. Der Zerfall instabiler Atomkerne in andere Atomkerne unter Aussendung von Elektronen bzw. Positronen und Neutrinos. Der bekannteste Zerfall dieser Art ist der Zerfall des Neutrons in ein Proton, ein Elektron und ein Neutrino. Der Betazerfall wird durch die sogenannte schwache Wechselwirkung verursacht.

Blasenkammer: Ein wichtiges Gerät zum Nachweis von Teilchen. Sie besteht aus einem Gefäß mit einer Flüssigkeit, die sich in der Nähe des Siedepunktes befindet. Durch plötzliche Druckerniedrigung gelangt die Flüssigkeit in den Zustand einer Überhitzung. In diesem Augenblick werden Teilchen mit elektrischer Ladung durch die Blasenkammer geschossen. Längs der Teilchenbahnen beginnt die Flüssigkeit zu sieden, und es entwickeln sich Dampfblasen, die man fotografieren kann.

Boson: Zusammenfassender Begriff für alle Teilchen, deren Spin ganzzahlig ist.

Chromodynamik: Die Theorie der Wechselwirkung zwischen Quarks und Gluonen. Man glaubt, daß man mit der Quantenchromodynamik (abgekürzt QCD) die richtige Theorie der starken Wechselwirkung gefunden hat.

Deuteron: Ein aus einem Proton und einem Neutron zusammengesetztes Teilchen, das den Kern des Deuteriumatoms (schwerer Wasserstoff) bildet.

Eichtheorien: Eine Klasse von Feldtheorien, mit deren Hilfe man die beobachteten schwachen, elektromagnetischen und starken Wechselwirkungen beschreiben kann. Das Besondere der Eichtheorien ist, daß sie ein hohes Maß von Symmetrie besitzen. Der Ausdruck »Eichtheorie« geht auf den Mathematiker Hermann Weyl zurück, der Theorien dieser Art bereits seit 1918 untersucht hat.

Elektron: Das leichteste elektrisch geladene Teilchen. Die Atomhülle besteht aus Elektronen. Die chemischen Eigenschaften der Stoffe werden durch die elektrischen Wechselwirkungen der Elektronen in den Atomhüllen hervorgerufen.

Elektronenvolt: Eine in der Atom- und Teilchenphysik gebräuchliche Energieeinheit. Ein Elektronenvolt (abgekürzt eV) entspricht der Energie, die ein Elektron gewinnt, wenn es ein Spannungsgefälle von einem Volt durchläuft. Ein Elektron, das mit einer Geschwindigkeit von 600 km/sec bewegt, hat eine Bewegungsenergie von einem Elektronenvolt. 1 MeV = 10^6 eV, 1 GeV = 10^9 eV.

Energie: Physikalische Größe, die zusammen mit dem Impuls den Bewegungszustand eines Teilchens charakterisiert. Aufgrund der Einsteinschen Relativitätstheorie ist die Energie eines ruhenden Teilchens proportional zur Masse.

Feinstrukturkonstante: Eine fundamentale Konstante der Physik, die die Stärke der elektromagnetischen Wechselwirkung kennzeichnet. Sie ist definiert als das Quadrat der elektrischen Ladung des Elektrons, dividiert durch das Produkt aus Planckscher Konstante und Lichtgeschwindigkeit. Oftmals durch das Symbol α gekennzeichnet. Der numerische Wert ist $1/137.04$.

Fermion: Zusammenfassender Begriff für alle Teilchen, deren Spin halbzahlig ist.

Friedmann-Modell: Das von dem russischen Mathematiker Alexander Friedmann entwickelte Modell der Raum-Zeit-Struktur des Universums, dessen Basis die allgemeine Relativitätstheorie ist.

Galaxie: Ein großer Haufen von Sternen, der bis zu 1000 Milliarden Sterne umfassen kann und der durch die Gravitation zusammengehalten wird. Man beobachtet elliptische, spiralförmige, balkenförmige und sogenannte irreguläre Galaxien.

Gluonball: Ein neutrales, nur aus Gluonen bestehendes Meson.

Gluonen: Elektrisch neutrale Objekte, die im Rahmen der Chromodynamik die Wechselwirkung zwischen den Quarks verursachen. Die Gluonen den haben den Spin 1.

Gravitation: Bezeichnung für das Phänomen der Anziehung massiver Körper untereinander. Nach der allgemeinen Relativitätstheorie ist die Gravitation eine Folge der Veränderung der Struktur des Raum-Zeit-Kontinuums durch das Vorhandensein der Körper.

Gravitationswellen: Wellen des Gravitationsfeldes in Analogie zu den elektromagnetischen Wellen.

Gruppe: Ein aus verschiedenen, unter Umständen unendlich vielen Elementen bestehendes mathematisches System, in dem ganz bestimmte Regeln gelten. So zum Beispiel ist die Multiplikation zweier Elemente eine innerhalb der Gruppe wohldefinierte Operation. Die Gruppentheorie spielt in der Physik eine sehr wichtige Rolle. Mit ihrer Hilfe lassen sich zum Beispiel die Symmetrien der Teilchen in einfacher Weise beschreiben.

Hadron: Ein Teilchen, das an der starken Wechselwirkung teilnimmt. Alle Hadronen sind entweder Baryonen (Spin halbzahlig) oder Mesonen (Spin ganzzahlig).

Haufen: Eine Ansammlung von mehreren, unter Umständen mehreren tausend Galaxien. Bekannte Haufen sind der Virgo- und der Comahaufen, die beide Tausende von Galaxien enthalten.

Helium: Das zweithäufigste chemische Element. Helium kommt in der Natur als ^{4}He, dessen Atomkern aus zwei Protonen und zwei Neutronen besteht, und als ^{3}He, dessen Atomkern aus zwei Protonen und einem Neutron besteht, vor.

Hubble-Gesetz: Die zuerst von Edwin Hubble beobachtete Proportionalitätsbeziehung zwischen der Geschwindigkeit, mit der sich ferne Galaxien von unserer Galaxie wegbewegen, und ihrem Abstand. Das Verhältnis zwischen Geschwindigkeit und Entfernung bezeichnet man als Hubble-Parameter.

Jet: Als Jet bezeichnet man ein System von Teilchen, die bei Teilchenreaktionen hoher Energie in dieselbe Richtung fliegen. Man interpretiert die Jets als Fragmente elementarer Objekte wie der Quarks und der Gluonen.

Kelvin-Skala: Eine Temperaturskala, deren Nullpunkt mit dem absoluten Nullpunkt der Temperatur zusammenfällt. Bei einem Luftdruck von einer Atmosphäre befindet sich der Schmelzpunkt von Eis bei 273,15° K.

Kernfusion: Die Verschmelzung von leichten Atomkernen zu schwereren Kernen. Bei einer solchen Reaktion werden große Energiemengen freigesetzt.

Kosmologisches Prinzip: Die Hypothese bezüglich der Isotropie und Homogenität des Universums im Großen. Dieses Prinzip besagt, daß der Kosmos für jeden beliebigen Beobachter im All dieselbe Struktur hat (von lokalen Verschiedenheiten abgesehen).

Leptonen: Teilchen, die nicht an der starken Wechselwirkung teilnehmen und den Spin ½ haben. Zu den Leptonen gehören insbesondere die Elektronen und die Neutrinos. Die Leptonzahl eines physikalischen Systems ist durch die Anzahl der Leptonen abzüglich der Anzahl der Antileptonen gegeben.

Lichtgeschwindigkeit: Die Geschwindigkeit des Lichts im Vakuum beträgt 299 792 km/sec. Abgekürzt c. Alle Teilchen, deren Ruhemasse Null ist, bewegen sich nach der Relativitätstheorie mit Lichtgeschwindigkeit.

Lichtjahr: Die Strecke, die das Licht in einem Jahr zurücklegt: $9,46 \cdot 10^{12}$ km.

Maxwellsche Gleichungen: Mit Hilfe der Maxwellschen Gleichungen beschreibt man die Dynamik der elektromagnetischen Felder. Die Gleichungen wurden im 19. Jahrhundert von James Clerk Maxwell aufgestellt.

Mesonen: Stark wechselwirkende Teilchen, die ganzzahligen Spin haben und deren Baryonenzahl verschwindet. Zu den Mesonen gehören insbesondere die π-Mesonen.

Neutrinos: Elektrisch neutrale Leptonen, durch das Symbol ν gekennzeichnet. Bislang hat man die Existenz von drei verschiedenen Neutrinos etabliert; es sind die Elektron-Neutrinos (ν_e), die Myon-Neutrinos (ν_u) und die Tau-Neutrinos (ν_τ).

Neutron: Elektrisch neutrales Teilchen, das neben dem Proton zu den Bausteinen der Atomkerne gehört.

Nukleon: Baustein der Atomkerne. Zusammenfassender Begriff für Proton und Neutron.

Photon: Das Teilchen des Lichts, oft mit dem Symbol γ bezeichnet.

Pi-Meson: Das leichteste Hadron, oft mit dem Symbol π bezeichnet. Es gibt drei verschiedene π-Mesonen, zwei geladene (π^+, π^-) und ein neutrales (π°).

Plancksche Elementarlänge: Die im Rahmen der Quantentheorie durch die Gravitationswechselwirkung bedingte untere Schranke für Längenmessungen. Für Abstände, die kleiner als die Plancksche Elementarlänge sind, werden unsere normalen Begriffe über Raum und Zeit unbrauchbar. Numerisch ist die Plancksche Elementarlänge gegeben durch $1,616 \cdot 10^{-33}$ cm.

Plancksche Konstante: Die fundamentale Konstante der Quantentheorie (Symbol $\hbar$). Numerisch findet man: $\hbar = 6,58 \cdot 10^{-22} \cdot \text{MeV} \cdot \text{Sekunde}$.

Plasma: Ein heißes Gas aus miteinander wechselwirkenden Teilchen.

Positron: Das positiv geladene Antiteilchen des Elektrons, oftmals mit dem Symbol e^+ gekennzeichnet.

Proton: Positiv geladenes Teilchen, das gleichzeitig den Kern des Wasserstoffatoms darstellt. Die Atomkerne bestehen aus Protonen und Neutronen.

Quantenelektrodynamik: Die Quantentheorie der elektromagnetischen Phänomene (abgekürzt QED).

Quantenmechanik: Die in den zwanziger Jahren entwickelte Theorie, mit deren Hilfe es möglich ist, den Aufbau der Atome zu verstehen. Ein wesentlicher Gesichtspunkt der Quantenmechanik ist der Dualismus von Teilchen und Wellen. Letztere sind zwei verschiedene Aspekte ein und derselben physikalischen Realität.

Quarks: Die Konstituenten der Nukleonen. Bislang hat man die Existenz von fünf verschiedenen Typen der Quarks etabliert (u, d, s, c, b). Man nimmt an, daß es nicht möglich ist, die Quarks als isolierte Teilchen zu erzeugen. Die stabile Materie besteht aus den beiden Quarks u und d.

Quasare: Astronomische Objekte, die eine sehr große Rotverschiebung aufweisen. Es wird heute allgemein angenommen, daß es sich bei den Quasaren um die stark leuchtenden Kerne weit entfernter Galaxien handelt.

Relativitätstheorie: Die zu Beginn unseres Jahrhunderts insbesondere von Albert Einstein entwickelte Theorie, mit deren Hilfe es möglich ist, die Dynamik schnell bewegter Körper zu verstehen. Im Rahmen der Relativitätstheorie werden Raum und Zeit zu einer Einheit zusammengefügt. Oftmals wird zwischen der speziellen und der allgemeinen Relativitätstheorie unterschieden. In der allgemeinen Relativitätstheorie bezieht man die Gravitationswechselwirkung mit ein.

Rotverschiebung: Die Vergrößerung der Wellenlänge des Lichts, das von einer sich vom Beobachter fortbewegenden Quelle ausgestrahlt wird. Durch eine Messung der Rotverschiebung des von fernen Galaxien ausgestrahlten Lichts zieht man Rückschlüsse auf die Geschwindigkeit, mit der sich die Galaxie entfernt.

Speicherring: Ringförmige Vakuumröhre, die von einem speziellen Magnetsystem umgeben ist und die zur Beschleunigung und zur Speicherung von Teilchenstrahlen dient. Im allgemeinen speichert man zwei verschiedene Teilchenarten, zum Beispiel Elektronen und Positronen. Die Teilchen läßt man innerhalb geeigneter Nachweisgeräte kollidieren. Bei solchen Kollisionen kann man unter Umständen die gesamte zur Verfügung stehende kinetische Energie der Teilchen in Masse umwandeln. Aus diesem Grunde sind die Experimente in Speicherringen energetisch günstiger als bei den herkömmlichen Experimenten in der Teilchenphysik, bei denen man ein bewegtes Teilchen auf ein ruhendes Targetteilchen lenkt.

Spin: Eigendrehimpuls der Elementarteilchen, bedingt durch die Drehung der Teilchen um ihre eigene Achse. Nach den Gesetzen der Quantenmechanik kann der Spin eines Teilchens nur ganz- oder halbzahlige Vielfache der Planckschen Konstante annehmen. In der Teilchenphysik setzt man letztere als Einheit fest, so daß der Spin durch die Angabe einer Zahl gekennzeichnet ist. So zum Beispiel haben Elektronen und Protonen den Spin ½, Photonen den Spin 1 und π-Mesonen den Spin 0.

Supernova: Eine Sternexplosion, bei der der größte Teil der Sternmaterie in den interstellaren Raum hinausgeschleudert wird. Während dieser Explosion wird etwa so viel Energie frei, wie die Sonne in einigen Milliarden Jahren abstrahlt. Die letzte in unserer Galaxie beobachtete Supernova wurde im Jahre 1604 von Johannes Kepler bemerkt.

Supraleitung: Erscheinung, die bei sehr tiefen Temperaturen bei einer Reihe von elektrischen Leitern auftritt und im wesentlichen durch das Verschwinden des elektrischen Widerstandes und durch die vollständige oder teilweise Verdrängung eines äußeren Magnetfeldes aus dem Leiter gekennzeichnet ist.

Thermisches Gleichgewicht: Ein Zustand, bei dem alle Teilchen im Mittel dieselbe Energie besitzen. Jedes abgeschlossene physikalische System erreicht im Laufe der Zeit den Zustand des thermischen Gleichgewichts.

Vakuumpolarisation: Die Beeinflussung der Umgebung eines Teilchens durch die Wechselwirkung des betreffenden Teilchens.

Wechselwirkung: Zwischen zwei Objekten herrscht eine Wechselwirkung, wenn sie sich gegenseitig beeinflussen (etwa durch Kräfte).

Personen- und Sachregister

347

PIPER

Harald Fritzsch
Die verbogene Raum-Zeit

Newton, Einstein und die Gravitation. 400 Seiten mit
100 Schwarzweißabbildungen. Geb.

Wir müssen die Grundideen der Einsteinschen Gravitions-
theorie verstehen, denn sie berühren Grundfragen unserer
Existenz. Die Materie, so Einstein, kann nicht unabhängig von
Raum und Zeit existieren. Sie ist sogar in der Lage, die
Struktur des Raums und den Fluß der Zeit zü verändern, zu
verkrümmen. Die Schwerkraft erweist sich nicht als eigent-
liche physikalische Kraft, sondern als eine Folge der
Geometrie von Raum und Zeit.
Einsteins Theorie der Gravition ist Thema dieses Buches.
Erneut – wie schon in Fritzschs letztem großen Buch »Eine
Formel verändert die Welt« – läßt der Autor die Physiker Isaac
Newton, Albert Einstein und Adrian Haller (er ist erfunden
und vertritt die neueste Physik) miteinander diskutieren. Die fikti-
ven Dialoge, die u. a. in Einsteins Sommerhaus in Caputh bei
Berlin oder in Pasadena und am Mount Wilson stattfinden, erlau-
ben eine klare Gegenüberstellung der verschiedenen Positionen.
Vor allem Newton stellt die Frage, die die Leser stellen würden.